高等院校机械类创新型应用人才培养规划教材

CAD/CAM技术基础

主　编　刘　军

副主编　罗书强　刘中原

　　　　姜海勇　汤修映

参　编　朱顺先　张增学

主　审　王先逵

北京大学出版社

PEKING UNIVERSITY PRESS

内 容 简 介

本书是根据高等院校工科相关专业CAD/CAM课程的教学基本要求编写的，其编写原则是“突出重点，逐步扩展，兼顾前沿”，主要介绍CAD/CAM的基础技术和关键技术。书中综述了当前CAD/CAM技术的概念、重要性、特点、内容和发展，主要内容包括绪论、工程数据的计算机处理、计算机图形处理技术、CAD/CAM建模技术、计算机辅助工程分析、计算机辅助工艺过程设计、计算机辅助数控加工和CAD/CAM集成技术及其应用。每章后都有习题，供任课教师选用。

考虑到CAD/CAM技术的迅速发展及应用的日益广泛，本书编写时除注意内容安排的系统性、完整性之外，还注意突出介绍方法和思路上的多样性和实用性，并体现了CAD/CAM技术的最新发展趋势。

本书电子课件可从北京大学出版社第六事业部网站下载：www.pup6.com。与本书配套的侧重CAD/CAM软件应用的《CAD/CAM技术案例教程》也由北京大学出版社同时出版，可供选用。

本书可作为高等院校机械类各专业本科生和研究生教材或参考书，也可作为广大从事CAD/CAM技术研究和应用的工程技术人员的参考资料或培训教材。

图书在版编目(CIP)数据

CAD/CAM技术基础/刘军主编. —北京：北京大学出版社，2010.9

（高等院校机械类创新型应用人才培养规划教材）

ISBN 978-7-301-17742-6

Ⅰ. ①C… Ⅱ. ①刘… Ⅲ. ①计算机辅助设计—高等学校—教材②计算机辅助制造—高等学校—教材 Ⅳ. ①TP391.7

中国版本图书馆CIP数据核字(2010)第174155号

书　　名：CAD/CAM技术基础
著作责任者：刘　军　主编
责 任 编 辑：郭穗娟
标 准 书 号：ISBN 978-7-301-17742-6/TH・0217
出　版　者：北京大学出版社
地　　址：北京市海淀区成府路205号　100871
网　　址：http://www.pup.cn　http://www.pup6.com
电　　话　邮购部010- 62752015　发行部010-62750672　编辑部010-62750667
电 子 邮 箱：pup_6@163.com
印　刷　者：北京虎彩文化传播有限公司
发　行　者：北京大学出版社
经　销　者：新华书店
787毫米×1092毫米　16开本　15.25印张　345千字
2010年9月第1版　2022年1月第7次印刷
定　　价：49.00元

序

由刘军教授主编的《CAD/CAM 技术基础》一书是我国高等学校机械设计与制造专业的主要专业课之一，对培养学生计算机辅助机械工程方面的知识与能力具有重要作用，计算机辅助设计、计算机辅助制造方面的书籍已出版多种，各有特色，该书的特点如下：

一、计算机辅助设计与计算机辅助制造并重

该书的内容主要包含两大部分，即计算机辅助设计与制造，在我国出版的不少书，偏重计算机辅助设计的较多，偏重计算机辅助制造的较少，而该书是两者并重，并且进行了很好的结合，有助于全面了解计算机辅助工程技术。

二、理论为主导，应用为特色

该书各章比较注重理论与实践的结合，实例多，除文字论述、图表等，还配以实用程序，比较少见，对培养学生的程序编制能力有帮助。

三、教材的特点突出

全书各章在开始时均有学习目标、学习要求和引例，在各章的最后均有习题，可以有效地帮助学习，掌握内容的要求，引例的写法具有创造性。

总之，该书确实体现了以优化课程体系，加强工程实践教学为突破口，构成了以专业技术应用能力和综合素质培养相结合的体系。该书可作为机械制造方面的本科生、研究生教材，而且可作为广大机械制造方面工程技术人员的参考书。

清华大学精密仪器与机械学系
制造工程研究所　王先逵
2010 年 7 月

前　言

CAD/CAM 技术是当代科学技术发展最为活跃的领域之一，是产品更新、生产发展、国际经济竞争的重要手段，它的应用和发展引起了社会和生产的巨大变革。CAD/CAM 技术已广泛应用于机械、电子、航空、航天、汽车、船舶、纺织、轻工及建筑等各个领域，它的应用水平已成为衡量一个国家技术发展水平及工业现代化水平的重要标志之一。

随着市场竞争的日益激烈及全球市场的形成，对制造业来说，本世纪企业竞争的核心将是新产品的开发能力及制造能力。CAD/CAM 技术是提高产品设计质量、缩短产品开发周期、降低产品生产成本的强有力手段，因此，国内外的企业对 CAD/CAM 技术的发展及应用都十分重视。随着 CAD/CAM 技术的推广应用，它已经从一门新兴技术发展成为一种高新技术产业。所以 CAD/CAM 技术是高等学校工程类专业的重要课程，也是工程技术人员必须掌握的基本工具。

CAD/CAM 技术涉及的内容十分广泛，本书以机械工程、农业工程类专业本科生和研究生的教育为对象，适于学生在已掌握了计算机的基本知识、计算机编程语言、计算机辅助绘图、机械设计及机械制造工艺学等基本知识的基础上，系统学习计算机在设计与制造中的应用和开发技术。本书的编写考虑了学科的发展及国民经济的需要，总结了编者多年的教学经验和研究成果；在内容安排上，按照产品开发过程链，着重介绍一些基本概念、实施方法和关键技术；在介绍实施方法时，突出思路和方法的多样化，以开阔学生思路，培养学生分析问题和解决问题的能力。

本书在编写过程中，力求作到以下几点：

(1) 反映 CAD/CAM 技术的最新发展，使其在内容上具有先进性。

(2) 以制造系统工程学为主线来论述 CAD/CAM 的内容，使之在体系上具有科学性。

(3) 理论联系实际，注意多介绍一些方法、实例，以满足技术上的实用性。

(4) 贯彻名词术语、代(符)号、量和单位等现行国家标准，以满足行业和社会的需要。

(5) 尽量多用图、表讲解，图文并茂，使读者便于理解。

为加强实践教学，培养学生的实际工程应用能力，本书可和其姊妹篇《CAD/CAM 技术案例教程》(北京大学出版社出版)配套使用。

本书由河南农业大学刘军任主编，西南大学罗书强、东北农业大学刘中原、河北农业大学姜海勇、中国农业大学汤修映任副主编，南京农业大学朱顺先、华南农业大学张增学参编。全书由中国农业大学汤修映统稿，由清华大学王先逵教授主审。

参加各章编写工作的人员分工如下：汤修映(中国农业大学)编写第 1、2 章和第 8 章 8.1～8.4；姜海勇(河北农业大学)编写第 3 章；张增学(华南农业大学)、罗书强(西南大学)编写第 4 章；刘中原(东北农业大学)编写第 5 章；刘军(河南农业大学)编写第 6 章和第 8 章 8.5；朱顺先(南京农业大学)编写第 7 章。

本书的整个编写过程，包括大纲规划、体例安排、章节分配直至最后审稿，均得到了王先逵教授的鼓励和帮助。王先逵教授不顾近 80 岁的高龄专门出席了本书于 2009 年 7 月举办的教学研讨会议，并为教材编写组成员做了“如何编写一本好教材”的专题培训讲座。在此，我们仅表示深深的敬意和谢意！

由于编者水平有限，书中不足或不妥之处在所难免，敬请读者批评指正。

编者

2010 年 7 月

目　　录

第1章 绪　　论

学习目标

通过本章的学习，使学生掌握CAD/CAM技术的基本概念；掌握CAD/CAM系统的体系结构；熟悉CAD/CAM软硬件(尤其是软件)构成；了解CAD/CAM技术的发展历史及一些典型的应用。

学习要求

1. 掌握CAD/CAM的基本概念；
2. 掌握CAD/CAM系统的体系结构；
3. 熟悉CAD/CAM系统的软件构成；
4. 了解CAD/CAM技术的发展历史，熟悉CAD/CAM系统的典型应用。

引例

CAD/CAM技术是随着计算机技术、电子技术和信息技术的发展而形成的一门新技术、新学科。CAD/CAM技术被视为20世纪最杰出的工程成就之一，在各行各业都得到了广泛应用。美国国家科学基金会指出："CAD/CAM对直接提高生产率比电气化以来的任何发展都具有更大的潜力，应用CAD/CAM技术将是提高生产率的关键"。如下图所示的美国波音777客机，100%采用数字化设计技术，是全球第一个全机无图样数字化样机，成为成功应用CAD/CAM技术的典范。汽车、船舶、机床制造也是国内外应用CAD/CAM技术较早和较为成功的领域。

采用全数字化设计技术的波音777客机

由于信息、电子及软件技术的飞速发展，CAD/CAM技术的内涵也在快速地变化和扩展。随着CAD/CAM技术的推广和应用，它已经从一门新兴技术发展成为一种高新技术产业，CAD/CAM技术已经成为未来工程技术人员必备的基本工具之一。

1.1 CAD/CAM的基本概念

计算机辅助设计与制造(Computer Aided Design and Computer Aided Manufacturing，CAD/CAM)技术是一门基于计算机技术、计算机图形学而发展起来的并与专业领域技术相结合的具有多学科综合性的技术，简称CAD/CAM技术。它主要包括计算机辅助设计、计算机辅助工程分析、计算机辅助工艺过程设计、计算机辅助制造等一系列的技术，此外CAD/CAM技术还包括在产品设计中要尽早考虑其下游的制造、装配、检测和维修等各个方面的技术。

1. 计算机辅助设计

计算机辅助设计(Computer Aided Design，CAD)是指在计算机硬件和软件的支撑下，通过对产品的描述、造型、系统分析、优化、仿真和图形化处理的研究与应用，使计算机辅助工程技术人员完成产品的全部设计过程的一种现代设计技术。一般认为，CAD系统的功能包括：概念设计、结构设计、装配设计、复杂曲面设计、工程图样绘制、工程分析、真实感渲染和数据交换等。

2. 计算机辅助工程分析

计算机辅助工程分析(Computer Aided Engineering，CAE)是指一系列对产品设计进行各种模拟、仿真、分析和优化的技术，是一种用计算机辅助求解复杂工程和产品结构强度、刚度、屈曲稳定性、动力响应、热传导、三维多体接触、弹塑性等力学性能的分析计算以及结构性能的优化设计等问题的近似数值分析方法。CAE技术主要包括有限元分析、运动学和动力学分析、流体力学分析、优化设计分析等内容。

3. 计算机辅助工艺过程设计

计算机辅助工艺过程设计(Computer Aided Process Planning，CAPP)是指在计算机硬件和软件的支撑下，工程设计人员根据产品设计阶段给出的信息，人机交互或自动地完成产品加工方法的选择和工艺过程设计的技术。CAPP系统的功能一般包括毛坯设计、加工方法选择、工艺路线制定、工序设计、刀具夹具和量具设计等，其中工序设计又包括机床选择、刀具选择、切削用量选择、加工余量分配和工时定额计算等。

4. 计算机辅助制造

计算机辅助制造(Computer Aided Manufacturing，CAM)是指应用计算机来进行产品制造的统称，有广义和狭义两种定义。广义CAM是指利用计算机辅助完成从原材料到产品的全部制造过程，包括计算机辅助设计、计算机辅助工艺过程设计、计算机辅助加工(Computer Aided Machining)等方面的内容。狭义CAM是指在制造过程中某个环节应用计算机，通常是指计算机辅助加工，包括刀具路径规划、刀位文件生成、刀具轨迹仿真、数控代码生成、机床数控加工等环节。

5. DFX 技术

DFX 是指一种面向产品全生命周期的集成化的设计技术，其综合了计算机技术、制造技术、系统集成技术和管理技术，充分体现了系统化的思想。利用 DFX 技术，可以在设计阶段尽早地考虑产品的性能、质量、可制造性、可装配性、可测试性、产品服务和价格等因素，对产品进行优化设计或再设计。目前 DFX 技术主要包括：面向装配的设计(Design for Assembly，DFA)、面向制造的设计(Design for Manufacturing，DFM)、面向性能的设计(Design for Compatibility，DFC)、面向方案的设计(Design for Variety，DFV)、绿色设计(Design for Green，DFG)和后勤设计(Design for Logistics，DFL)等。

1.2　CAD/CAM 系统的结构

1.2.1　CAD/CAM 产品生产过程

产品从需求分析开始，经过设计过程、制造过程最后变成可供用户使用的成品，这一总过程称为产品生产过程。应用 CAD/CAM 技术完成产品生产的整个过程包括产品设计、工艺设计、加工检测和装配调试等过程，如图 1.1 所示。上述各过程内，随着信息技术的发展，计算机获得不同程度的应用，并形成了相应的 CAD/CAM 过程链。按顺序生产观点看，这是一个串行的过程，但按并行工程观点看，这又是一个交叉并行的过程。

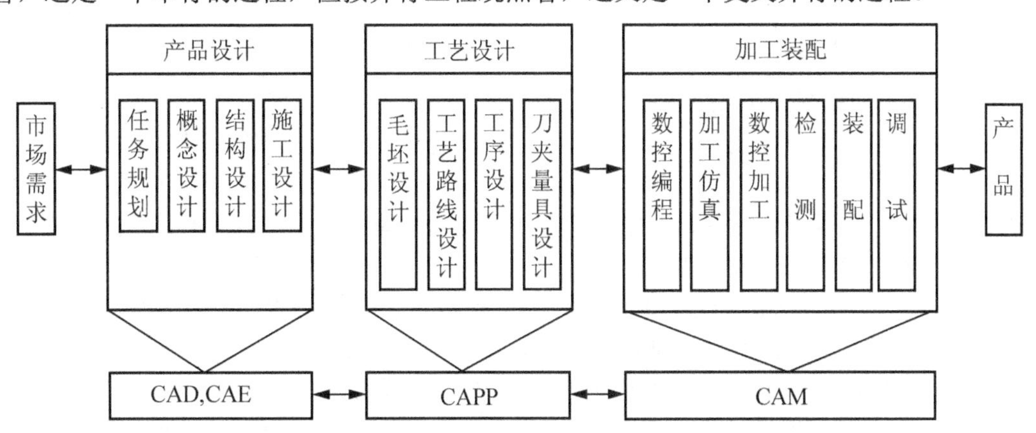

图 1.1　CAD/CAM 产品生产过程

1.2.2　CAD/CAM 系统的分级结构

CAD/CAM 系统是建立在计算机系统上，并在操作系统、网络系统及数据库的支持下运行的软件系统。一个完整的 CAD/CAM 系统包括工程设计与分析、生产管理与控制、财务会计与供销等诸多方面，它是一个分级的计算机结构的网络，如图 1.2 所示。它通过计算机分级结构控制和管理制造过程的多方面的工作，其目标在于开发一个集成的信息网络来监测一个广阔的相互关联的制造作业范围，并根据一个总体的管理策略控制每项作业。中央计算机控制全局，提供经过处理的信息；主计算机管理某一方面的工作，并对下属的计算机发布指令和进行监控，再由下属计算机承担单一的工艺过程控制或管理工作。从图中可以看出，其功能是全面而广泛的，涉及整个设计和制造领域。

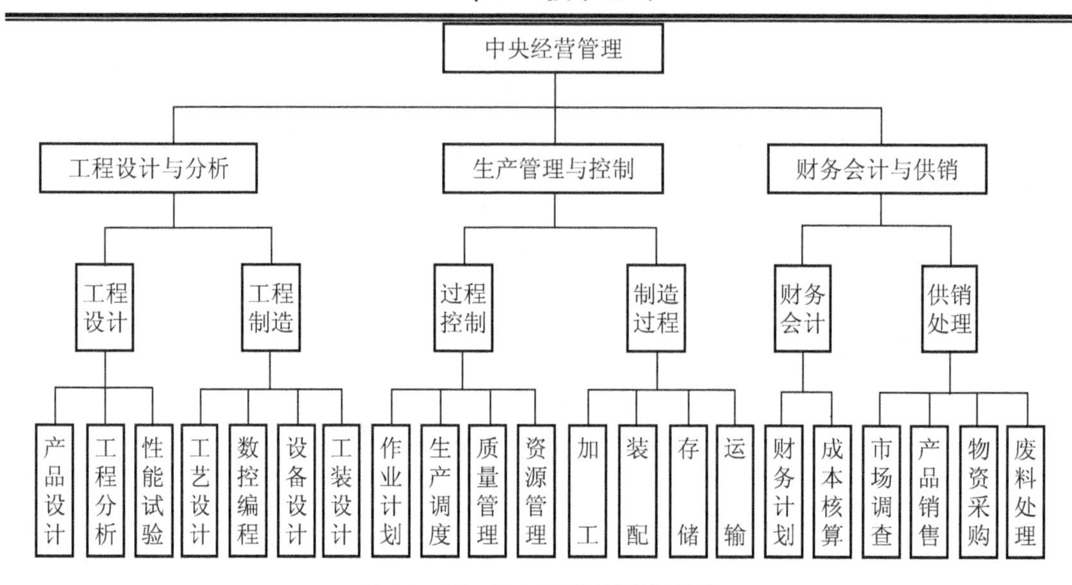

图 1.2 CAD/CAM 系统的分级结构

1.2.3 CAD/CAM 系统的基本功能和任务

CAD/CAM 系统是设计和制造过程中的信息处理系统。系统总体与外界进行信息传递和交换的基本功能是靠硬件提供的，而系统所能解决的具体问题由软件来保证。

1. CAD/CAM 系统的基本功能

(1) 人机交互功能。友好的用户界面是保证用户直接有效地完成复杂设计任务的基本条件，此外，还需有交互设备，以实现人与计算机之间的联络与通信过程。

(2) 存储功能。CAD/CAM 系统运行时，数据运算处理量大，且伴随很多算法，生成大量的中间数据。为保证系统正常稳定运行，CAD/CAM 系统必须具有性能优良的存储设备和大容量的存储空间和稳定的存储能力。

(3) 图形显示功能。CAD/CAM 是一个人机交互的过程，用户的每一次操作都能从显示器上及时得到反馈。从产品的造型、构思、方案的确定，从结构分析到加工过程的仿真，系统应保证用户能够随时观察、修改中间结果，实时编辑处理。

(4) 输入/输出功能。CAD/CAM 系统运行过程中，一方面用户需不断地将有关设计要求、计算步骤的具体数据等输入计算机内；另一方面通过计算机的处理，将系统处理的结果及时输出。同时，输入/输出的信息既可以是数值的，也可以是非数值的，例如图形、数据、文本、字符等。

2. CAD/CAM 系统的主要任务

CAD/CAM 系统的任务主要包括设计和制造中的数值计算、设计分析、几何建模、工程绘图、工程数据库管理、工艺设计、加工仿真等方面。

(1) 几何造型。几何造型是 CAD/CAM 系统的核心技术，它为产品的设计和制造提供基本数据，同时为其他模块提供原始信息。如在设计阶段，需要应用几何造型系统来表达产品结构、形状、大小、装配关系等；在有限元分析中，要应用几何模型进行网络划分才能输入到解算器处理；在数控编程中，要应用几何模型来完成刀具轨迹定义和加工参数输入等。几何造型是产品设计的基本工具，通常包括曲线与曲面造型、实体造型等。为防止有关零部件之间发生干涉，CAD/CAM 系统还应具有空间布局和干涉检查功能。

(2) 图形变换。产品的设计结果往往都以图形的形式出现，CAD/CAM 系统中的某些中间结果也是通过图形表达的。CAD/CAM 系统一方面应具备从几何造型的三维图形直接向二维图形转换的功能；另一方面，还需有处理二维图形的能力，包括基本图元的生成、尺寸标注、图形变化、图形裁减、图形显示控制以及附加技术条件等功能，保证生成符合生产要求和国家标准的图样文件。此外，先进的 CAD/CAM 系统还应具有二维到三维的模型重构能力。

(3) 物体几何特性计算功能。CAD/CAM 系统根据几何模型计算相应物体的体积、质量、表面积、重心、转动惯量、回转半径等几何特性，为工程分析提供必要的基本参数和数据。

(4) 运动学动力学分析。利用 CAD/CAM 系统中的动力学分析系统，建立系统动力学方程，对机械系统进行静力学、运动学和动力学分析，输出位移、速度、加速度和反作用力曲线，以用于预测机械系统的性能、运动范围、碰撞检测、峰值载荷以及计算有限元的输入载荷等。

(5) 结构分析。CAD/CAM 系统中结构分析最常用的方法是有限元分析法。利用有限元法，可解决结构形状比较复杂的零件静态、动态特性，如强度、振动、热变形、磁场、温度场强度、应力分布状态等的计算分析问题。

(6) 优化设计。系统应具有优化求解的功能，即在一定条件的约束条件限制下，使工程设计中的预定指标达到最优。优化设计包括总体方案的优化、产品零部件结构的优化、工艺参数的优化、可靠性优化等。优化设计是现代设计方法学中的一个重要组成部分。

(7) 计算机辅助工艺规划设计。工艺设计为产品的加工制造提供指导性的文件，是 CAD 到 CAM 的重要的中间环节。根据建模后生成的产品信息及制造要求，自动决策出加工该产品所采用的加工方法、加工步骤、加工设备及加工参数。其结果一方面能被生产实际所用，生成工艺卡片文件；另一方面能直接输出一些信息，为 CAM 中的数控自动编程系统接收、识别，直接转换为刀位文件。

(8) 数控自动编程。在分析零件图和制定出零件的数控加工方案后，利用 CAD/CAM 的 NC 自动编程系统自动编制相应工序的数控加工代码。其基本步骤一般包括：制造模型的建立、加工环境的设置、刀位轨迹的生成、加工仿真、后置处理等。

(9) 模拟仿真。包括设计仿真和制造仿真，包括加工轨迹仿真，机构运动学模拟，机器人仿真，工件、刀具和机床的碰撞和干涉检验等。例如，在 CAD/CAM 系统内部建立一个工程设计的实际系统模型(如机构、机械手、机器人等)，通过进行动态仿真，代替、模拟真实系统的运行，用以预测产品的性能、产品的制造过程和产品的可制造性。再例如数控加工仿真系统，从软件上实现零件试切的加工模拟，就可避免现场调试带来的人力、物力的投入以及加工设备损坏的风险，减少制造费用，缩短产品设计周期。

(10) 工程数据管理。CAD/CAM 系统中的数据量大且种类繁多。有几何图形数据、属性语义数据；有产品定义数据、生产控制数据；有静态标准数据、动态过程数据。数据结构一般都较复杂，故 CAD/CAM 系统应能对各类数据提供有效的管理手段，支持工程设计与制造全过程的信息流动与交换。CAD/CAM 系统通常采用工程数据库系统作为统一的数据管理环境，实现各种工程数据的管理。

1.2.4 CAD/CAM 系统的硬软件环境

1. CAD/CAM 系统的硬件组成

图 1.3 所示为 CAD/CAM 系统的硬件组成。CAD/CAM 系统的硬件主要由主机、存储器、输入设备、输出设备、显示器及网络通信设备等组成。可根据系统的应用范围和相应的软件规模，选用不同规模、不同功能的计算机、外围设备及其生产加工设备，以满足系统的要求。

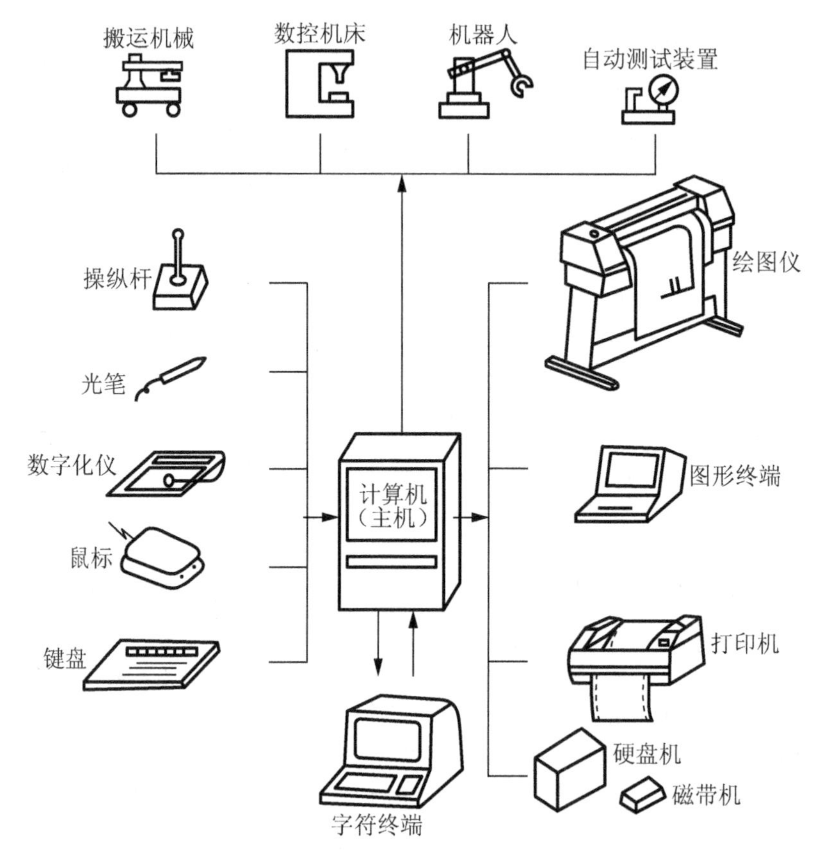

图 1.3 CAD/CAM 系统的硬件组成

2. CAD/CAM 系统的软件组成

计算机软件是指控制 CAD/CAM 系统运行，并能使计算机发挥最大功效的计算机程序、数据及相关文档资料等的总和。依据软件在 CAD/CAM 系统中执行的任务及服务对象的不同，可将其分为三个层次，即系统软件、支撑软件和应用软件。

系统软件与计算机硬件直接关联，一般由软件专业人员研制，它起着扩充计算机的功能和合理调度与运用计算机的作用；支撑软件是在系统软件的基础上研制的，包括实现 CAD/CAM 系统各种功能的通用性应用基础软件；应用软件则是根据用户的具体要求，在支持软件的基础上经过二次开发而成的专业性专用软件。

1) 系统软件

系统软件主要包括操作系统、管理程序系统、分时系统、网络通信系统等。操作系统是系统软件的核心，它指挥和控制计算机的软件资源和硬件资源。目前，CAD/CAM 系统中比较流行的操作系统有 UNIX、Lunix、VMS、OS/2、WindowsNT、WindowsXP 等。

2) 支撑软件

支撑软件是指直接支持用户进行 CAD/CAM 工作的通用性功能软件，它是 CAD/CAM 系统的核心。支撑软件依赖一定的操作系统，是各类应用软件的基础。支撑软件总体上可分为综合集成型和单一功能型两大类。综合集成型软件如美国 PTC 公司的 Pro/ENGINEER、美国 EDS 公司的 UGII，法国 DASSAULT 公司的 CATIA 软件，这些软件系统具有强大的建模和数控自动编程功能；单一功能型软件如有限元分析软件 NASTRAN、ANSYS，运动学动力学仿真分析软件 ADAMS，这些软件具有强大的专业分析和应用能力。当然，目前还没有任何一个软件系统能完成产品设计过程中的全部功能，因此严格说来，目前已出现的所有软件都还不能称为综合集成型的 CAD/CAM 系统。图 1.4 所示为 CAD/CAM 各相关技术涉及的部分典型支撑软件。

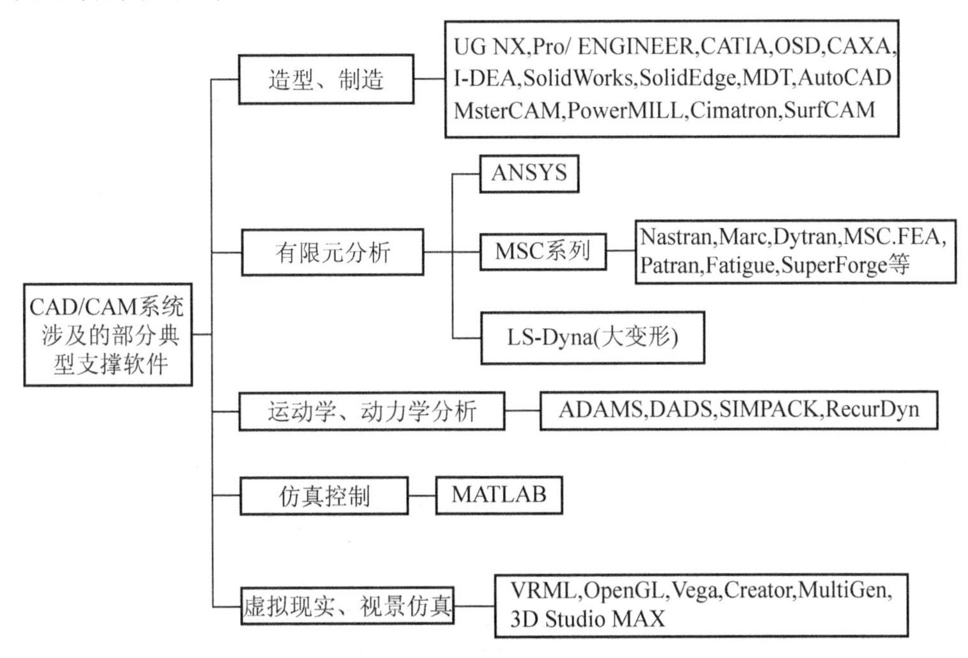

图 1.4 CAD/CAM 系统各相关技术涉及的典型支撑软件

3) 应用软件

应用软件是在系统软件和支撑软件的基础上，针对用户的具体要求而开发的程序系统。在实际应用中，由于用户的设计要求及生产条件多种多样，所选购的支撑软件难以完全适应各种具体要求，故在具体的 CAD/CAM 应用中必须进行二次开发，根据用户的要求开发用户需要的其他的应用程序，如塑料模具设计软件、冷冲模具设计软件、组合机床设计软件、机床夹具设计软件等。应用软件的模块化结构不仅可以方便地进行调试和管理，且可提高使用的柔性、可靠性和经济性。按照系统运行时设计人员介入的程度以及系统的工作方式，应用软件可分为交互型、自动型、检索型和智能型等 CAD/CAM 应用软件系统。

1.3　CAD/CAM 技术的应用和发展

1.3.1　CAD/CAM 技术的发展历程

CAD/CAM 技术的发展与计算机技术的发展有着密切的联系。在 CAD 技术和 CAM 技术诞生之初，它们各自是独立发展的，而且 CAM 技术的发展，促进了 CAD 技术的出现和发展。随着 CAD 和 CAM 技术在制造业中的推广，二者之间的相互结合显得越来越迫切。CAD 配合 CAM 技术，才能充分显示它的巨大优越性，同时 CAM 只有利用 CAD 技术的几何模型，才能发挥其作用。

1946 年，美国麻省理工学院(MIT)研制成功世界上第一台计算机，它的高速运算能力和大容量的信息存储能力，使得很多数值分析方法在计算机上得以实现。1952 年，MIT 试制成功世界上第一台数控铣床，通过改变数控程序可实现对不同零件的加工。同期，MIT 研制开发了 APT 自动编程语言，解决了如何方便地将被加工零件的形状输入到计算机中进行刀具轨迹的计算和数控程序自动生成等 CAM 技术领域的难题。1963 年，MIT 的 I.E.Sutherland 教授在美国计算机联合大会上宣读了他的题为“人机对话图形通信系统”的博士论文，由此开创了 CAD 的历史。20 世纪 70 年代末以后，32 位工作站和微机的出现对 CAD/CAM 技术的发展产生了极大的推动作用。

CAD/CAM 技术经过 60 多年的深入研究和应用，其发展经历了如下三个主要的阶段：单元技术的发展和应用阶段、CAD/CAM 的集成阶段以及面向产品并行设计制造环境的 CAD/CAM 阶段，如表 1-1 所示。

表 1-1　CAD/CAM 技术的发展历程

项　　目	第一代 CAD/CAM	第二代 CAD/CAM	第三代 CAD/CAM
特　　征	单元技术的发展和应用	CAD/CAM 的集成	面向产品并行设计制造的 CAD/CAM
时　　间	20 世纪 60 年代至今	20 世纪 80 年代至今	20 世纪 90 年代至今
技术背景	计算机技术和数字控制技术	集成技术	网络技术
解决的问题	产品信息建模和加工	解决系统信息孤岛	提高区域制造业竞争
技术特点	产品加工过程的 CAD/CAM	产品研发的集成化	产品开发的协同化
标志性技术	CAD/CAPP/CAE/CAM	CIMS/PDM/PLM	网络协同设计与制造

1.3.2　CAD/CAM 技术的应用

CAD/CAM 技术最早是应用于航空航天、汽车、飞机等大型制造业，随着 CAD/CAM 硬件软件技术的日益成熟和应用领域的不断扩大，CAD/CAM 技术由大型企业和军工企业向中小型企业扩展延伸，应用领域涉及机械制造、轻工、服装、电子、建筑、地理等几乎所有行业。有资料表明，公认的 CAD/CAM 技术应用较为成熟的是机械、电子和建筑领域。

美国、日本、德国、法国等国家都是 CAD/CAM 技术应用最为成功的国家之一。据统计，美国大型汽车业的 100%，电子行业的 60%，建筑行业的 40%采用了 CAD/CAM 技术。在 CAD/CAM 应用领域，美国波音公司波音 777 飞机的研制 100%采用数字化设计技术，是全球第一个全机数字化样机，是有史以来最高程度的“无图纸”飞机，成为成功应用CAD/CAM 技术的典范。表 1-2 所示为波音 777 飞机开发所采取的技术路线与传统技术的比较情况表。

表 1-2　波音 777 开发方式与传统方式的比较

工　作	新　方　法	旧　方　法
工程设计	在 CATIA 上设计和发放所有零件 在数字化预装配中定义管路、线路和机舱 预装配数字飞机 在数字化预装配中解决干涉问题 在 CATIA 上生成生产工艺分解图	聚酯薄膜图(图模合一) 实物模型 实物模型 在实际飞机生产中 利用实物模型
工程分析	在 CATIA 上完成分析 在零件设计发放前完成载荷分析	聚酯薄膜图 在有效日期内完成
制造计划	与设计员并行工作 定义工程零件结构树 在 CATIA 上建立图解工艺规划 软件工具检查特征、辅助设计改型	顺序工作 部分零件 回执工程图 未做
工装设计	与设计员并行工作 在 CATIA 上设计和发放所有工装 在 CATIA 上解决工装干涉问题 保证零件和工装完全协调	顺序工作 聚酯薄膜图 工装制造中解决 工装安装中解决
数控编程	与设计员并行工作 在 CATIA 上生成和验证 NC 走刀路径	顺序工作 用其他系统
用户支持	与设计员并行工作 在 CATIA 上设计和发放所有地面设备 利用工程数字化数据出版技术文件 数字化预装配保证零件和地面设备的协调	顺序工作 聚酯薄膜图 图解法 零件和工装制造中解决
协调	设计、计划、工装和其他人员在同一综合设计队进行	分开在不同组织中

在波音 777 飞机的研制过程中，实现了 100%的数字化定义、100%三维实体模型数字化预装配，并采用并行产品设计开发方法。和传统的波音飞机开发方法相比较，波音 777 飞机设计更改和返工率减少了 50%以上，装配时出现的问题减少了 50%～80%，制造成本降低了 30%～40%，产品开发周期缩短了 40%～60%，用户交货期从 18 个月缩短到 12 个月。整个工程设计水平和飞机研制效率得到了巨大的提高。20 世纪末，波音公司为了继续保持其在飞机制造业的霸主地位，在 737-700、800、900 系列飞机研制中又更进一步拓宽了 CAD/CAM 技术的应用，进一步实施了飞机定义和构型控制/制造资源管理计划(DCAC/MRM)，采用产品数字化、并行工程、PDM 和企业资源管理(ERP)等技术，并基于精益思想的企业重组工程，以消除不增值的重复性工作。为保证该计划的实施，波音公司对企业结构和流程进行了较大调整，成效显著。

美国科学研究院的工程技术委员会曾对 CAD/CAM 技术所产生的效益进行了测算，结果表明该技术在减少加工过程、提高生产率、提高产品质量、降低成本、缩短产品从设计到投产的周期等方面均能产生明显效益，且有些指标呈量级提高。

我国 CAD/CAM 技术的开发和应用起步于 20 世纪 70 年代。20 世纪 80 年代，国家对 24 个重点机械产品行业投资，进行 CAD 的开发研制工作，取得了一系列在国内来说具有开创性的成果。20 世纪 90 年代，我国 CAD 技术开发与应用进入较为系统的推广阶段，相继开展了“CAD 应用 1215 工程”和“CAD 应用 1550 工程”，前者重点树立 12 家“甩图板”的 CAD 应用典型企业，后者重点培育 50～100 家 CAD/CAM 应用示范性企业，扶持 500 家，继而带动 5000 家企业的计划。近年来市场出现了不少拥有自主知识版权的 CAD/CAM 系统软件，如 CAXA 软件、高华 CAD 软件、开目 CAD 软件、天河 CAPP 软件等。CAXA 是北京北航海尔软件有限公司的品牌产品，目前具有 CAXA 创新设计组、CAXA 绘图类 CAD、CAXA 设计类 CAD、CAXA 计算机辅助制造(CAM)类软件系列产品。

我国 CAD/CAM 技术经过 30 年的发展和应用，取得了可喜的成绩。但和国外工业发达国家相比，差距还比较明显。主要表现在：CAD/CAM 应用的集成化程度较低(多为单一绘图、单项数控编程)；CAD/CAM 系统软硬件主要靠进口，拥有自主知识版权的软件少，且功能相对较弱；缺少人才和技术力量，软件的二次开发能力弱，引进的许多 CAD/CAM 系统功能不能充分发挥；企业产品的规范化、协同设计能力弱，CAD/CAM 设计和应用水平没有得到质的提升。

1.3.3 CAD/CAM 技术的发展趋势

CAD/CAM 技术还在发展中，发展趋势主要体现在集成化、智能化、网络化、标准化、虚拟化、绿色化等方面。

(1) 集成化。集成是 CAD/CAM 技术发展的必然趋势。CAD/CAM 系统的集成主要内容如产品造型技术、数据交换技术和数据库管理技术等。CAD/CAM 系统集成主要包含三层意思：①软件集成，扩充和完善一个 CAD 系统的功能，使一个产品设计过程的各个阶段都能在单一的 CAD 系统中完成；②CAD 功能和 CAM 功能集成；③建立企业的现代集成制造系统(Contemporary Integrated Manufacturing Systems，CIMS)，实现各个单元技术的全面集成。

(2) 智能化。智能化是目前 CAD/CAM 技术很活跃的研究热点。所谓智能 CAD/CAM 系统是一种由智能机器和人类专家共同组成的人机一体智能系统，它在产品设计制造过程中能进行智能活动，诸如分析、推理、判断、构思和决策等。智能化是 CAD/CAM 系统在柔性化和集成化基础上的进一步发展和延伸，目前已广泛开展对具有自律、分布、智能、仿生和分形等特点的下一代 CAD/CAM 系统的研究。现代的大型 CAD/CAM 系统都很注重软件智能化的开发，如 CATIA 的 Knowledgeware、UG 的 Knowledge Based。

(3) 网络化。当前由于网络技术的迅速发展，正在给企业生产活动带来新的变革，其影响的深度、广度和发展速度远远超过人们的预期。基于网络的制造，包括以制造环境内部的网络化、制造环境与整个制造企业的网络化、企业与企业间的网络化、异地制造等内容，特别是基于 Internet/Intranet 的数字化设计制造已经成为重要的发展趋势。

(4) 标准化。CAD/CAM 标准化体系是开发应用 CAD/CAM 软件及 CAD/CAM 技术普及应用的基础。随着 CAD/CAM 技术的快速发展和广泛应用，技术标准化问题愈显重要。CAD/CAM 软件系统的标准化是指图形软件的标准。图形标准是一组由基本图素与图形属性构成的通用标准图形系统。图形标准按功能大致可分为三类：①面向用户的图形标准，如图形核心系统(Graphical Kernel System，GKS)，程序员交互图形标准(Programmer's Hierarachical Interactive Graphical Kernel System，PHIGS)和基本图形系统(Core)；②面向不同 CAD 系统的数据交换标准，如初始图形交换规范(Initial Graphics Exchange Specification，IGES)、产品模型数据交换标准(Standard for the Exchange of Product Model Data，STEP)等；③面向图形设备的图形标准，如虚拟设备接口标准(Virtual Device Interface，VDI)和计算机图形设备接口(Computer Device Interface，CDI)等。

(5) 虚拟化。虚拟化主要指虚拟制造，是以制造技术和计算机技术支持的系统建模技术和仿真技术为基础，集现代制造工艺、计算机图形学、并行工程、人工智能、虚拟现实技术和多媒体技术等多种高新技术为一体，由多学科知识形成的一种综合技术。在虚拟环境下模拟显示制造环境及其制造过程的一切活动和产品的制造全过程，并对产品制造及制造系统的行为进行预测和评价。它主要包括虚拟现实(Virtual Reality，VR)、虚拟产品开发(Virtual Product Development，VPD)、虚拟制造(Virtual Manufacturing，VM)、虚拟企业(Virtual Enterprise，VE)等。

(6) 绿色化。资源、环境、人口是当今人类面临的三大主要问题。绿色制造是一个综合考虑环境影响和资源效率的现代制造模式，其目标是使得产品从设计、制造、包装、运输、使用到报废处理的整个产品周期，对环境的影响(副作用)最小，资源利用率最高。绿色制造、面向环境的设计制造、生态工厂、清洁化工厂等概念是全球可持续发展战略在制造技术中的体现，是摆在现代 CAD/CAM 技术前的一个新课题。

习　　题

1. 简述 CAD/CAM 的相关概念。
2. 试描述 CAD/CAM 产品的基本生产过程。
3. 试描述 CAD/CAM 系统的分级结构体系。
4. CAD/CAM 系统的基本功能和任务有哪些？
5. CAD/CAM 系统的硬件组成有哪些？
6. 什么是 CAD/CAM 系统的支撑软件？CAD/CAM 系统的支撑软件一般有哪些？
7. 简述 CAD/CAM 技术的发展阶段，以及国内外 CAD/CAM 技术的应用情况。
8. CAD/CAM 技术的发展趋势如何？

第2章 工程数据的计算机处理

学习目标

通过本章的学习，使学生了解机械产品计算机辅助设计与制造过程中所涉及工程数据的基本类型；掌握工程数据程序化处理、文件化处理、解析化处理的基本原理、方法及适用对象；了解工程数据库管理的基本原理、方法及应用对象。

学习要求

1. 了解工程数据的基本特点和类型；
2. 重点掌握数表、线图程序化处理的基本原理及实现方式；
3. 掌握数表文件化处理的基本原理及实现方式；
4. 掌握数表解析化处理的基本原理及实现方式；
5. 了解工程数据库管理的基本原理、实现方式及适用对象。

引例

在机械产品设计过程中，常常需要引用各种工程设计手册或设计规范中的数据资料。在传统的设计中，这些数据是通过人工查寻来获取的，这既烦琐，也易出错。若利用计算机技术对工程数据实施有效的管理，则不仅可以提高设计的自动化程度和效率，而且还可有效地减少出错率。例如渐开线齿轮的模数是决定齿轮尺寸的一个基本参数，为便于制造、检验和互换使用，齿轮的模数值已经标准化如下表所示。在进行齿轮设计时，需要从标准模数系列表中选择合适的值。而选用模数时，应优先选用第一系列，其次是第二系列，括号内的模数尽可能不用。可以采用计算机辅助设计手段对上述规则作出处理，从而进行齿轮设计。如何应用计算机系统对齿轮模数等工程数据进行高效、快速的选择和处理，这就是本章需要解决的问题。

渐开线齿轮标准模数系列表(GB/1357—2008) mm

第一系列	1 10	1.25 12	1.5 16	2 20	2.5 25	3 32	4 40	5 50	6	8
第二系列	1.125 9	1.375 11	1.75 14	2.25 18	2.75 22	3.5 28	4.5 36	5.5 45	(6.5) —	7 —

工程数据一般多为表格、线图、经验公式等。在计算机辅助设计过程中，需要首先将这些数据转换为计算机能够处理的形式，以便使用过程中通过应用程序进行检索、查寻和

调用。常用的工程数据计算机处理方法有程序化处理、文件化处理和解析化处理等，而对于大量复杂的工程数据则需采用数据库技术进行存储和管理。

2.1　工程数据的程序化处理

工程数据的程序化处理是指在应用程序内部对数表、线图等进行查寻、处理和计算。利用该方法，可以将数据直接写入程序内，程序运行时自动完成程序化处理。程序化适合于需要经常使用而共享度要求又不是很高的情况，例如，工程数据中的数表、有公式的线图以及经验公式等。

2.1.1　数表的程序化处理

数表的程序化就是用程序完整、准确地描述不同函数关系的数表，以便在运行过程中迅速有效地检索和使用数表中的数据。

【例 2.1】 将表 2-1 中的外螺纹最小牙底半径进行程序化处理。

表 2-1　外螺纹最小牙底半径(部分)(GB/T 197—2003)

螺距 *P*/mm	0.2	0.25	0.3	0.35	0.4	0.45	0.5	0.6	0.7	0.75	0.8	1
最小牙底半径 R_{min}/ μm	25	31	38	44	50	56	63	75	88	94	100	125

本例为一个一维数表，有螺距和最小牙底半径两个参数，对应每一种螺距(自变量)，有一个唯一确定的最小牙底半径(因变量)，因此，二者之间为一对一的关系。对于一维数表，其数据在程序化时常采用一维数组来标志。对于本例，定义数组 Pi 和 Ri(下标 i 的范围从 0～11)，数组 Pi 和 Ri 分别用来存放螺距 P(i)和最小牙底半径 R(i)。若已知螺距尺寸 Pi，就可相应地检索出最小牙底半径尺寸 Ri。

该数表利用 C 语言程序化如下：

```
#include "stdio.h"
void main(void)
{
int i, n=11;  /* n 为记录数 */
float Pi[12]={0.2,0.25,0.3,0.35,0.4,0.45,0.5,0.6,0.7,0.75,0.8,1};
float Ri[12]={25,31,38,44,50,56,63,75,88,94,100,125};
      /* 定义一维数组，并初始化赋值 */
printf("please input pitch P: \n");
scanf("%f",&P);      /* 输入螺距值 */
for (i=0; i<n; i++)
    if ((P= =P [i]&&(i<=n))
printf("The minimum of root radius of external thread Rmin: \n", Ri [i]);
       /* 输出相应的最小牙底半径 */
}
```

【例 2.2】 在设计冲裁模凹模时，凹模刃口与边缘及刃口与刃口之间必须有足够的距离，如表 2-2 所示，试对该表进行程序化处理。

表 2-2　冲裁凹模刃口与边缘、刃口与刃口之间的距离　　mm

料宽	料厚			
	<0.8	0.8～1.5	1.5～3.0	3.0～5.0
<40	22	24	28	32
40～50	24	27	31	35
50～70	30	33	36	40
70～90	36	39	42	46
90～120	40	45	48	52
120～150	44	48	52	55

从表 2-2 可以看出，决定凹模刃口与边缘、刃口与刃口之间距离的自变量有两个，即料厚和料宽，这可以归结为一个二维数表问题。在对该类数表进行程序化处理时，可将表中的刃口与边缘、刃口与刃口之间的距离值记录在一个二维数组中 Distance[6][4]，将两个自变量料宽和料厚分别定义为一个一维数组 Thick[6]、Width[4]，通过下标引用的方式实现查寻。

利用 C 语言程序化如下：

```
#include "stdio.h"
void main(void)
{
 int i, j;
 float w, t;  /* 定义用户输入的料厚、料宽变量*/
 float Width [6]={40,50,70,90,120,150};   /* 定义表格中的料厚(一维数组)，并初始化赋值 */
 float Thick [4]={0.8,1.5,3.0,5.0};    /* 定义表格中的料宽(一维数组)，并初始化赋值 */
 float Distance[6][4]={{22,24,28,32},{24,27,31,35},{30,33,36,40},
{36,39,42,46}, 40,45,48,52}, {44,48,52,55}};  /* 定义距离值(二维数组)，并初始化赋值 */
 printf("please input width of material: w= \n");
 scanf("%f",&w);     /* 输入料宽值 */
 printf("please input thick of material: t= \n");
 scanf("%f",&t);     /* 输入料厚值 */
 for (i=0; i<6; i++)
    if(w <= Width[i])  break;
 for (j=0; j<4; j++)
    if(t <= Thick [j])  break;
 printf("The distance between the cutting edge and margin of female die,
         or between the cutting edge of female die: %\f", Distance[i][j]);
         /* 输出距离值 */
}
```

【例 2.3】 将表 2-3 所示的齿形公差进行程序化处理。

表 2-3　渐开线圆柱齿轮齿形公差 f_f (部分)　　μm

分度圆直径 d	法向模数 m_n	精度等级											
		1	2	3	4	5	6	7	8	9	10	11	12
<125	1～3.5	2.1	2.6	3.6	4.8	6	8	11	14	22	36	56	90
	>3.5～6.3	2.4	3.0	4.0	5.3	7	10	14	20	32	50	80	125
	>6.3～10	2.5	3.4	4.5	6.0	8	12	17	22	36	56	90	140
>125～400	1～3.5	2.4	3.0	4.0	5.3	7	9	13	18	28	45	71	112
	>3.5～6.3	2.5	3.2	4.5	6.0	8	11	16	22	36	56	90	140
	>6.3～10	2.6	3.6	5.0	6.5	9	13	19	28	45	71	112	180
	>10～16	3.0	4.0	5.5	7.5	11	16	22	32	50	80	125	200
	>16～25	3.4	4.8	6.5	9.5	14	20	30	45	71	112	180	280

从表 2-3 可以看出，渐开线圆柱齿轮齿形公差取决于齿轮直径、法向模数和精度等级三个变量，这可以归结为一个三维数表问题。在对该类数表进行程序化处理时，可将表中的齿形公差 f_f 记录在一个三维数组 FF[2][5][12]中，用一维数组 dd[2]来储存齿轮分度圆直径 d 的上界值，用另一个一维数组 mn[5]来储存齿轮法向模数 m_n 的上界值，用一个整型变量来表示齿轮的精度等级。

利用 C 语言程序化如下：

```
#include “stdio.h”
void main(void)
{
 int i, j,k;
 float d, m,it;  /* 定义用户输入的分度圆直径、法向模数 */
 int itt;        /* 定义用户输入的精度等级 */
 float dd[2]={125,400};     /* 定义齿轮的分度圆直径(一维数组)，并初始化赋值 */
 float mn[5]={3.5,6.3,10,16,25};    /* 定义齿轮的法向模数(一维数组)，并初始化赋值 */
 int it[12]={1,2,3,4,5,6,7,8,9,10,11,12}; /* 定义齿轮的精度等级(一维数组)，并初始化赋值 */
 float  ff[2][5][12]={{{2.1,2.6,3.6,…90},{2.4,3.0,4.0,…125},{2.5,3.4,4.5,…140}},
              {{2.4,3.0,4.0,…112},{2.5,3.2,4.5,…140},{2.6,3.6,5.0,…180},
              {3.0,4.0,5.5, …200}, {3.4,4.8,6.5, …280}},
             }; /* 定义齿形公差(三维数组)，并初始化赋值 */
 printf("please input pitch diameter of gear: d= \n");
 scanf("%f",&d);      /* 输入分度圆直径 */
 printf("please input normal modulus of gear: m= \n");
 scanf("%f",&m);      /* 输入法向模数 */
 printf("please input precision grade of gear: itt= \n");
 scanf("%d",&itt);      /* 输入精度等级 */
 for (i=0; i<2; i++)
     if(d <= dd[i])  break;
```

```
    for (j=0; j<5; j++)
        if(m <= mn[j])  break;
    for (k=0; k<12; k++)
        if(itt== it [k])  break;
    printf("The tolerance of tooth shape of gear: %\f", ff[i][j][k]);   /* 输
出齿形公差 */
   }
```

2.1.2　线图的程序化处理

工程设计中，有一些设计数据是用直线、折线或各种曲线构成的线图，这种线图能直观地反映数据的变化趋势。但线图本身不能被计算机直接引用，参与设计的是对线图进行处理后获得的相应数据。因此，在计算机辅助设计中，最常用的方法是将线图离散化为数表，然后将数表进行程序化处理。

【例 2.4】 在进行圆锥齿轮传动的疲劳强度校核计算时，需要用到结点区域系数 Z_H，结点区域系数可从图 2.1 所示的线图中查取。试对该图进行程序化处理。

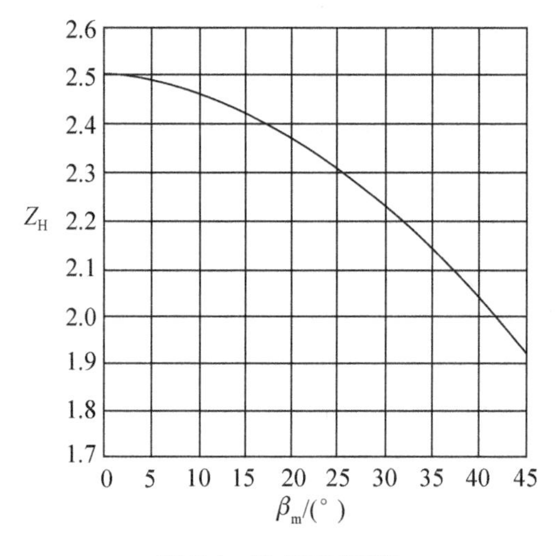

图 2.1　结点区域系数

图 2.1 所示为结点区域系数 Z_H 与齿宽中点螺旋角 β_m 的关系曲线，可将此图转换成数表关系，然后进行程序化处理。为将此图转换成相应的数表，可将曲线分割离散(即离散化处理)，首先由给出的已知自变量 β_m 在曲线上找到对应的因变量 Z_H，形成一组结点，然后用这些分割离散点的坐标值列成一张如表 2-4 所示的数表。可以看出这是一个一维数表，就可以采用前述方法进行数表的程序化处理。

表 2-4　结点区域系数与齿宽中点螺旋角的关系

齿宽中点螺旋角 β_m /(°)	0	5	10	15	20	25	30	35	40	45
结点区域系数 Z_H	2.5	2.49	2.47	2.43	2.38	2.31	2.23	2.14	2.04	1.93

根据线图的复杂程度，还可转化为二维、三维等数表格式。

分割点的选取随曲线的形状而异，一般陡峭部分分割可密集一些，平坦部分分割得稀疏一些，分割离散点的基本原则是应使各分割点间的函数值不致相差太大。线图的数表化

转换简单、直观，缺点是只能表示曲线上有限点处的变量关系，无法查找曲线上任意点的变量值。

2.2　工程数据的文件化处理

如果需要处理的工程数据较小，用程序化方法处理是可行的。但对于大型数据或需进行共享的数据来说，程序化处理显然不合适。一方面，大型数据作为数组来存储将使程序运行时占用大量的内存，处理效率低。另一方面，对于多个程序模块都需要使用的数据来说，若采用程序化处理，则会造成数据的重复存储。这种情况最好进行数据的文件化处理。

工程数据的文件化处理是指将工程数据以一定的格式存放于文件中，在使用时程序打开文件并进行查询等操作。将工程数据进行文件化处理，不仅可使程序简练，还可使数表与应用程序分离，实现一个数表文件供多个应用程序调用，增强数据管理的安全性，提高数据系统的可维护性。

根据数据类型的不同，工程数据文件通常采用两种类型的文件：文本文件和数据文件。文本文件用于存储行文档案资料，如技术报告、专题分析和论证材料等，可利用任何一种计算机文字处理工具软件建立。数据文件则有自己的固定的存取格式，用于存储数值、短字符串数据，如切削参数、零件尺寸等，可利用字表处理软件建立，但为了便于应用程序调用，通常采用高级语言中的文件管理功能实现文件的建立、数据的存取。

【例 2.5】 表 2-5 所示为平键和键槽尺寸，图 2.2 所示为平键与键槽剖面图。试对该数据表进行文件化处理。

表 2-5　平键和键槽尺寸(GB/T 1095—2003)　mm

轴　径	槽		轴槽深/t	毂槽深/t_1
	b	h		
>8～10	3	3	1.8	1.4
>10～12	4	4	2.5	1.8
>12～17	5	5	3	2.3
…	…	…	…	…
>75～85	22	14	9	5.4

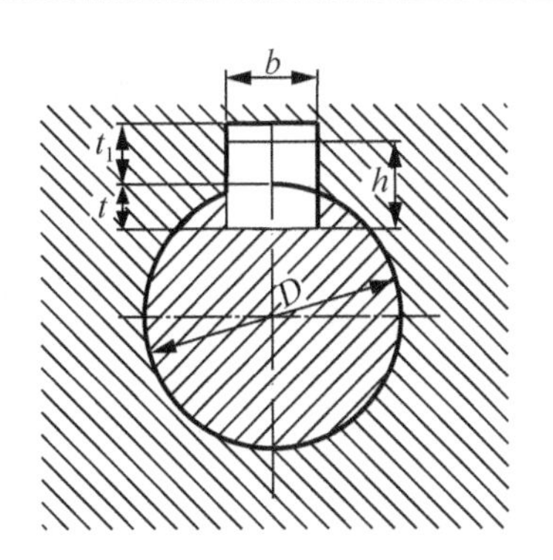

图 2.2　平键与键槽剖面

将表 2-5 中的平键和键槽尺寸建立数据文件，然后利用所建数据文件，通过设计所给出的轴径尺寸检索所需的平键尺寸和键槽尺寸。

其基本过程是，按记录将表中的平键尺寸和键槽尺寸建立数据文件，一行一个记录。平键和键槽尺寸的检索是根据轴径进行的，而此表中的轴径给出了一个下限和上限范围，可将该下限和上限轴径数据连同平键和键槽尺寸一起存储在数据文件中，这样一个记录将包含有轴径下限值 d_1、轴径上限值 d_2、键宽 b、键高 h、轴槽深 t、毂槽深 t_1 共 6 个数据项。

```
#include "stdio.h"
#define num=# # # ;;;   /*  # # # 按实际记录赋值  */
struct key_GB
    {
     float d1,d2,b,h,t,t1;
    } key;  /* 定义键元素(结构体) */
void main()
{
 int i;
 FILE  *fp;
   if((fp=fopen("key.dat", "w"))==NULL)  /* 打开文件 key.dat, 用于写入 */
    { printf("Can't open the data file");
     exit();
    }
    for(i=0;i<num;i++)
    { printf("record/%d:d1,d2,b,h,t,t1=",i);
      scanf("%f, %f , %f , %f , %f ",%f ",&key.d1, &key.d2, &key.b, &key.h,
      &key.t,
           &key.t1);   /* 输入各记录数据项 */
     fwrite(&key,sizeof(struct key_GB,1,fp)    /*写入各记录数据项于文件中 */
    }
    fclose(fp);
   }
```

运行该程序，逐行输入各记录数据项，便在磁盘上建立了名为“key.dat”的数据文件。

利用所建立的数据文件“key.dat”，通过设计得到的轴径尺寸检索所需要的平键和键槽尺寸，其 C 语言程序如下：

```
#include "stdio.h"
#define num=# # # ;;;   /*  # # # 按实际记录赋值  */
struct key_GB
    {
     float d1,d2,b,h,t,t1;
    } key;
void main()
{
 int i;
 FILE  *fp;
   while(1)
   {
    printf("Please input the diameter of shaft: d= \n");
```

```
    scanf("%f ",&d);    /*用户输入轴径尺寸 */
    if(d>8&&d <=85)  break;
      else printf("The diameter d is not in range, input again!");
    }
    if((fp=fopen("key.dat", "r"))==NULL)
    { printf("Can't open the data file");
     exit();
    }   /* 打开文件 key.dat */
    for(i=0;i<num;i++)
    {
     fseek(fp,i*sizeof(struct key_GB),0);  /*二进制方式打开文件,移动文件读写指
     针位置. */
     fread(&key,sizeof(struct key_GB,1,fp);   /* 读出文件 key.dat 中的数据 */
     if(d> key.d1&&d <= key.d2)
     {
      printf("The key:b=%f,h=%f, t=%f, t1=%f",key.b, key.h, key.t, key.t1);
      break;
     }   /* 检索出具体值 */
    }
    fclose(fp);
   }
```

对于线图数据，可将线图离散化为数表，然后对数表进行文件化处理。

由于多数工程数据资料并不是简单的表格形式，可能含有组合项、多重嵌套表格，而数据文件不具备支持各种复杂格式的能力，因此需要先对数据资料进行正确的分解和组织，将复杂的表格分解成若干个简单的表格。

2.3　工程数据的解析化处理

在工程设计中，常常用到两类数据，一类是彼此间没有函数关系的数表，如材料的机械性能等，该类数据本身就是离散的，数据间没有关联，查寻时只需要表中所列数据。另一类是数据之间是相关的，数据间满足一定的函数关系，只是为了应用方便才以表格形式给出，查寻时所需数据可能并非表中的离散值。对于第二类数据，若采用前述方法，将会占用较多的计算机资源和存储空间，并增加检索时间，同时，数据是离散的且数量也有限，相邻两数值点之间只能选取相近的数据，这给计算结果带来误差。

工程数据的解析化处理是指将那些数据间有某种联系或函数关系的列表或线图，采用公式化的方式进行描述，从而实现非离散数据的查寻。数据的解析化处理可以保证工程数据的连续性，减小数据误差，并节省存储空间、提高计算机的处理速度。

工程数据的解析化处理主要有函数插值和数据拟合两种方式。

2.3.1　函数插值

函数插值的基本思想是在插值点附近选取若干个合适的连续结点，通过这些结点设法构造一个函数 $g(x)$以代替原未知函数 $f(x)$，插值点的 $g(x)$值就作为原函数的近似值。

例如表 2-6 中所示的列表函数，该数表中的两组数据(自变量和因变量)之间存在某种关

系，反映了某种连续的规律性。列表函数只能给出结点 x_1，x_2，…，x_n 处的函数值 y_1，y_2，…，y_n，当自变量为结点的中间值时，就可以利用插值的方法来检索数值。

表 2-6　列表函数

x	x_1	x_2	…	x_n
y	y_1	y_2	…	y_n

最常用的近似函数 $g(x)$类型是代数多项式。根据所选结点的个数，可将函数插值分为线性插值、抛物线插值和拉格朗日插值等。

1. 线性插值

线性插值又称为一元函数插值或两点插值。根据插值点 x 值选取两个相邻的自变量 x_i 与 x_{i+1}，为简便起见，可将这两自变量设定为 x_1 和 x_2，并满足条件 $x_1 \leqslant x \leqslant x_2$。过$(x_1,y_1)$、$(x_2,y_2)$两结点连线的直线代替原来的函数 $f(x)$，如图 2.3 所示，则插值点函数为

$$g_1(x) = f(x_1) + \frac{f(x_2) - f(x_1)}{x_2 - x_1}(x - x_1)$$

即

$$g_1(x) = y_1 + \frac{y_2 - y_1}{x_2 - x_1}(x - x_1) \tag{2-1}$$

式(2-1)可改写为

$$g_1(x) = \frac{x - x_2}{x_1 - x_2} y_1 + \frac{x - x_1}{x_2 - x_1} y_2 \tag{2-2}$$

设

$$A_1 = \frac{x - x_2}{x_1 - x_2}，\quad A_2 = \frac{x - x_1}{x_2 - x_1}$$

$$g_1(x) = A_1 y_1 + A_2 y_2 \tag{2-3}$$

由式(2-3)可见，$g_1(x)$是两个基本插值多项式 $A_1(x)$和 $A_2(x)$的线性组合。

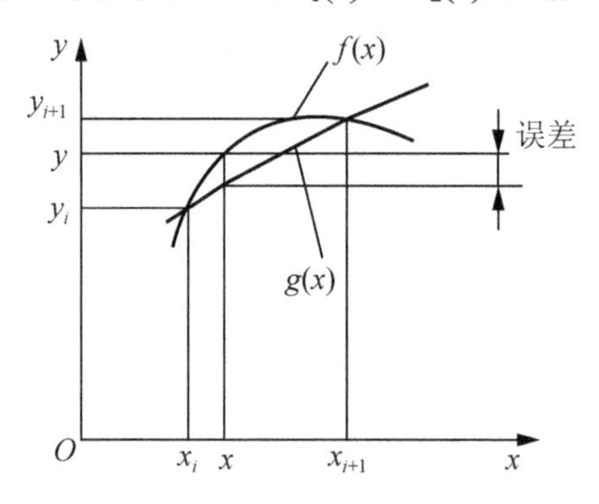

图 2.3　线性插值示意图

2. 抛物线插值

线性插值只利用了两个结点(x_1,y_1)、(x_2,y_2)上的信息，因此精度很低。若给定三个结点 x_{i-1}、x_i 与 x_{i+1}，同样简化为 x_1、x_2、x_3，其对应函数值为 y_1、y_2、y_3，则与线性插值类似，可构造出相应的二次多项式 $y= g_2(x)$并使其满足：

$$g_2(x)=\frac{(x-x_2)(x-x_3)}{(x_1-x_2)(x_1-x_3)}y_1+\frac{(x-x_1)(x-x_3)}{(x_2-x_1)(x_2-x_3)}y_2+\frac{(x-x_1)(x-x_2)}{(x_3-x_1)(x_3-x_2)}y_3 \tag{2-4}$$

显然，式(2-4)是一个不超过二次的多项式，称为二次插值。实际上，它是通过三个结点(x_1,y_1)、(x_2,y_2)、(x_3,y_3)的一条抛物线 $y=f(x)$，因此，二次插值又称三点插值、抛物线插值。图 2.4 所示为抛物线插值示意图。

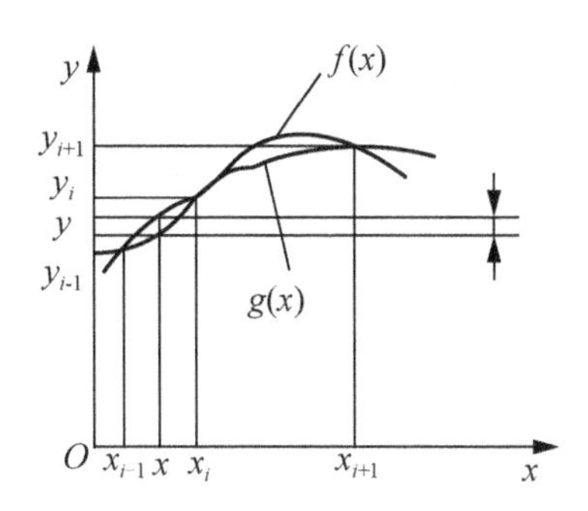

图 2.4　抛物线插值示意图示意图

3. 拉格朗日插值

采用同样的方法，若插值曲线通过(x_1,y_1)、(x_2,y_2)、…，(x_n,y_n) n 个结点，则可构建出 n 个结点的$(n-1)$阶插值多项式：

$$g_{n-1}(x)=\sum_{k=1}^{n}\frac{(x-x_1)(x-x_2)\cdots(x-x_{k-1})(x-x_{k+1})\cdots(x-x_n)}{(x_k-x_1)(x_k-x_2)\cdots(x_k-x_{k-1})(x_k-x_{k+1})\cdots(x_k-x_n)}y_k$$
$$=\sum_{k=1}^{n}(\prod_{\substack{j=1\\j\neq k}}\frac{x-x_j}{x_k-x_j})y_k \tag{2-5}$$

式(2-5)称为拉格朗日插值多项式。拉格朗日插值多项式的逻辑结构为二重循环，内循环计算 n 个累乘，再用外循环求代数和，很容易编出相应的计算机程序。

一般说来，抛物线插值比线性插值精度高，适当提高插值阶数可以提高插值精度。但并非阶数越高，精度就越高，而且阶数升高，计算量也越大。因此，若发现二、三阶插值精度不够理想，还可采用分段插值，即将插值区间分为若干段，在每个分段上进行低阶插值。但采用简单的分段插值法，往往在两段曲线连接处做不到平滑过渡，即两段曲线在连接点处的导数不等。此外，根据上述一元列表函数的插值，同样可对二元列表函数进行插值，所不同的是要多次运用拉格朗日插值代替一元线性插值。读者可参阅有关文献。

2.3.2　函数拟合

工程中常采用数据的函数拟和方法(又称曲线拟合)，所拟合的曲线不要求严格通过所有的结点，而是尽量反映数据的变化趋势。函数拟合有多种方法，最常用的是最小二乘法。图 2.5 所示为数据的拟和曲线示意图。其基本处理步骤是：

(1) 在坐标纸上标出列表函数各结点数据，并根据其趋势绘出大致的曲线；

(2) 根据曲线确定近似的拟合函数类型，拟合函数可分为代数多项式、对数函数、指数函数等；

(3) 用最小二乘法原理确定函数中的待定系数。

下面以最简单的线性函数说明最小二乘法的运用。

对于某一列表函数，若所有结点呈现出一种线性变化规律，则可用直线方程 $f(x)=a+bx$ 进行描述，最小二乘法处理的任务就是要求出直线方程中的待定系数 a 和 b。

由图 2.5 所示的各结点到所拟合直线偏差的平方和为

$$\phi=\sum_{i=1}^{n}e_i^2=\sum_{i=1}^{n}(f(x_i)-y_i)^2=\sum_{i=1}^{n}(a+bx_i-y_i)^2 \tag{2-6}$$

可见，所拟合函数的偏差平方和 ϕ 是结点系数 a、b 的函数。如何选取结点系数 a、b，使偏差平方和 ϕ 最小，这就是最小二乘法的实质。

令
$$\begin{cases}\dfrac{\partial\phi}{\partial a}=0\\ \dfrac{\partial\phi}{\partial b}=0\end{cases} \tag{2-7}$$

将式(2-6)代入式(2-7)，求其偏导数，得

$$\begin{cases}\sum 2(a+bx_i-y_i)=0\\ \sum 2x_i(a+bx_i-y_i)=0\end{cases} \tag{2-8}$$

方程组(2-7)仅有两个未知数，从而可方便地求得

$$\begin{cases}a=\overline{y}-b\overline{x}\\ b=\dfrac{\sum x_i(y_i-\overline{y})}{\sum x_i(x_i-\overline{x})}\end{cases} \tag{2-9}$$

式中，$\overline{x}$、$\overline{y}$ 分别为列表函数自变量和因变量的平均值。将求取的数 a、b 代入直线方程 $f(x)=a+bx$，即可求得最终的拟合函数。

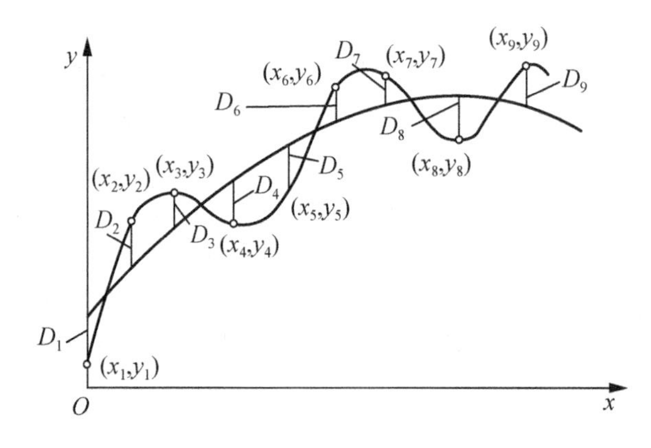

图 2.5 数据的拟合曲线

若列表函数中的自变量和因变量成指数函数关系：

$$y=ab^x \tag{2-10}$$

仍可用最小二乘法求取指数函数中的系数 a 和 b。对式(2-10)两边取对数得

$$\lg y=\lg a+x\lg b$$

令 $y' = \lg y$，$u = \lg a$，$v = \lg b$，则

$$y' = u + vx$$

用最小二乘法对上述方程系数 u 和 v 进行求解，然后根据 $u = \lg a$、$v = \lg b$ 的关系求出指数函数中真正的系数 a 和 b。

【例 2.6】 试编制拉格朗日插值的解析化处理程序。

拉格朗日插值多项式如式(2-5)所示。拉格朗日插值多项式的逻辑结构为二重循环，内循环计算 n 个累乘，再用外循环求代数和。其相应的解析化处理程序如下：

```
#include "stdio.h"
int N;                          /* 结点数 */
float lg(X,Y, X0, Y0);          /* 定义拉格朗日插值函数 */
float X[20], Y[20];             /*X[N]:结点自变量数组, Y[N]:结点函数值数组 */
float X0, Y0;                   /* X0:插值点自变量, X0:插值点函数值*/
{
 int j=0,i;
 double P;
 Y0=0.0;
 While(j<N)
  {P=1.0;
   for(i=0;i<n;i++)
   if(j!=i)P=P*(X0-X[i])/( X[j]-X[i]);
   Y0=y0+P*Y[j];
   j++;
  }
  return(Y0);
  }

void main(void)
{
 int k;
 float X[20], Y[20], X0, Y0;
 printf("please input N: =\n");
 scanf("%d",&N);
 printf("please input X[N], Y[N]: =\n");
 for(k=0;k<N;k++)
 scanf("%f,%f ",& X[k], &Y[k]);
 printf("please input X0: =\n");
 scanf("%f",&X0);
 Y0=lg(X,Y,X0,Y0);              /* 调用拉格朗日插值函数 */
 printf("G [x] =%f\n",Y0);
 }
```

【例 2.7】 求出表 2-7 中五次实验数据的线性拟合方程。

表 2-7　实验数据表

i	x_i	y_i	x_i^2	$x_i y_i$
1	1	0	1	0
2	2	2	4	4

续表

i	x_i	y_i	x_i^2	x_iy_i
3	3	2	9	6
4	4	5	16	20
5	5	4	25	20
Σ	15	13	55	50

将表中数据代入式(2-7)得到方程组为

$$\begin{cases} 5a+15b=13 \\ 15a+55b=50 \end{cases}$$

解得

$$\begin{cases} a=-0.7 \\ b=1.1 \end{cases}$$

2.4 工程数据的数据库管理

对于规模较小的工程设计任务，采用程序化、文件化管理是可行的。但若数据量十分庞大、结构复杂，并且操作要求高，采用数据库管理方式则更为有效。CAD/CAM 集成系统就是按照产品设计、制造的实际进程，在计算机内组织起连续、协调和科学的信息流，因此，集成主要是信息的集成问题，最终反映出的是数据的交换和共享。数据库系统可有效地管理所有产品设计和制造的数据信息，实现数据的共享，保持程序和数据的独立性，保证数据的完整性和安全性。因此，在 CAD/CAM 作业中，数据库管理比文件化管理等其他数据处理方式操作更方便，应用更广泛。

2.4.1 数据库技术的特点

数据库是一个通用的、综合性的、数据独立性高、冗余度小且互相联系的数据文件的集合，它按照信息的自然联系构造数据，用各种存取方法对数据进行操作，以满足实际需要。数据库技术是目前最为先进的数据管理技术，其特点主要如下：

(1) 数据模型的复杂性和结构化。数据模型复杂，在描述数据的同时，也描述数据之间的联系，即数据结构化。

(2) 数据的共享性。数据库从整体观点处理数据、面向系统，因此弹性大、易扩充、使用方式灵活，实现了数据共享，而且数据冗余度低。

(3) 数据的独立性。数据可独立于程序存在，应用程序也不必随着数据结构的变化而修改。数据库系统本身还具有很强的操作功能，不需应用程序额外负担数据操作任务。

(4) 数据的安全性和完整性。数据库系统提供数据的控制功能，保护数据，防止不合理使用，保证数据的正确性、有效性、相容性，即数据的完整性。

数据库的以上特点是由数据库管理系统(Data Base Management System，DBMS)来保障的，因而，DBMS 是数据库的核心。DBMS 通常由以下三部分组成，即数据描述语言(Data Description Language，DDL)及其翻译程序、数据操纵语言(Data Manipulation Language，

DML)及其编译程序、数据库管理例行程序(Data Base Management Routines，DBMR)。

2.4.2　工程数据库

商品化的数据库系统主要是为了满足事物性管理的要求，一般称为商用数据库系统，如 Oracle、SQL Server、DB2、Sybase 等。商用数据库系统的数据类型比较简单，且基本上是静态数据模式，而工程数据关系复杂，属动态模式。因此，商用数据库系统并不能完全适应工程数据管理的要求。例如，CAD/CAM 系统涉及图形、非图形等大量数据，图形中既有绘制工程图的二维数据，又有造型所需要的三维数据。非图形中，一部分为数据标准，包括设计规范、材料性能等；另一部分是管理信息，如产品性能、用户需求、工艺规范和生产计划等。计算机辅助数控加工所用的数控代码也是一种非图形数据，而且是一种非结构化数据。这些都是商用数据库难以完成的，因此人们提出了工程数据库的概念。

工程数据库是一种能满足工程设计、制造、生产管理和经营决策支持环境的数据库系统。理想的 CAD/CAM 系统，应该是在操作系统支持下，以图形功能为基础，以工程数据库为核心的集成系统，从产品设计、工程分析直到制造过程中所产生的全部数据都应维护在同一个数据库环境中。

1. 工程数据类型

作为支持整个生产过程的工程数据，可分为以下类型：

(1) 通用基础数据。通用型数据是指产品设计与制造过程中所用到的各种数据资料，如国家及行业标准、技术规范、产品目录等。

(2) 设计产品数据。设计型数据是指在生产设计与制造过程中产生的数据，包括各种工程图形、图表及三维几何造型等数据。

(3) 工艺加工数据。指专门为 CAD/CAM 系统工艺化阶段服务的数据，如金属切削工艺数据、磨削工艺数据、热加工工艺数据等。

(4) 管理信息数据。管理信息数据是指生产活动各个环节的信息数据。如生产工时定额、物料需求计划、成本核算、销售、市场分析等。

2. 对工程数据库系统的要求

工程数据库系统一般要满足以下几个要求：

(1) 支持复杂的数据类型，反映复杂的数据结构。工程数据库中的数据涉及字符、数字、文本、图形、非图形等多种形式的信息，因此要求工程数据库既能支持过程性的设计信息，又能支持描述性的设计信息。

(2) 支持反复建立、评价、修改并完善模型的设计过程，满足数值及数据结构经常变动的需要。

(3) 支持多用户的工作环境并保证在这种环境下各种数据语义的一致性。如机械设计包含机、电、液、控等方面的技术，各类专业人员都可按照自己的观点理解同一数据结构并进行不同的应用。

(4) 具有良好的用户界面。应支持交互作业，设计者可以交互方式对工程数据库进行操作、检索和激活某一软件包。同时应保证系统具有快速、适时的响应。

目前，由于工程数据的特殊要求，一般通过以下途径来满足数据库提出的要求：

(1) 在现有商务软件 DBMS 的外层增加一层软件，以弥补商务软件用于工程环境的不足。

(2) 增加现有 DBMS 的功能，满足工程数据库管理的要求。

(3) 建立专用的文件管理器，把现有的 DBMS 作为一项应用。

(4) 研究新的数据模型，开发新的工程数据库管理系统，使其具有新的功能和性能，满足工程数据管理的需要。

目前一些实用的工程数据库系统大多采用前三种方法构成。

2.4.3 产品数据管理技术

随着 CAD/CAM 技术的发展及其应用的不断深化，企业的生产和管理效率得到很大程度的提升。但是同时新的问题也随之产生，各个自动化环节自成体系，彼此之间缺乏有效的信息沟通与协调，形成所谓的“信息孤岛”。这一问题给企业带来的是生产和管理上的混乱和效率低下。产品数据管理技术正是围绕这一问题发展起来的。

产品数据管理(Production Data Management，PDM)技术是以产品数据的管理为核心，通过计算机网络和数据库技术把企业生产过程中所有与产品相关的信息和过程集成管理的技术。与产品相关的信息包括开发计划、产品模型、工程图样、技术规范、工艺文件、数控代码等，与产品相关的过程包括设计、加工制造、计划调度、装配、检测等工作流程及过程处理程序。

基于 PDM 的系统集成是指集数据库管理、网络通信能力和过程控制能力于一体，将多种功能软件集成在一个统一的平台上，它不仅能实现分布式环境中产品数据的一致性管理，同时还能为人与系统的集成及并行工程的实施提供支持环境。

图 2.6 所示为基于 PDM 的数据集成系统体系结构。其中，系统集成层即 PDM 核心层，向上提供 CAD/CAPP/CAM 的集成平台，把与产品有关的信息集成管理起来；向下提供对异构网络和异构数据库的接口，实现数据跨平台传输和分布处理。而且，从图 2.6 可见，PDM 可在更大程度和范围内实现企业内部和企业间的信息共享。

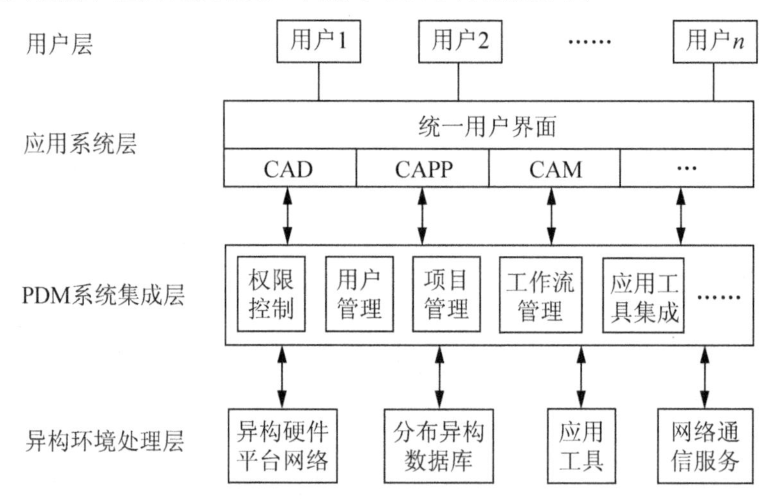

图 2.6　基于 PDM 的集成系统体系结构

习　题

1．一般工程数据有哪几种类型？在 CAD/CAM 作业中如何处理这些工程设计数据资料，有哪些常用的方法？试举例说明。

2．分析表 2-8 中的普通螺纹公差等级系数列表特点，试选用合适的方式进行数据的计算机处理。

表 2-8　普通螺纹公差等级系数 K

公差等级	3	4	5	6	7	8	9
K	0.5	0.63	0.8	1	1.25	1.6	2

3．已知齿轮传动工况系数 K_A 是由原动机载荷特性和工作特性共同决定，其关系如表 2-9 所示。试编制其程序化处理程序。

表 2-9　齿轮传动工况系数 K_A

原动机载荷特性	工作机载荷特性		
	平稳	中等冲击	较大冲击
平稳	1.00	1.25	1.75
轻度冲击	1.25	1.50	2.00
中等冲击	1.50	1.75	2.25

4．如图 2.7 所示为变位系数 x=0 时，渐开线齿轮的当量齿数 Z_v 和齿形系数 Y 之间的关系曲线。试对该图进行程序化处理。

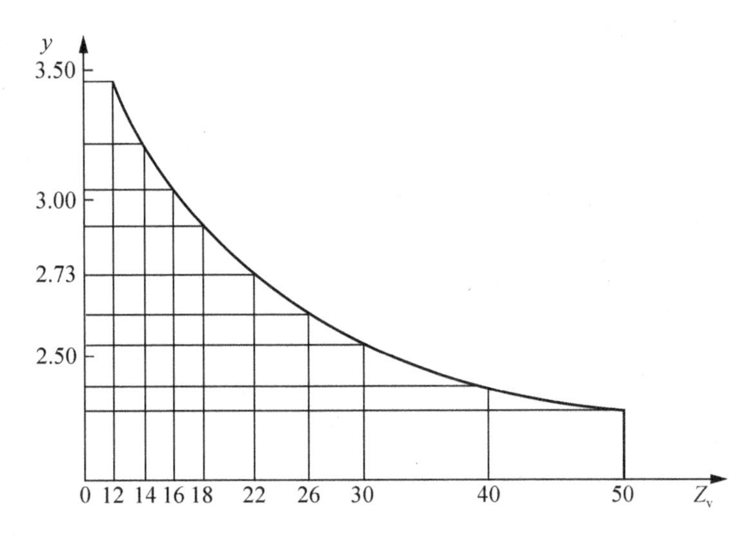

图 2.7　z=0 时渐开线齿轮当量齿数和齿形系数关系曲线

5．将固定支撑钉(见图 2.8)和数据(见表 2-10)，进行文件化处理。

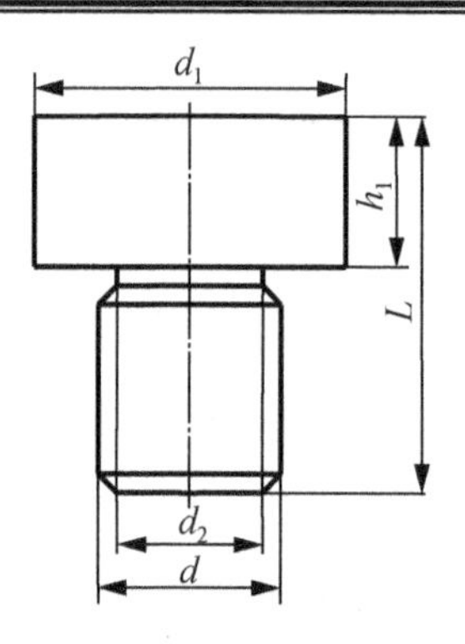

图 2.8　固定支撑钉

表 2-10　固定支撑钉数据

d	d_1	h_1	d_2	L
6	8	6	5	15
8	12	8	7	20
10	16	10	9	24
12	20	12	11	30
16	25	16	15	40
20	30	18	18	50

6．有一组试验数据(如表 2-11 所示)，分别用线性插值和抛物线插值求当 x=2.02 处的函数值 y。

表 2-11　一组试验数据

x	2.61	2.43	2.32	2.21	2.08	1.99	1.85	1.79	1.70	1.02
y	1.86	1.80	1.69	1.65	1.60	1.57	1.50	1.47	1.42	1.33

7．试用最小二乘法对表 2-11 中的试验数据进行多项式拟合。

8．对工程数据库的基本要求有哪些？如何理解基于 PDM 技术的工程数据管理？

第 3 章　计算机图形处理技术

学习目标

图形是工程设计与制造过程中最重要和最基础的技术文件。作为计算机图形学的基础内容，计算机进行图形处理的方法和技术原理是我们深入理解 CAD/CAM 软件基本工作原理的基石。通过本章的学习，使学生掌握机械产品计算机辅助设计类软件进行图形处理过程中所涉及的图形生成方法和图形变换处理技术；重点掌握各种变换方法所使用的变换矩阵；了解三维图形的变换方法和图形消隐技术。

学习要求

1. 掌握窗口与视区的转换技术；
2. 掌握二维图形处理技术基础知识；
3. 理解三维图形变换方法；
4. 了解图形消隐技术。

引例

传统设计大都是先在设计者头脑中构思，然后通过一定程度的实物模型加以印证，再进行反复的修改最终成型。计算机辅助图形处理技术的应用，使工程设计人员可以通过交互式图形设备对零部件进行设计、计算及描述，产生二维图样或三维模型，所设计产品的外形、颜色、结构，尺寸甚至工艺性能都可以利用计算机来进行显示，方便人们从图形显示器上观察及修改。采用计算机辅助图形处理有百闻不如一见的效果。

计算机图形处理技术是 CAD/CAM 的重要组成部分。计算机辅助绘图把设计人员从传统的人工绘图方式中解放出来，而计算机图形处理技术的应用与发展加速了 CAD/CAM 研究的发展，同时也加速推动了工业生产的发展。

目前计算机只能处理数值数据，因此在计算机内表示几何图形的数据也是数值型数据。而人们很难直观理解计算机内部数据所描述的图形。于是出现了计算机图形学，计算机图形学的作用就是在人所能熟悉的界面与计算机内部存储空间之间进行信息的交换。作为计算机图形学的基础技术，计算机图形处理技术成为 CAD/CAM 系统中不可或缺的重要部分。

计算机图形处理技术，在 CAD/CAM 系统中重要功能主要体现在：首先，将计算机内的数据生成与之对应的图形，并显示在显示器上。其次，是对图形的各种处理功能。其中重要的有图形的放大、缩小、镜像、旋转等变换功能，以及由三维几何模型生成三视图、剖视图等的投影功能和将看不见的线、面进行取消显示的消隐功能。如下图所示的利用各种变换功能，可以使设计者能够根据需要从任意方位观察物体各个细部乃至内部结构。

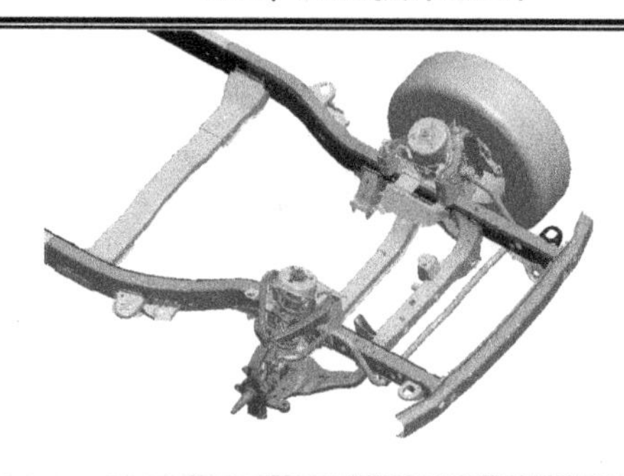

3.1 基本图形生成技术及算法

了解计算机绘制基本图形的方法，有助于深入理解计算机绘图系统的原理及进行计算机辅助设计的二次开发工作。有关图形处理的基本概念如下：

(1) 图形是由点、线和面等基本要素(图素)按一定的关系组合而成。

(2) 图素是组成图形的基本要素。例如，点、直线、圆、自由曲线和曲面等。

(3) 图形的生成是指在指定的输出设备上，根据坐标描述构造几何图形。

(4) 图形的表示有两种方法：一是点阵法，即把具有颜色信息的点阵来表示图形的一种方法。它强调图形由哪些点组成，并具有什么样的灰度或色彩。点阵法图素所描述的图形称做图样。二是参数法，是以计算机中记录的图形的形状参数与颜色、线型等属性参数来描述图形的一种方法。参数法所描述的图形又称矢量图形。计算机屏幕显示的图形就是图样，而现在 CAD/CAM 系统中计算机内部在描述或存储几何形体时通常采用矢量图形。

3.1.1 图形在计算机屏幕上的显示

光栅式显示器的屏幕可以看作由许多能够确定位置的最小元素无间隙地覆盖而成。网中的黑色小正方形状的最小元素称做像素(Pixel)。像素的个数越多，显示的图形就越精确。所以，把像素的最大个数称做显示器的分辨率。要在屏幕上显示图形，只要指定屏幕上与图形相对应的像素的明暗、颜色就可以了。如只要指定两端点的像素及两端点之间的像素列的明暗和颜色，就能够在屏幕上画出一条直线。

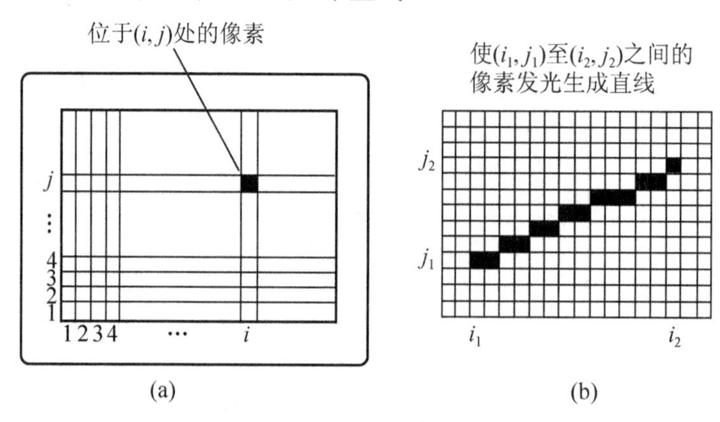

图 3.1 光栅式屏幕上像素的显示

为了在屏幕上确定像素的位置，首先要建立具有原点(如以左下角为原点)的、用像素的个数来表示坐标系的整数坐标系。这种坐标系称做物理装置坐标系。使像素发光画出直线的操作称做向量生成。在屏幕上给出线段的两个端点，为了画出该线段，确定发光像素的处理方法有几种，在这里介绍称为 DDA(Digital Differential Analyzer)的处理方法。

如图 3.1(b)所示，在物理装置坐标系中给出(i_1, j_1)，(i_2, j_2)两点。过这两点作一直线，这条直线可以用参数方程来表示。假设 u 是从 0～1 变化的参数，则表示这条直线的参数方程为

$$\begin{cases} x = i_1 + (i_2 - i_1)u \\ y = j_1 + (j_2 - j_1)u \end{cases} (0 \leqslant u \leqslant 1) \tag{3-1}$$

若在上述的方程中令 u=0，则可以得到 $x=i_1$，$y=j_1$，说明直线通过点(i_1,j_1)。同理，若令 u=1，则可以得到 $x=i_2$，$y=j_2$，说明直线通过点(i_2, j_2)。令式(3-1)中的 u 从 0～1 逐步增加，从而得到一系列的 x、y 值，并以这些值为坐标来选择发光像素的方法。若用 Δu 来表示参数 u 每次增加的增量，则第一点选择为 u=0 时，由式(3-1)得到的 $x=i_1$，$y=j_1$ 为坐标的像素；第二点选择为 u 从 0 增加 Δu ($u=\Delta u$)时，由式(3-1)所得到的 x、y 值的最接近的整数为坐标的像素。同样，令式(3-1)中的 u 再增加 Δu 得到新的 x、y 值，再以 x、y 的最接近的整数为坐标选择下一点像素。如此反复进行，直到 u 增加到 1 时就完成了显示这条线段的像素选择操作。适当的选择 Δu 值可以得到图 3.1(b)所示的不间断的像素序列。让这些像素发光，就能在屏幕上显示出直线来。Δu 值选择得太大，显示的直线就会有断续。将图形通过打印机或绘图仪输出时的情况与在显示器屏幕显示情况类似。

3.1.2　图形的生成方法

简便、快捷地生成图形，建立零部件的几何模型是 CAD/CAM 系统研究的首要内容。而图形的生成方法决定了计算机绘图的能力和效率，目前所应用的图形生成方法归纳起来，主要有以下五种：

1. 轮廓线法

所谓轮廓线法，就是将物体上的点与线条在计算机上逐一绘出，得到该物体的图形。该方法绘制的线条取决于它的端点坐标，不分先后，没有约束，因而，比较简单，适应面也广，但绘图工作量大、效率低，容易出错，尤其是不能满足系列化产品图形的设计要求，生成的图形的各图素之间无约束关系，所以无法通过尺寸参数加以修改。

采用轮廓线法绘图通常有两种工作方式，一是编制程序，成批绘制图线，程序一经确定，所绘图形也就确定了，若要修改图形，只有修改程序，这是一种程序控制的静态的自动绘图方式。例如，应用 Basic 语言或 C 语言编写绘图程序。二是利用交互式绘图软件系统，把计算机屏幕当作图板，通过鼠标或键盘点击菜单，或直接输入绘图或操作命令，按照人机对话方式生成图形，AutoCAD 绘图软件就属于这种方式。轮廓线法生成的图形重用率低。图 3.2 所示为使用 Visual Basic 语言编制的绘图程序的运行结果。

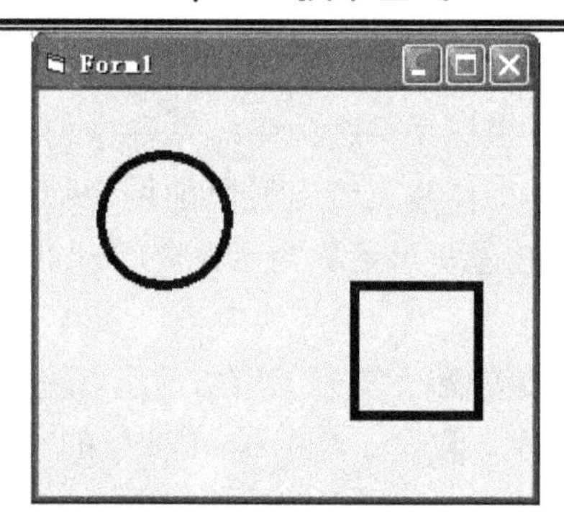

图 3.2　轮廓线绘图法

【例 3.1】 用 VB 编制的绘图程序：

```
Private Sub Form_Click()
Circle (1000, 1000), 500, RGB(0, 0, 0)
Line (2500, 1500)-Step(1000, 1000), RGB(0, 0, 0), B
End Sub
```

2. 参数化法

参数化法是首先建立图形与尺寸参数的约束关系，每个可变的尺寸参数用待标变量表示，并赋予一个默认值。绘图时，修改不同的尺寸参数即可得到不同规格的图形。这种方法工作起来简单、可靠、绘图速度快。通常用于通用件、标准件的图库建设或建立企业内部已定型系列化产品的图形库，利用一个几何模型，即可随时调出同一类型所需产品型号的模型，也能进行约束关系不变的改型设计。例如，Pro/ENGINEER 软件环境下的族表功能就是典型的参数化法建模。图 3.3 所示为在 Pro/ENGINEER 软件环境下先建立螺母的参数模型，其所用参数包括螺母中心孔直径，外接圆直径及螺母厚度等，并通过族表为各参数进行系列赋值，当需要某型螺母时，先调入标准模型然后以人机对话方式逐一选择相应参数值，或者直接按照名称进行选择打开，系统即可自动生成相应螺母三维模型。这一功能显著地简化了设计过程加快了设计速度。

图 3.3　建立螺母的参数模型

3. 图形元素拼合法

图形元素拼合法(简称图元拼合法)类似于一种搭积木的方法。将各种常用的、带有某种特定专业含义的图形元素存储建库，设计绘图时，根据需要调用合适的图形元素加以拼合。图形元素拼合法要以参数化法为基础，每一个图形元素实际上就是一个小参数化图形。如果要画轴，则调用画轴的不同的图形元素，即可组成不同类型的轴元素；如果要画齿轮，则可从齿轮图库中调出齿轮的基本图元素，即可很快的完成齿轮的图线绘制及主要参数的计算。这种方法可用于新产品的设计和绘制，效率又远远高于轮廓线法。通常，图形元素的定义和建库都是针对某些通用件、标准件和适用于本单位产品形状特征的。图形元素拼合法既可以用交互方式通过屏幕菜单拾取选项加以拼合，也可以通过对话框形式进行参数及图素的选择。如图 3.4 所示，调用不同的图形元素就可以得到不同类型和尺寸的轴件。

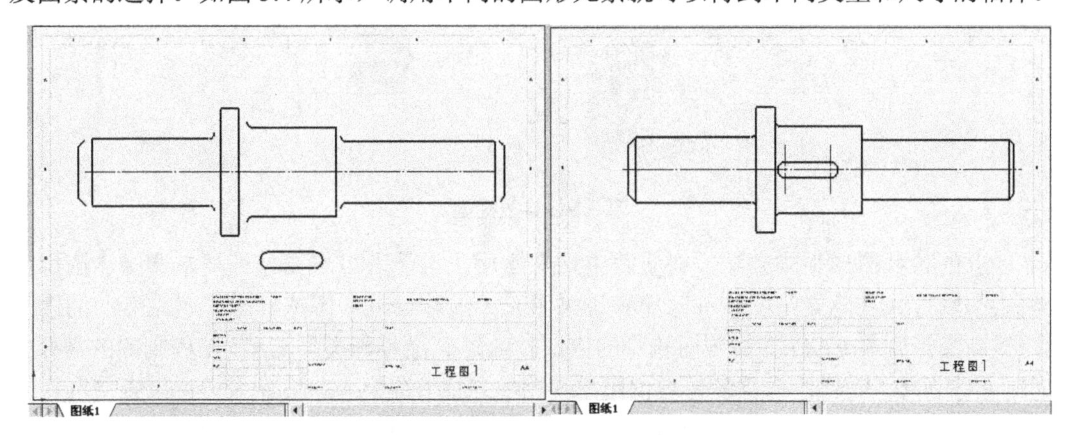

图 3.4　图形元素拼合法绘制轴主视图

4. 尺寸驱动法

尺寸驱动法给操作者极大的自由，首先按设计者的意图，大致绘制图形，然后根据产品结构形状需要，添加尺寸和形位约束。这种方法甩掉了繁琐的几何坐标点的提取和计算，保留了图形所需的矢量，绘图质量好、效率高；它使设计者不再拘泥于一些绘图细节(如某线条是否与另一条相关线平行、垂直，它的端点坐标是什么等)，而把精力集中在该结构是否能满足功能要求上，因而支持快速的概念设计，怎么构思就怎么画，所想即所见，绘图和设计过程形象、直观。这是一种交互式的变量设计方法。尺寸驱动法是当前图形处理乃至 CAD 实体建模的研究热点之一，它的原理还可应用于装配设计，建立好装配件间的尺寸约束关系，即可支持产品零部件之间的驱动式一致性修改。图 3.5 所示为尺寸驱动法作图简单示例。使用尺寸驱动法作图，开始只需画出图形的大概轮廓，给出形状约束即明确拓扑关系，之后可在零件图或装配环境下随时的对各尺寸进行修改。

5. 三维实体投影法

设计者首先在计算机三维建模环境下建立零件的三维模型，它能直观地、全面地反映设计对象的形状、外观，还能减轻设计者的负担，提高设计质量和效率。通过对三维模型的不断修改、完善，再将三维设计结果以二维图纸形式输出，加上必要的尺寸标注、公差和技术要求即可得到最终所需的工程图。

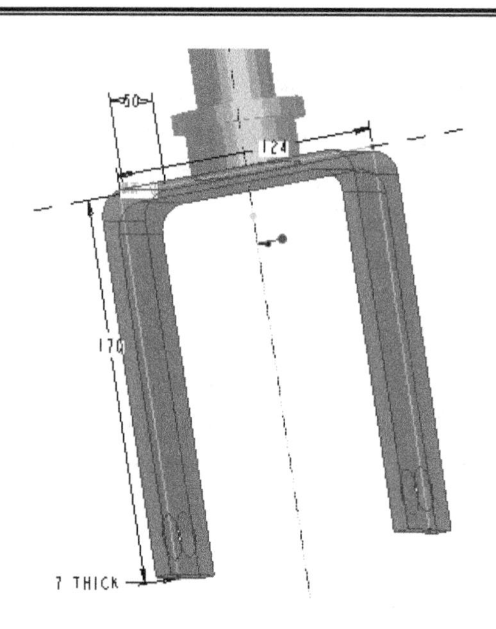

图 3.5　参数模型

以上的各种图形生成方法，在实践中均有应用，设计者可根据设计要求选择、应用及编制绘图软件。在建立绘图软件时需积极采用有关国际标准和国家标准，建立专业的图形库，提高图形库与 CAD 工程制图软件的接口技术，满足各种类型 CAD 工程制图的需要。目前，许多的 CAD 软件本身就带有供用户使用的二次开发环境，设计人员可以直接利用这些软件编制适应自身需要的绘图软件，充分发挥 CAD 图形处理的作用，使 CAD/CAM 与工程制图实现一体化。

3.2　图形的几何变换技术

在 CAD/CAM 系统中，图形是最基本的要素，图形变换一般是指对图形的几何信息经过几何变换后产生新的图形，它是重要的图形处理技术，提供了构造和修改图形的方法。图形变换技术包括图形的平移、放大与缩小、旋转、错切及对称等，它分为二维图形变换及三维图形变换。

3.2.1　窗口与视区

1. 世界坐标系与窗口

世界坐标系又称用户坐标系，即是人们通常所用的笛卡儿坐标系。它可以是直角坐标也可以是极坐标；可以是绝对坐标也可以是相对坐标。窗口是在用户坐标系中进行观察和处理的一个坐标区域。窗口矩形内的形体，系统认为是可见的；窗口矩形外的形体则认为是不可见的。图 3.6 所示窗口中的曲线为可见部分，而窗口两侧的曲线为不可见部分。窗口可以嵌套，即在第一层窗口中再定义第二层窗口，在第 n 层窗门中再定义 n+1 层窗口。

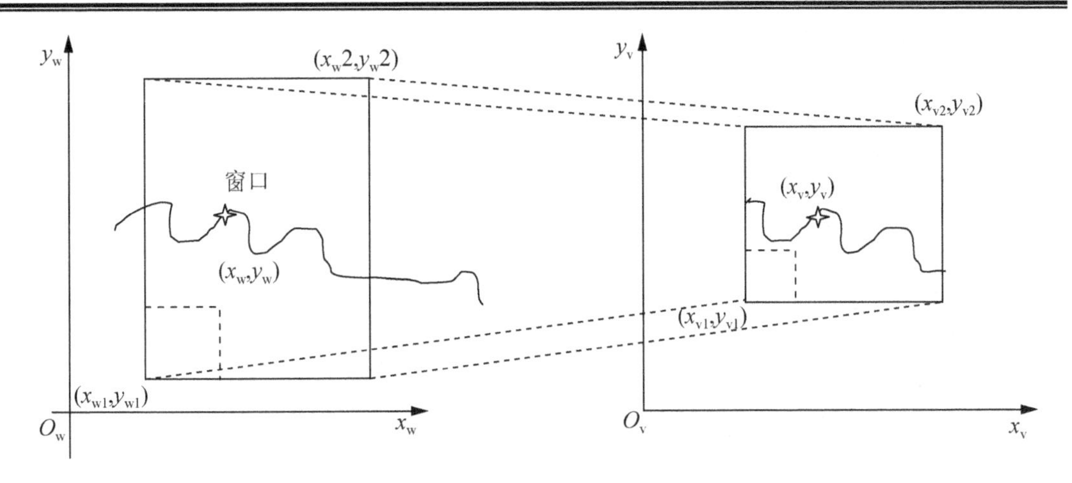

图 3.6　窗口与视区

2. 设备坐标系与视区坐标系

窗口坐标系与视区坐标系又称物理坐标系和显示坐标系，显示坐标系是与具体设备相关的坐标系所以又称设备坐标系，和显示器的分辨率有关，图形的输出在设备坐标系下进行。将窗口映射到显示设备上的坐标区域称为视区。显示窗口内的图形时，可能占用整个屏幕，也可能在显示屏幕上有一个方框，要显示的图形只出现在这个方框内。在图形输出设备上(显示屏、绘图仪等)用来复制窗口内容的矩形区域称为视区，视区也可以嵌套，还可以在同一物理设备上定义多个视区，分别作不同的应用或分别显示不同角度、不同对象的图形。

3. 世界坐标系与设备坐标系的转换

下面引入规格化坐标系来帮助转换，规格化坐标系又称假想设备坐标系和标准设备坐标系，其坐标的度量值是在 0～1 实数范围的。例如，在世界坐标系内有一点(X_w，Y_w)，将其变换为规格化坐标系内的点(X_n，Y_n)。其表达式如下：

$$X_n=(X_w-X_{w1})/L_w$$
$$Y_n=(Y_w-Y_{w1})/H_w \tag{3-2}$$

式中：L_w、H_w 分别为用户定义的窗口的长度和宽度；

X_{w1}、Y_{w2} 分别为用户定义的窗口左下定点(原点)的坐标。

如果 $X_{w1}=0$；$Y_{w1}=0$，物理空间一点坐标为(X_n，Y_n)，$X_n=X_w/L_w$，$Y_n=Y_w/H_w$，变换为设备坐标系下的点坐标为(X_a，Y_a)，假如设备坐标系的分辨率为 1024×768，则：

$$X_a=1023\times X_n=1023\times X_w/L_w$$
$$Y_a=767\times Y_n=767\times Y_w/H_w \tag{3-3}$$

4. 窗口与视区的变换

在多数情况下，窗口与视区无论大小还是单位都不相同，为了把选定的窗口内容在希望的视区上表现出来，即将窗口内某一点(X_w，Y_w)画在视区的指定位置是(X_v，Y_v)，窗口和视区是在不同的坐标系中定义的，窗口中的图形信息送到视区输出前，需进行坐标变换，即把用户坐标系的坐标值转化为设备(屏幕)坐标系的坐标值，此变换即窗口-视区变换。如

图 3.6 所示，按照比例关系可以推导出：

$$\begin{cases} x_v = s_x(x_w - x_{w1}) + x_{v1} \\ y_v = s_y(y_w - y_{w1}) + y_{v1} \end{cases} \tag{3-4}$$

S_x 和 S_y 分别是视区与窗口的 X 与 Y 方向的长度比值。X_{w1}、Y_{w1} 与 X_{v1}、Y_{v1} 分别是窗口与视区的左下角的坐标值。

假如 X_{w1}、Y_{w1} 与 X_{v1}、Y_{v1} 均为 0，且 $S_x=(X_{v2}-X_{v1})/L_w=1023/L_w$ 和 $S_y=(Y_{v2}-Y_{v1})/H_w=767/L_w$；代入式(3-4)将得到与式(3-4)完全相同的结果。

综上所述可总结窗口-视区变换的特点如下：

(1) 视区不变，窗口缩小或放大时，显示的图形会相应放大或缩小；

(2) 窗口不变，视区缩小或放大时，显示的图形会相应缩小或放大；

(3) 视区纵横比不等于窗口纵横比时，显示的图形会有伸缩变化；

(4) 窗口与视区大小相同、坐标原点也相同时，显示的图形不变。

3.2.2 二维图形几何变换

构成图形的基本要素是点与线，任何一个图形都可以认为是点的集合。一条直线是由两点所构成的，所以一个图形作几何变换，实际上就是对一系列点进行变换。

在二维平面内，一个点通常用它的两个坐标 $P(x，y)$来表示，写成矩阵形式则为

$$[x \quad y] \text{或} \begin{bmatrix} x \\ y \end{bmatrix},$$

写成齐次坐标形式：

$$[x \quad y \quad 1] \text{ 或 } \begin{bmatrix} x \\ y \\ 1 \end{bmatrix}$$

齐次坐标表示就是用 $n+1$ 维向量表示一个 n 维向量。表示点的矩阵通常称为点的位置向量，这里采用行向量表示一个点。任一平面图形都可以用矩阵表示图形上各点的坐标。

如三角形的三个顶点坐标 $A(x_1, y_1)$，$B(x_2, y_2)$，$C(x_3, y_3)$，
用矩阵表示则记为

$$\begin{bmatrix} x_1 & y_1 \\ x_2 & y_2 \\ x_3 & y_3 \end{bmatrix}$$

写成齐次坐标形式为

$$\begin{bmatrix} x_1 & y_1 & 1 \\ x_2 & y_2 & 1 \\ x_3 & y_3 & 1 \end{bmatrix}$$

在系统中，几何图形是最基本的元素。图形由图形的顶点坐标、顶点之间的拓扑关系以及组成图形的面和线所决定。图形的几何变换，归根结底是点坐标的变换。所以把图形的几何变换看作点的坐标的变换，这样可以使问题简单化。

1. 平移变换

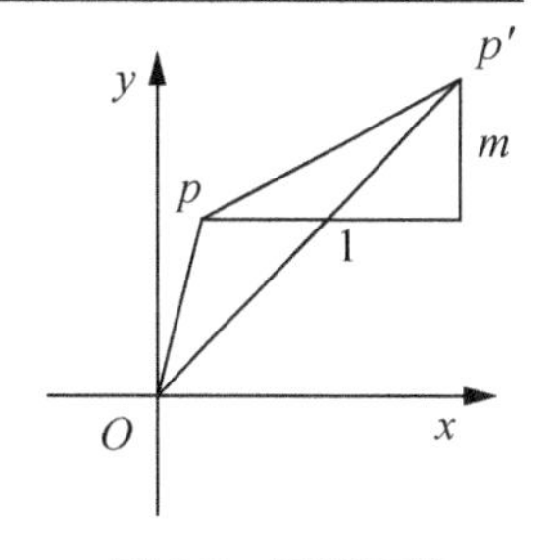

图 3.7　平移变换

如图 3.7 所示，对于平面上的点 $P(x, y)$，经平移后到点 $P'(x', y')$，其数学表达式为：

$$x' = x + l$$
$$y' = y + m$$

式中，l 为 x 方向的平移距离；m 为 y 方向的平移距离。

变换过程可表述为

$$[x' \quad y' \quad 1] = [x \quad y \quad 1]\begin{bmatrix} 1 & 0 & 0 \\ 0 & 1 & 0 \\ l & m & 1 \end{bmatrix} = [x+l \quad y+m \quad 1]$$

把其中的三行三列矩阵称为平移变换矩阵用 T 表示，即

$$\boldsymbol{T} = \begin{bmatrix} 1 & 0 & 0 \\ 0 & 1 & 0 \\ l & m & 1 \end{bmatrix}$$

变换过程写作：$M' = M \times T$。其中(x, y)为变换前的点坐标，用 M 表示；(x', y') 为变换后的点坐标，用 M'表示，T 为变换矩阵。对于二维图形，T 是 3×3 阶齐次矩阵；图形变换的主要工作就是求解变换矩阵 T。

2. 旋转变换

旋转变换是将平面图形绕原点(0，0)顺时针或逆时针方向进行旋转。一般规定：逆时针方向为正，顺时针方向为负。如图 3.8 所示，点 $P(x，y)$绕原点逆时针旋转 θ 角后，到一新的位置，其点坐标为 $p'(x', y')$，其数学表达式为

$$x' = r\cos(\theta + \alpha) = r(\cos\alpha\cos\theta - \sin\alpha\sin\theta) = x\cos\theta + y\sin\theta$$
$$y' = r\sin(\theta + \alpha) = r(\cos\alpha\sin\theta + \sin\alpha\cos\theta) = x\sin\theta + y\cos\theta$$

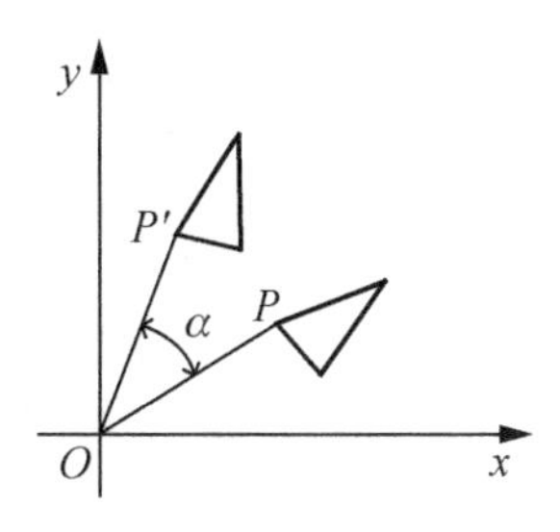

图 3.8　旋转变换

变换过程为

$$[x' \quad y' \quad 1] = [x \quad y \quad 1]\begin{bmatrix} \cos\theta & \sin\theta & 0 \\ -\sin\theta & \cos\theta & 0 \\ 0 & 0 & 1 \end{bmatrix}$$

旋转变换矩阵为

$$T=\begin{bmatrix}\cos\theta & \sin\theta & 0\\ -\sin\theta & \cos\theta & 0\\ 0 & 0 & 1\end{bmatrix}$$

3. 比例变换

比例变换是使图形放大或缩小的变换。如图 3.9 所示，点 $P(x，y)$经比例变换后到一新的位置，其点坐标为 $p'(x',y')$

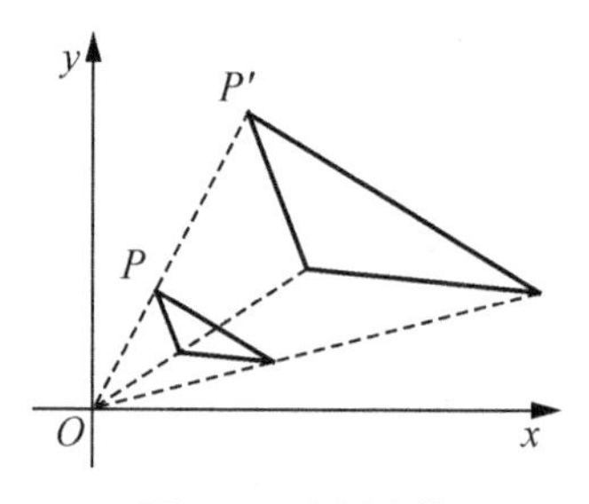

图 3.9　比例变换

其数学表达式为

$$\begin{cases}x'=S_x x\\ y'=S_y y\end{cases}$$

其中 S_x、S_y 分别为 x 方向的与 y 方向的比例因子。变换过程为

$$[x' \quad y' \quad 1]=[x \quad y \quad 1]\begin{bmatrix}S_x & 0 & 0\\ 0 & S_y & 0\\ 0 & 0 & 1\end{bmatrix}$$

其中比例变换矩阵为

$$T=\begin{bmatrix}S_x & 0 & 0\\ 0 & S_y & 0\\ 0 & 0 & 1\end{bmatrix}$$

当 S_x=S_y 时；称为全比例或整体比例变换，图形会保持原形进行放大或缩小。

4. 对称变换

对称变换后的图形是原图形关于某一轴线或原点的镜像。以下是几种不同的对称变换。

(1) 以 y 轴为对称线的对称变换，变换后图形点集的 x 坐标值变化，符号相反，y 坐标值不变。如图 3.10 所示，实线所画为原图形，虚线所画为变换后的图形。

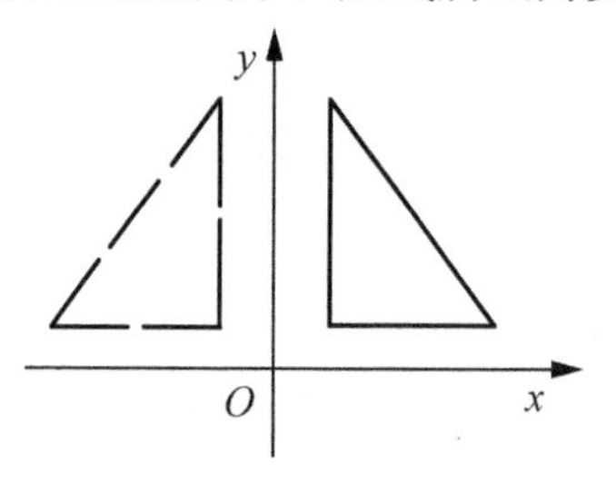

图 3.10　关于 y 轴的对称变换

其数学表达式为

$$\begin{cases} x' = -x \\ y' = y \end{cases}$$

变换过程为

$$[x' \quad y' \quad 1] = [x \quad y \quad 1]\begin{bmatrix} -1 & 0 & 0 \\ 0 & 1 & 0 \\ 0 & 0 & 1 \end{bmatrix} = [-x \quad y \quad 1]$$

变换矩阵为

$$\boldsymbol{T} = \begin{bmatrix} -1 & 0 & 0 \\ 0 & 1 & 0 \\ 0 & 0 & 1 \end{bmatrix}$$

(2) 以 x 轴为对称线的对称变换，变换后，图形点集的 x 坐标值不变，y 坐标值变化，符号相反。如图 3.11 所示，实线所画为原图形，虚线所画为变换后的图形。

其变换过程的数学表达式：

$$\begin{cases} x' = x \\ y' = -y \end{cases}$$

变换过程为

$$[x' \quad y' \quad 1] = [x \quad y \quad 1]\begin{bmatrix} 1 & 0 & 0 \\ 0 & -1 & 0 \\ 0 & 0 & 1 \end{bmatrix} = [x \quad -y \quad 1]$$

变换矩阵为

$$\boldsymbol{T} = \begin{bmatrix} 1 & 0 & 0 \\ 0 & -1 & 0 \\ 0 & 0 & 1 \end{bmatrix}$$

(3) 以原点为对称的对称变换，变换后图形点集的 x 和 y 坐标值不变，符号均相反。如图 3.12 所示，实线所画为原图形，虚线为变换后的图形。

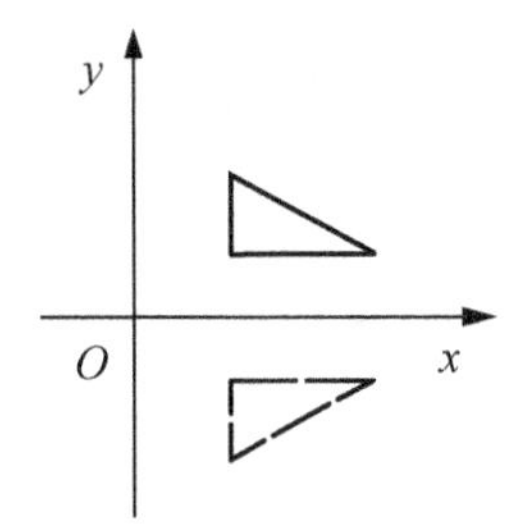

图 3.11　关于 x 轴的对称变换

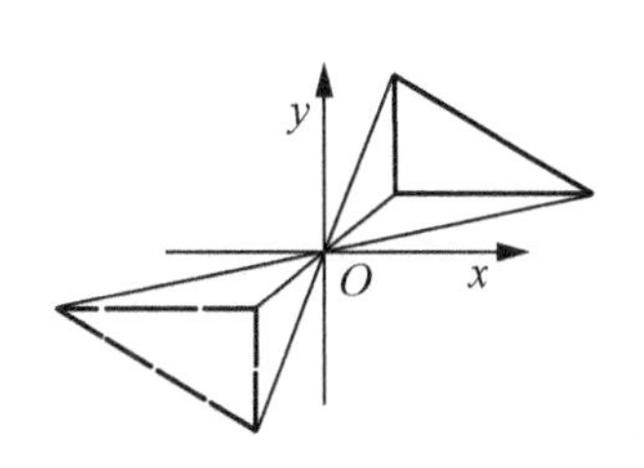

图 3.12　关于原点的对称变换

其数学表达式为

$$\begin{cases} x' = -x \\ y' = -y \end{cases}$$

变换过程为

$$[x' \quad y' \quad 1]=[x \quad y \quad 1]\begin{bmatrix}-1 & 0 & 0\\ 0 & -1 & 0\\ 0 & 0 & 1\end{bmatrix}=[-x \quad -y \quad 1]$$

变换矩阵为

$$\boldsymbol{T}=\begin{bmatrix}-1 & 0 & 0\\ 0 & -1 & 0\\ 0 & 0 & 1\end{bmatrix}$$

5. 错切变换

错切变换是使图形产生一个扭变。例如，矩形经错切变换后变成平行四边形。它分为 x 和 y 方向的错切变换。如图 3.13 所示，实线所画为原图形，虚线所画为变换后的图形。这种变换在 CAE 应变分析时应用尤为广泛。

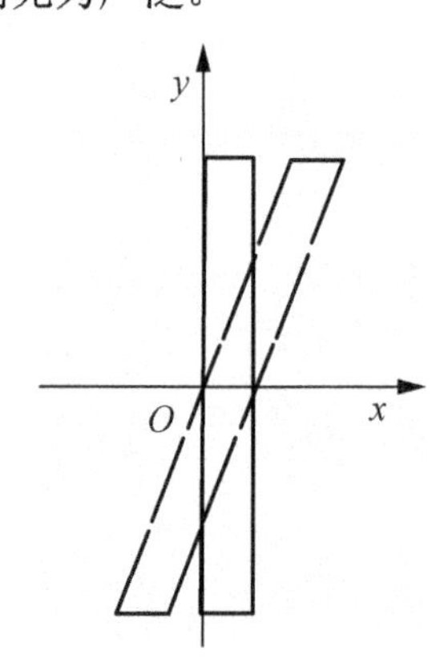

图 3.13　沿 x 方向错切变换

(1) 图形沿 x 方向的错切如图 3.13 所示。

其数学表达式为

$$\begin{cases}x' = x + cy\\ y' = y\end{cases}(c \neq 0)$$

变换过程为

$$[x' \quad y' \quad 1]=[x \quad y \quad 1]\begin{bmatrix}1 & 0 & 0\\ c & 1 & 0\\ 0 & 0 & 1\end{bmatrix}=[x+cy \quad y \quad 1]$$

变换矩阵为

$$\boldsymbol{T}=\begin{bmatrix}1 & 0 & 0\\ c & 1 & 0\\ 0 & 0 & 1\end{bmatrix}$$

此时，图形的 y 坐标不变，x 坐标随坐标(x，y)和系数 c 作线性变化。如果是 x 轴上的点在变换过程中保持不变。c>0，图形沿 x 轴正方向错切；c<0，图形沿 x 轴负方向做错切。

(2) 图形沿 y 方向的错切如图 3.14 所示。

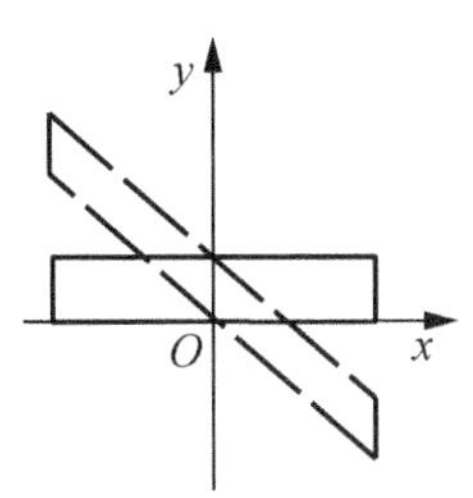

图 3.14　沿 y 方向错切

其数学表达式为

$$\begin{cases} x' = x \\ y' = y + bx \quad b \neq 0 \end{cases}$$

变换过程为

$$[x' \quad y' \quad 1] = [x \quad y \quad 1]\begin{bmatrix} 1 & b & 0 \\ 0 & 1 & 0 \\ 0 & 0 & 1 \end{bmatrix} = [x \quad y + bx \quad 1]$$

变换矩阵为

$$\boldsymbol{T} = \begin{bmatrix} 1 & b & 0 \\ 0 & 1 & 0 \\ 0 & 0 & 1 \end{bmatrix}$$

此时，图形的 x 坐标不变，y 坐标随坐标(x，y)和系数 b 作线性变化。如果是 y 轴上的点在变换过程中保持不变。$b>0$，图形沿 y 轴正方向错切；$b<0$，图形沿 y 轴负方向做错切。

(3) 图形沿 x 方向和 y 方向同时发生错切如图 3.15 所示。

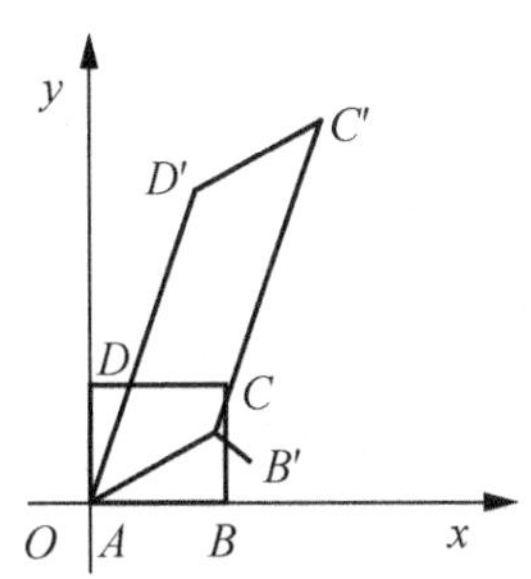

图 3.15　沿 x 和 y 方向错切

其数学表达式为

$$\begin{cases} x' = x + cy \quad c \neq 0 \\ y' = y + bx \quad b \neq 0 \end{cases}$$

变换过程为

$$[x' \quad y' \quad 1] = [x \quad y \quad 1]\begin{bmatrix} 1 & b & 0 \\ c & 1 & 0 \\ 0 & 0 & 1 \end{bmatrix} = [x + cy \quad y + bx \quad 1]$$

其变换矩阵为

$$T=\begin{bmatrix}1 & b & 0\\ c & 1 & 0\\ 0 & 0 & 1\end{bmatrix}$$

【例 3.2】 图形四个固定点的坐标为：$A(0，0)$、$B(5，0)$、$C(5，3)$、$D(0，3)$，如果 $b=c=2$，求经错切变换后其各点的坐标值。

解：

$$\boldsymbol{DJ}'=\begin{bmatrix}0 & 0 & 1\\ 5 & 0 & 1\\ 5 & 3 & 1\\ 0 & 3 & 1\end{bmatrix}\begin{bmatrix}1 & 2 & 0\\ 2 & 1 & 0\\ 0 & 0 & 1\end{bmatrix}=\begin{bmatrix}0 & 0 & 1\\ 5 & 10 & 1\\ 11 & 13 & 1\\ 6 & 3 & 1\end{bmatrix}$$

总结：把二维图形的基本变换用一个统一的齐次变换矩阵来表示为

$$T=\left[\begin{array}{cc|c}a & b & p\\ c & d & q\\ \hline l & m & s\end{array}\right]$$

$\boldsymbol{T}$ 是一个 3×3 的齐次矩阵，由于取值不同，可实现二维图形的不同变换，十字形虚线可将变换矩阵划分为四个子矩阵，各个子矩阵在变换中所起的作用不同。例如，$\begin{bmatrix}a & b\\ c & d\end{bmatrix}$将会产生比例和错切变换；$[l \quad m]$将会产生平移变换；$\begin{bmatrix}p\\ q\end{bmatrix}$将会产生透视变换；$S$ 将会产生全比例变换。所以当图形是点、直线及多边形时，可以将其看作是一个点集，利用变换矩阵，实现各种变换。

【例 3.3】 有一个三角形，其坐标点为 $A(3,0)$，$B(0,3)$，$C(2.5,4)$，求其放大一倍的图形。如图 3.16 所示，实线所画为原图形，虚线所画为变换后的图形。原图形中各顶点坐标矩阵用 $\boldsymbol{DJ}$ 表示，变换后各顶点坐标矩阵用 $\boldsymbol{DJ}'$ 表示。

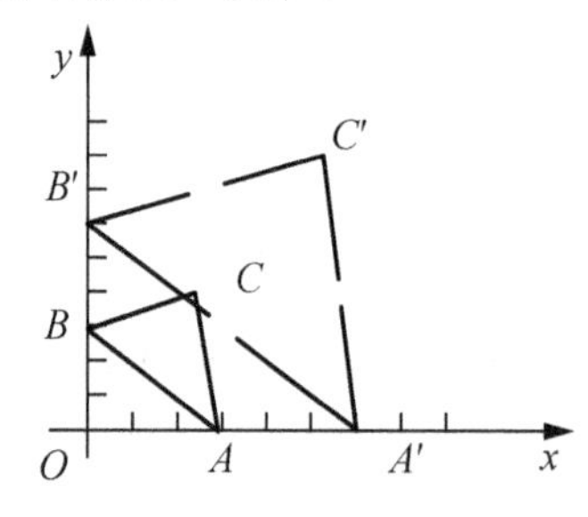

图 3.16 三角形放大一倍

解：

$$\boldsymbol{DJ}'=\boldsymbol{DJ}\times\boldsymbol{T}$$

$$\boldsymbol{DJ}=\begin{bmatrix}3 & 0 & 1\\ 0 & 3 & 1\\ 2.5 & 4 & 1\end{bmatrix}\qquad \boldsymbol{T}=\begin{bmatrix}2 & 0 & 0\\ 0 & 2 & 0\\ 0 & 0 & 1\end{bmatrix}$$

$$DJ' = \begin{bmatrix} 6 & 0 & 1 \\ 0 & 6 & 1 \\ 5 & 8 & 1 \end{bmatrix}$$

6. 二维图形的组合变换

前述二维图形的变换是以坐标原点或坐标轴所做的基本变换，而实际上，常见到的图形变换是相对于任意点或线所进行的变换，称这种变换为组合变换，它是通过两种及两种以上的基本变换组合而成的。

组合变换的原理及步骤：首先将任意点平移向坐标原点或任意线平移和旋转与 x 或 y 轴重合；再将图形作基本变换(旋转、对称、比例、缩放等)，最后反向移回任意点或将任意线移回原位。

组合变换中，多个变换矩阵之积称为组合变换矩阵。$\boldsymbol{T} = \boldsymbol{T}_1 \times \boldsymbol{T}_2 \times \cdots \times \boldsymbol{T}_n$

下面以实例来说明组合变换。

【例 3.4】 求以 45° 直线(y=x)为对称线的对称变换矩阵。

解：因为基本变换只有对 x 轴或 y 轴及原点的对称变换，所以这是组合变换。

首先将 45° 直线连同图形旋转−45° 与 x 轴重合，变换矩阵为

$$\boldsymbol{T}_1 = \begin{bmatrix} \cos(-45^\circ) & \sin(-45^\circ) & 0 \\ \sin(-45^\circ) & \cos(-45^\circ) & 0 \\ 0 & 0 & 1 \end{bmatrix}$$

再将图形与 x 轴对称变换，变换矩阵为

$$\boldsymbol{T}_2 = \begin{bmatrix} 1 & 0 & 0 \\ 0 & -1 & 0 \\ 0 & 0 & 1 \end{bmatrix}$$

最后将原 45° 直线连同图形旋转 45° 使线回到原位，图形变换结束。变换如图 3.17 所示，变换矩阵相乘的顺序是按分解的变换过程排列的，这一点尤为重要。

$$\boldsymbol{T}_3 = \begin{bmatrix} \cos 45^\circ & \sin 45^\circ & 0 \\ -\sin 45^\circ & \cos 45^\circ & 0 \\ 0 & 0 & 1 \end{bmatrix}$$

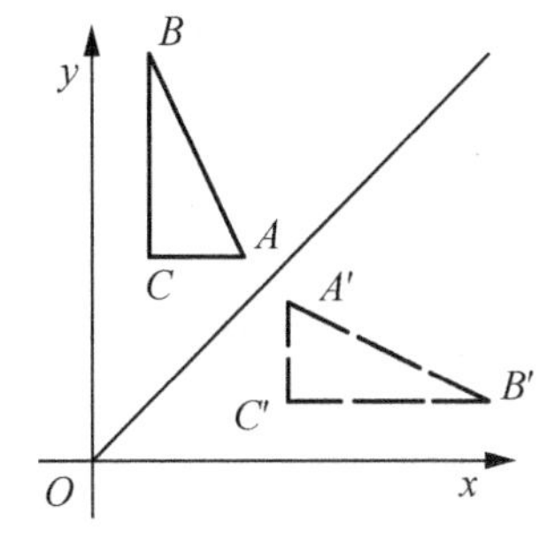

图 3.17　相对于 y=x 线的对称变换

其组合变换矩阵 $\boldsymbol{T}$ 为

$$\boldsymbol{T}=\boldsymbol{T}_1\times\boldsymbol{T}_2\times\boldsymbol{T}_3=\begin{bmatrix}\cos(-45^\circ) & \sin(-45^\circ) & 0\\ -\sin(-45^\circ) & \cos(-45^\circ) & 0\\ 0 & 0 & 1\end{bmatrix}\begin{bmatrix}1 & 0 & 0\\ 0 & -1 & 0\\ 0 & 0 & 0\end{bmatrix}\begin{bmatrix}\cos 45^\circ & \sin 45^\circ & 0\\ \sin 45^\circ & \cos 45^\circ & 0\\ 0 & 0 & 1\end{bmatrix}$$

$$=\begin{bmatrix}0 & 1 & 0\\ 1 & 0 & 0\\ 0 & 0 & 1\end{bmatrix}$$

【例 3.5】 求某图形相对于直线 $y=x+2$ 对称变换矩阵。

解：该对称变换矩阵由 5 种变换组合而成。首先将该直线沿 y 轴平移−2，使直线通过原点；再将该直线旋转−45°，使其与 x 轴重合；图形作与 x 轴的对称变换；将图形旋转 45°；最后将图形沿 y 轴平移+2，使其回到最初的位置。其组合变换矩阵 $\boldsymbol{T}$ 为

$$\boldsymbol{T}=\begin{bmatrix}1 & 0 & 0\\ 0 & 1 & 0\\ 0 & -2 & 1\end{bmatrix}\begin{bmatrix}\cos(-45^\circ) & \sin(-45^\circ) & 0\\ -\sin(-45^\circ) & \cos(-45^\circ) & 0\\ 0 & 0 & 1\end{bmatrix}\begin{bmatrix}1 & 0 & 0\\ 0 & -1 & 0\\ 0 & 0 & 1\end{bmatrix}\begin{bmatrix}\cos 45^\circ & \sin 45^\circ & 0\\ -\sin 45^\circ & \cos 45^\circ & 0\\ 0 & 0 & 1\end{bmatrix}\begin{bmatrix}1 & 0 & 0\\ 0 & 1 & 0\\ 0 & 2 & 1\end{bmatrix}$$

$$=\begin{bmatrix}0 & 1 & 0\\ 1 & 0 & 0\\ -2 & 2 & 1\end{bmatrix}$$

该组合变换的图形变换过程如图 3.18 所示。

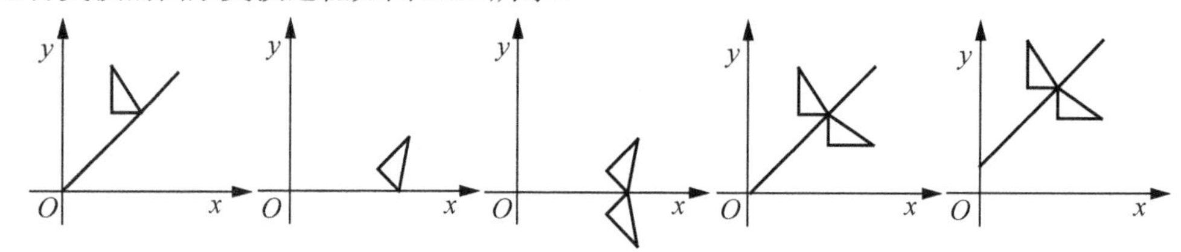

图 3.18 相对于直线 $y=x+2$ 对称变换过程

【例 3.6】 求三角形 P 以点(5，3)为中心逆时针旋转 30° 的组合变换矩阵 。

解：图形相对于(5，3)点作旋转变换，其组合变换矩阵由三个矩阵相乘来实现：首先将点连同图形平移(−5，−3)到原点，再旋转 30°，最后再将点和图形反平移(5，3)使点到原位，图形变换同时完成，如图 3.19 所示。

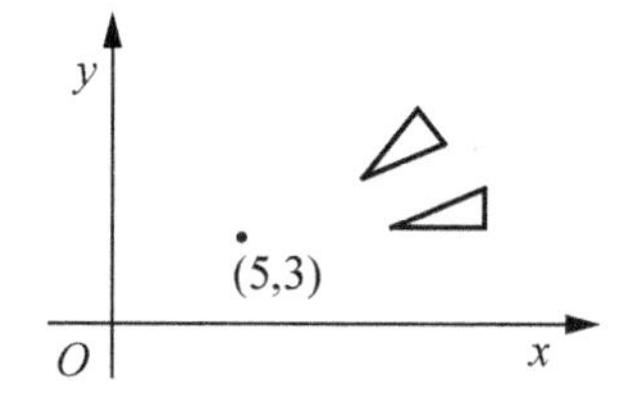

图 3.19 绕点(5，3)旋转 45° 的组合变换

组合变换矩阵 $\boldsymbol{T}$ 为

$$\boldsymbol{T}=\boldsymbol{T}_1\times\boldsymbol{T}_2\times\boldsymbol{T}_2=\begin{bmatrix}1 & 0 & 0\\ 0 & 1 & 0\\ -5 & -3 & 1\end{bmatrix}\begin{bmatrix}\cos 30^\circ & \sin 30^\circ & 0\\ -\sin 30^\circ & \cos 30^\circ & 0\\ 0 & 0 & 1\end{bmatrix}\begin{bmatrix}1 & 0 & 0\\ 0 & 1 & 0\\ 5 & 3 & 1\end{bmatrix}$$

3.2.3　三维图形几何变换

三维图形比二维图形多了一个 z 坐标轴，三维空间的点也可用与二维图形变换类似的方法进行变换。三维空间的点 $P(x, y, z)$，可用齐次坐标表示为$(x, y, z, 1)$，或(x, y, z, h)，即有 4 个分量，其变换矩阵是一个 4×4 的方阵。

变换过程可写为

$$[x' \quad y' \quad z' \quad 1] = [x \quad y \quad z \quad 1] \times \boldsymbol{T}$$

式中，$\boldsymbol{T}$ 是一个 4×4 阶变换矩阵，即

$$\boldsymbol{T} = \left[\begin{array}{ccc|c} a & b & c & p \\ d & e & f & q \\ g & h & i & r \\ \hline l & m & n & s \end{array}\right]$$

虚线将此方阵分为四部分，其中左上角部分产生比例、对称、错切和旋转变换；左下角部分产生平移变换；右上角部分产生透视变换；右下角部分产生全比例变换。

三维图形的基本变换有平移变换、旋转变换、比例变换、对称变换、错切变换及组合变换。

1. 三维平移变换

空间的一点 $P(x, y, z)$平移到 $P'(x', y', z')$。其中 l、m、n 分别为 x、y、z 方向的平移量。

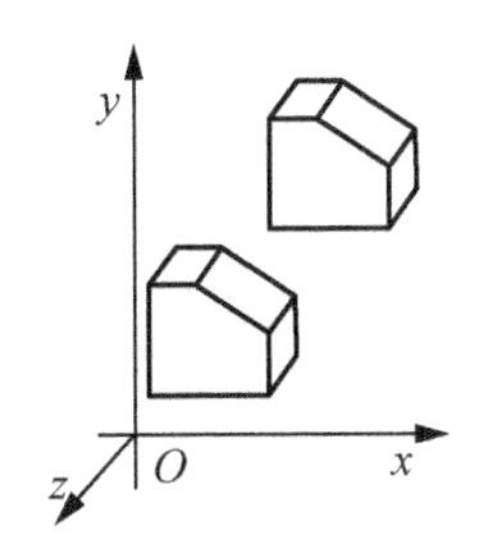

图 3.20　三维平移变换

其数学表达式为

$$\begin{cases} x' = x + l \\ y' = y + m \\ z' = z + n \end{cases}$$

与二维平移变换类似，三维平移变换矩阵为

$$\boldsymbol{T} = \begin{bmatrix} 1 & 0 & 0 & 0 \\ 0 & 1 & 0 & 0 \\ 0 & 0 & 1 & 0 \\ l & m & n & 1 \end{bmatrix}$$

2. 三维旋转变换

二维变换中，图形绕原点旋转的变换实际上是 Oxy 平面图形绕 z 轴旋转的变换。三维

旋转变换应按绕不同轴线旋转分别处理。同样，旋转角 θ 按右手定则判定，逆时针转动为正向，顺时针转动为负向。

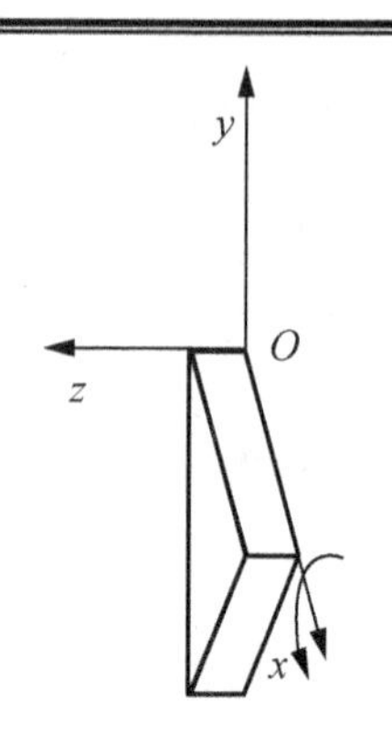

图 3.21　绕 x 轴旋转 θ 的三维变换

(1) 绕 z 轴旋转—仿照二维旋转变换然后进行增维。其数学表达式为

$$\begin{cases} x' = x\times\cos\theta - y\times\sin\theta \\ y' = x\times\sin\theta - y\times\cos\theta \\ z' = z \end{cases}$$

变换矩阵为

$$\begin{bmatrix} \cos\theta & \sin\theta & 0 & 0 \\ -\sin\theta & \cos\theta & 0 & 0 \\ 0 & 0 & 1 & 0 \\ 0 & 0 & 0 & 1 \end{bmatrix}$$

(2) 绕 x 轴旋转如图 3.21 所示。

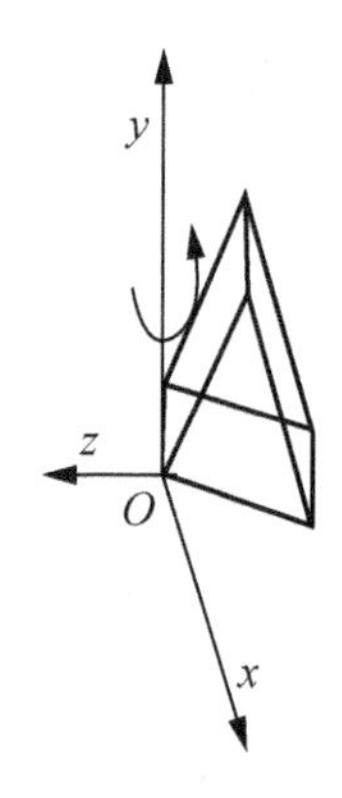

图 3.22　绕 y 轴旋转 θ 的三维变换

其数学表达式为

$$\begin{cases} x' = x \\ y' = y\times\cos\theta - z\times\sin\theta \\ z' = y\times\sin\theta + z\times\cos\theta \end{cases}$$

变换矩阵为

$$\begin{bmatrix} 1 & 0 & 0 & 0 \\ 0 & \cos\theta & \sin\theta & 0 \\ 0 & -\sin\theta & \cos\theta & 0 \\ 0 & 0 & 0 & 1 \end{bmatrix}$$

(3) 绕 y 轴旋转 θ 的三维变换如图 3.22 所示。

其数学表达式为

$$\begin{cases} x' = x\times\cos\theta + z\times\sin\theta \\ y' = y \\ z' = -x\times\sin\theta + z\times\cos\theta \end{cases}$$

变换矩阵为

$$\begin{bmatrix} \cos\theta & 0 & -\sin\theta & 0 \\ 0 & 1 & 0 & 0 \\ \sin\theta & 0 & \cos\theta & 0 \\ 0 & 0 & 0 & 1 \end{bmatrix}$$

3. 三维比例变换

和二维变换一样，三维比例变换就是对图形进行缩放。如果沿各坐标轴方向变换比例系数分别为 S_x，S_y，S_z，则图形的各点也将随之变化。

其数学表达式为

$$\begin{cases} x' = S_x \times x \\ y' = S_y \times y \\ z' = S_z \times z \end{cases}$$

比例变换齐次矩阵为

$$\begin{bmatrix} S_x & 0 & 0 & 0 \\ 0 & S_y & 0 & 0 \\ 0 & 0 & S_z & 0 \\ 0 & 0 & 0 & 1 \end{bmatrix}$$

如果 S_x，S_y，S_z 的数值不同，则图形将会变形，S_x，S_y，S_z 的数值相等，则称整体缩放，图形不变形如图 3.23 所示，其变换矩阵也可写成：

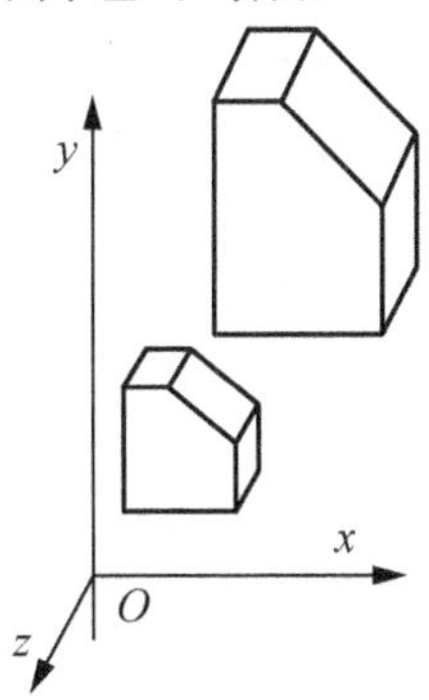

图 3.23　整体缩放

$$\boldsymbol{T} = \begin{bmatrix} 1 & 0 & 0 & 0 \\ 0 & 1 & 0 & 0 \\ 0 & 0 & 1 & 0 \\ 0 & 0 & 0 & S \end{bmatrix}$$

式中的 $S = 1/S_x = 1/S_y = 1/S_z$，

当 $S>1$，图形缩小；$S<1$，图形放大。

变换过程为

$$\begin{aligned} [x' \quad y' \quad z' \quad 1] &= [x \quad y \quad z \quad 1] \times \boldsymbol{T} \\ &= [x/s \quad y/s \quad z/s \quad 1] \end{aligned}$$

4. 三维对称变换

标准的三维空间对称变换是相对于坐标平面进行的。

(1) 相对于 *Oxy* 平面的对称变换(见图 3.24)，图形中各点的 z 坐标取相反数，其变换矩阵为

$$\boldsymbol{T}_{xy}=\begin{bmatrix}1 & 0 & 0 & 0\\ 0 & 1 & 0 & 0\\ 0 & 0 & -1 & 0\\ 0 & 0 & 0 & 1\end{bmatrix}$$

(2) 对*Oyz*平面的对称变换(见图3.25)，其变换矩阵为

$$\boldsymbol{T}_{yz}=\begin{bmatrix}-1 & 0 & 0 & 0\\ 0 & 1 & 0 & 0\\ 0 & 0 & 1 & 0\\ 0 & 0 & 0 & 1\end{bmatrix}$$

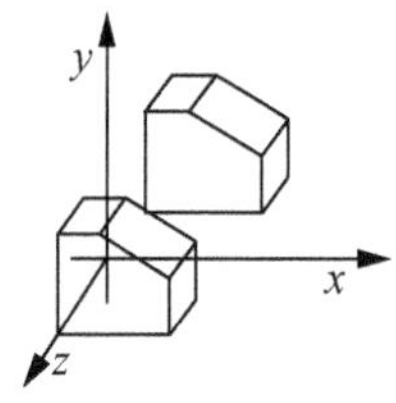

图 3.24　相对 *Oxy* 平面的对称变换

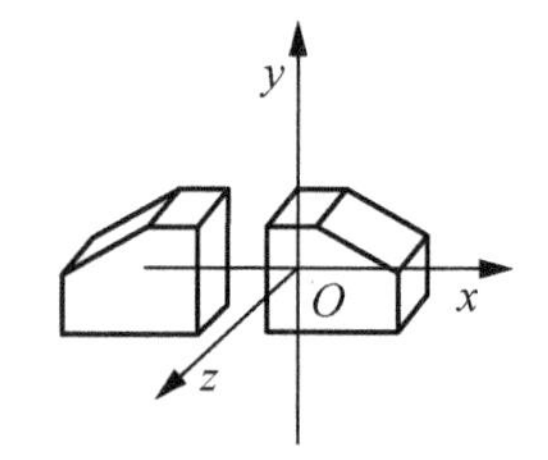

图 3.25　相对 *Oyz* 平面的对称变换

(3) 对 *Oxz* 平面的对称变换(见图 3.26)，其变换矩阵为

$$\boldsymbol{T}_{xz}=\begin{bmatrix}1 & 0 & 0 & 0\\ 0 & -1 & 0 & 0\\ 0 & 0 & 1 & 0\\ 0 & 0 & 0 & 1\end{bmatrix}$$

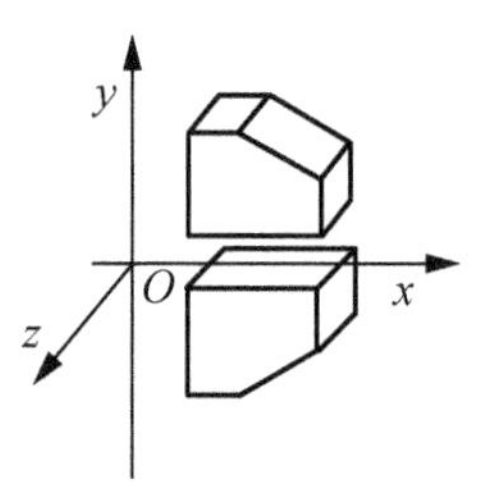

图 3.26　相对 *Oxz* 平面的对称变换

5. 三维错切变换

与二维类似，指图形沿 x、y、z 三个方向的错切变换。其变换矩阵为

$$\boldsymbol{T}=\begin{bmatrix}1 & b & c & 0\\ d & 1 & f & 0\\ h & i & 1 & 0\\ 0 & 0 & 0 & 1\end{bmatrix}$$

可见，主对角线四个元素均为 1，第 4 行和第 4 列其他元素均为 0。错切变换是画斜轴测图的基础，按方向不同，可分别为沿 x、y 或 z 方向的变换，也可同时沿不同方向变换，但图形的变形失真，一般用的很少，如图 3.27 所示。

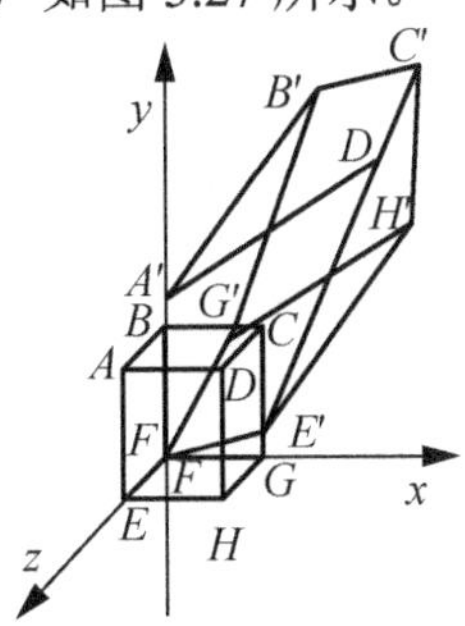

图 3.27　同时沿不同方向的错切变换

此处只对沿 x 方向的错切变换进行讲解其他方向类似。按照错切量影响因素的不同又可细分为以下三种情况：

(1) 沿 x 轴含 y 向错切，如图 3.28 所示，变换矩阵为

$$\boldsymbol{T}=\begin{bmatrix}1 & 0 & 0 & 0\\ d & 1 & 0 & 0\\ 0 & 0 & 1 & 0\\ 0 & 0 & 0 & 1\end{bmatrix}$$

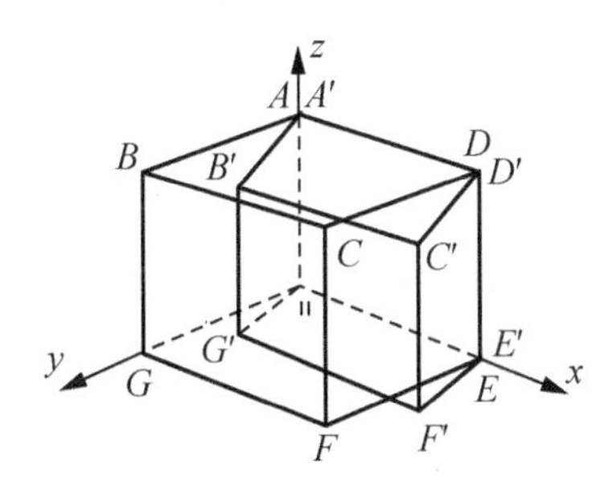

图 3.28　沿 x 轴含 y 向错切变换

即

$$x'=x+dy\ ,\quad y'=y\ ,\quad z'=z$$

(2) 沿 x 轴含 z 向错切，如图 3.29 所示，即 $x'=x+hz$ ， $y'=y$ ， $z'=z$ 。

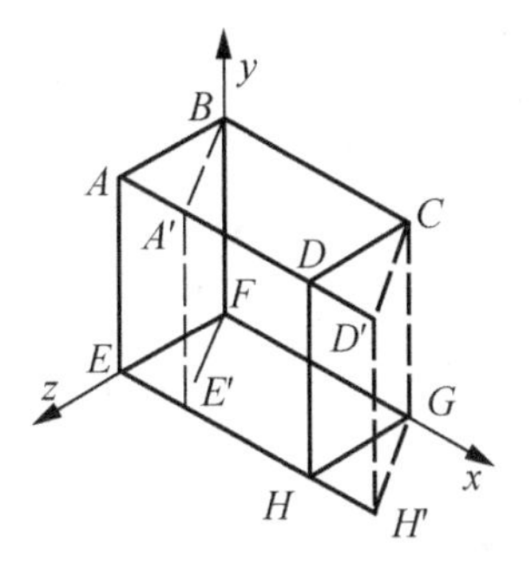

图 3.29　沿 x 轴含 z 向错切变换

变换矩阵为

$$T=\begin{bmatrix}1&0&0&0\\0&1&0&0\\h&0&1&0\\0&0&0&1\end{bmatrix}$$

(3) 沿 x 轴含 y、z 向错切，如图 3.30 所示，变换矩阵为

$$T=\begin{bmatrix}1&0&0&0\\d&1&0&0\\h&0&1&0\\0&0&0&1\end{bmatrix}$$

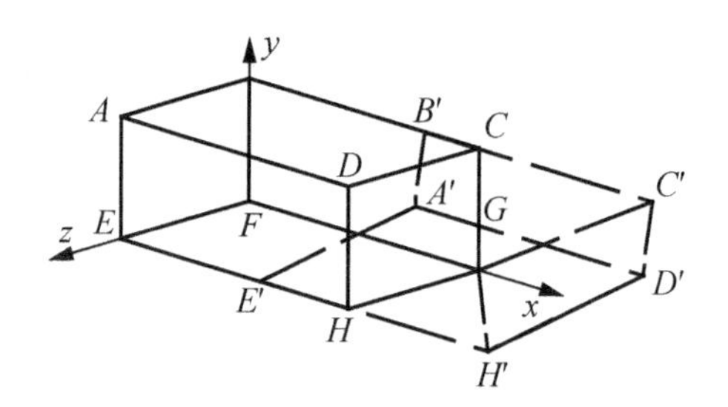

图 3.30 沿 x 轴含 y 轴和 z 轴的错切变换

6. 三维组合变换

三维组合变换与二维组合变换原理是相同的，可参考二维组合变换的原理来掌握三维组合变换的方法。这里结合一个实例来说明三维变换的方法。

【例 3.7】 求绕过原点的任意直线 AB 转动 θ 角的组合矩阵。已知：AB 在坐标 Oyz 平面投影与 z 轴的夹角为 β，AB 在坐标 Oyz 平面投影与 z 轴的夹角为 γ，如图 3.31 所示。

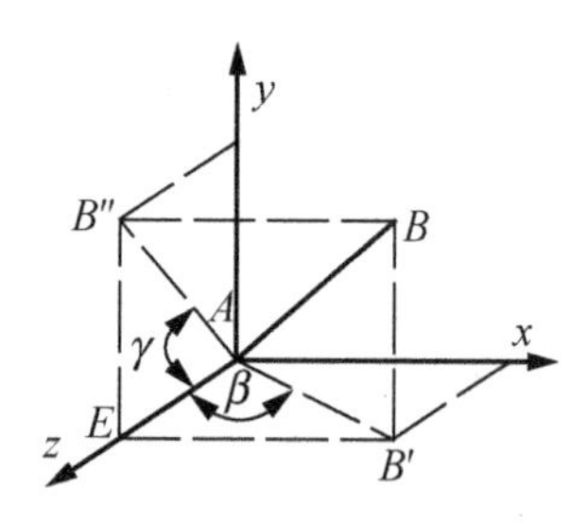

图 3.31 三维组合变换

变换步骤：先让 AB 直线绕 x 轴旋转 γ 角，与 Ozx 平面重合；再将落在 Ozx 平面内的 AB' 直线绕 y 轴旋转 $-\beta$ 角，使其与 z 轴重合；再绕 z 轴旋转 θ 角；最后让直线 AB 旋回原位，即先让其绕 y 轴旋转 β 角，再让其绕 x 轴旋转 $-\gamma$ 角。

组合变换矩阵为

$$T=T_x(\gamma)T_y(-\beta)\ T_z(\theta)\ T_y(\beta)\ T_x(-\gamma)$$

$$T=\begin{bmatrix}1&0&0&0\\0&\cos\gamma&\sin\gamma&0\\0&-\sin\gamma&\cos\gamma&0\\0&0&0&1\end{bmatrix}\begin{bmatrix}\cos-\beta&0&-\sin-\beta&0\\0&1&0&0\\\sin-\beta&0&\cos-\beta&0\\0&0&0&1\end{bmatrix}\begin{bmatrix}\cos\theta&\sin\theta&0&0\\-\sin\theta&\cos\theta&0&0\\0&0&1&0\\0&0&0&1\end{bmatrix}$$

$$\begin{bmatrix}\cos\beta&0&-\sin\beta&0\\0&1&0&0\\\sin\beta&0&\cos\beta&0\\0&0&0&1\end{bmatrix}\begin{bmatrix}1&0&0&0\\0&\cos-\gamma&\sin-\gamma&0\\0&-\sin-\gamma&\cos-\gamma&0\\0&0&0&1\end{bmatrix}$$

3.2.4　三维图形的投影变换

把三维坐标表示的几何形体变为二维图形的过程称为投影变换。投影变换在工程制图中应用最为广泛。目前多数三维设计软件如 Pro/Engineer 或 UG 等都具备由三维模型转化二维工程图的功能，这一功能使得设计过程的速度得到大幅提高。

根据投影中心点与投影平面之间距离的不同，投影可分为平行投影和透视投影，如图 3.32 所示。透视投影的投影中心到投影面之间的距离是有限的，而平行投影的投影中心到投影面之间的距离是无限的。平行投影又分为正平行投影及斜投影，正投影可获得工程上的三视图和正轴测图，也是使用较为广泛的三维组合变换。

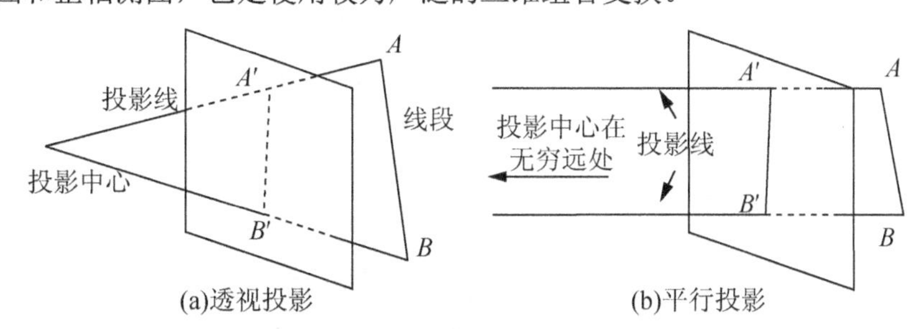

图 3.32　透视投影和平行投影

1. 三视图

投影方向垂直于投影平面时称为正平行投影，通常说的三视图(主视图、俯视图、左视图，如图 3.33 所示)均属正平行投影。投影大小与物体和投影面之间的距离无关。

三视图的变换矩阵有如下几种：

(1) 主视图变换矩阵。(取 Oxy 平面上的投影为主视图，只须将立体图的 z 坐标变为零)，变换矩阵为

$$T_v=\begin{bmatrix}1&0&0&0\\0&1&0&0\\0&0&0&0\\0&0&0&1\end{bmatrix}$$

(2) 俯视图变换矩阵。(图形向 Oxz 平面上的投影后，再绕 x 轴顺时针旋转 90°，得到一个在 Oxy 平面内的投影图为俯视图，为了保证与主视图有一定的距离，再沿 $-y$ 方向移动一距离 b)，变换矩阵为

$$T_H=\begin{bmatrix}1&0&0&0\\0&0&0&0\\0&0&1&0\\0&0&0&1\end{bmatrix}\begin{bmatrix}1&0&0&0\\0&\cos(-90^\circ)&\sin(-90^\circ)&0\\0&-\sin(-90^\circ)&\cos(-90^\circ)&0\\0&0&0&1\end{bmatrix}\begin{bmatrix}1&0&0&0\\0&1&0&0\\0&0&1&0\\0&-b&0&1\end{bmatrix}=\begin{bmatrix}1&0&0&0\\0&0&0&0\\0&-1&0&0\\0&-b&0&1\end{bmatrix}$$

(3) 左视图变换矩阵。(图形向 Oyz 平面上的投影后，再绕 y 轴逆时针旋转 90°，得到一个在 $-Oxy$ 平面内的投影图为左视图，为了保证与主视图有一定的距离，再沿 $-x$ 方向移动一距离 a)，变换矩阵为

$$T_W=\begin{bmatrix}0&0&0&0\\0&1&0&0\\0&0&1&0\\0&0&0&1\end{bmatrix}\begin{bmatrix}\cos 90^\circ&0&\sin 90^\circ&0\\0&1&0&0\\-\sin 90^\circ&0&\cos 90^\circ&0\\0&0&0&1\end{bmatrix}\begin{bmatrix}1&0&0&0\\0&1&0&0\\0&0&1&0\\-a&0&0&1\end{bmatrix}=\begin{bmatrix}0&0&0&0\\0&1&0&0\\-1&0&0&0\\-a&0&0&1\end{bmatrix}$$

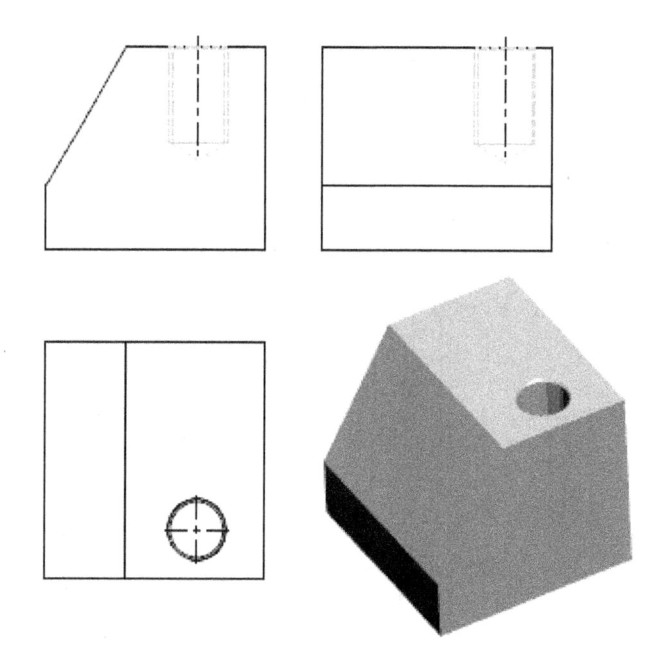

图 3.33 三视图

2. 正轴测图

三视图能准确地表达物体的形状和大小，但其立体感差，不易想象物体的真实形状。轴测图具有一定的立体感，可以帮助设计者或生产者了解物体的形状。轴测图实际上是将形体绕 y 轴旋转角度 θ，再绕 x 轴旋转角度 ϕ，最后投影到 Oxy 平面(z=0)所得到的三维组合变换图，其中：若 $\theta=45^\circ$，$\phi=35^\circ 16'$，为正等测变换；若 $\theta=22^\circ$，$\phi=19^\circ 28'$，则为正二测变换。其变换矩阵为

$$T=\begin{bmatrix}\cos\theta&0&-\sin\theta&0\\0&1&0&0\\\sin\theta&0&\cos\theta&0\\0&0&0&1\end{bmatrix}\begin{bmatrix}1&0&0&0\\0&\cos\phi&\sin\phi&0\\0&-\sin\phi&\cos\phi&0\\0&0&0&1\end{bmatrix}\begin{bmatrix}1&0&0&0\\0&1&0&0\\0&0&0&0\\0&0&0&1\end{bmatrix}=\begin{bmatrix}\cos\theta&\sin\theta\sin\phi&0&0\\0&\cos\phi&0&0\\\sin\theta&-\cos\theta\sin\phi&0&0\\0&0&0&1\end{bmatrix}$$

代入相应角度值后可得，

正等测变换矩阵：

$$\begin{bmatrix} 0.707 & 0.408 & 0 & 0 \\ 0 & 0.816 & 0 & 0 \\ 0.707 & -0.408 & 0 & 0 \\ 0 & 0 & 0 & 1 \end{bmatrix}$$

正二测变换矩阵：

$$\begin{bmatrix} 0.935 & 0.118 & 0 & 0 \\ 0 & 0.943 & 0 & 0 \\ 0.354 & -0.312 & 0 & 0 \\ 0 & 0 & 0 & 1 \end{bmatrix}$$

如图 3.34 所示，原图为左边的图形，如向 *Oxy* 平面投影，则图形为一矩形，而经过轴测变换后，在 *Oxy* 平面上，即可看到其的三维效果。

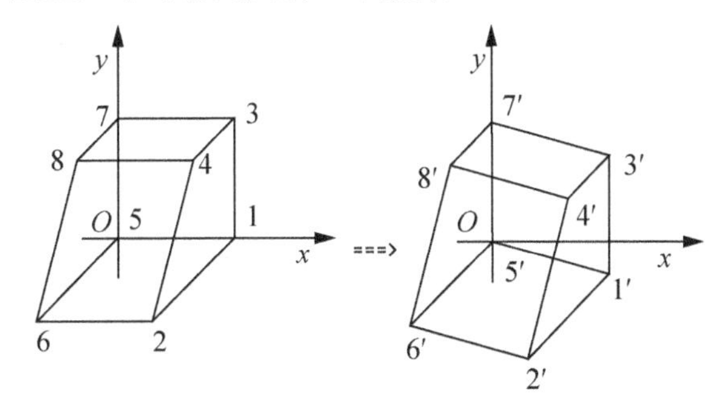

图 3.34　某六面体的轴测变换

3.3　图形的消隐技术

图形消隐技术是 1966 年萨泽兰德提出的计算机图形学方面未解决的问题之一。这个问题至今仍然是个难题，得到人们的广泛关注。现在提出了许多方法分别用于不同的场合。

对于一个不透明的三维物体，选择不同的视点观看物体时，由于物体表面之间的遮挡关系，所以无法看到物体上所有的线和面。仅靠图形变换技术来求三维几何形状的投影图，若按照原样在显示器上显示，如对一个长方体进行投影，可能有图 3.35 所示的两种解释即产生二义性，或者变成复杂图形而无法辨认的形状。为了改善这种状况，计算机图形学必须具有消去三维图形上看不见的面和线、只显示其中必要部分的功能。正确判断哪些线和面是可见的，哪些是不可见的，对于准确和真实地绘出三维物体是至关重要的。在显示器上表达三维几何形状的投影时，去掉隐藏在可见表面后面的线或面的功能称做图形的消隐技术。经过消隐得到的图形称为消隐图。

几乎所有的消隐算法都涉及排序问题。消隐算法的基本思想是将物体上所有的点线面，按照距视点的远近进行排序。一般来说，离视点较远的物体，就有可能被离视点较近的物体完全或部分遮盖。消隐算法的效率在很大程度上取决于排序的效率，通常可以采用相关性来提高排序的效率。所谓相关性是指考察物体或视图区的图像局部保持不变的一种性质，即相邻的点、线和区域有相似的性质。

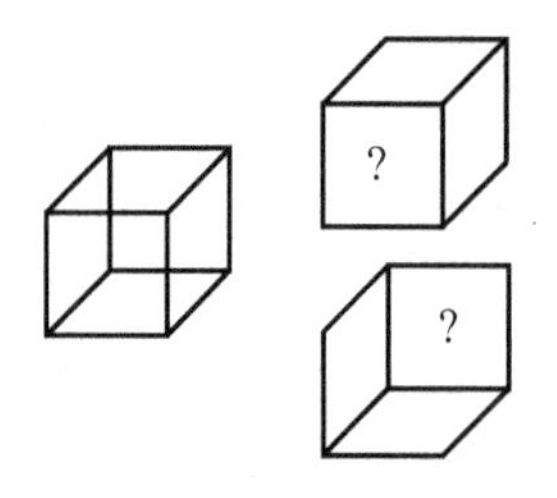

图 3.35　三维形状的二义性

下面主要介绍在光栅显示器上绘制物体真实图形时，必须解决的面消隐的问题。这方面的使用算法很多，主要包括画家算法、Z 缓冲区算法、扫描线算法、区域采样算法等。

1. 画家算法

画家算法的基本思想，是先把屏幕置成背景色，再把物体的各个面按其离视点的远近进行排序。离视点远的在表头，离视点近的在表尾，构造深度优先表。然后，从表头至表尾逐个取出多边形，投影到屏幕上，显示多边形所包含的实心区域。由于后显示的图形取代先显示的画面，而后显示的图形所代表的面离视点更近，所以，由远及近地绘制各面，就相当于消除隐藏面。这与油画家作画的过程类似，先画远景，再画中景，最后画近景，因此将这种算法称为画家算法。下面对画家算法实现中所用到的数据文件格式、数据结构、算法流程图和主要的子程序功能作简单的介绍。物体采用边界表示模式存储。数据文件由若干三元组和若干四元组组成。三元组表示物体顶点的坐标。四元组表示物体的某个面由哪些顶点构成。如图 3.36 所示，表示一个立方体的数据文件。

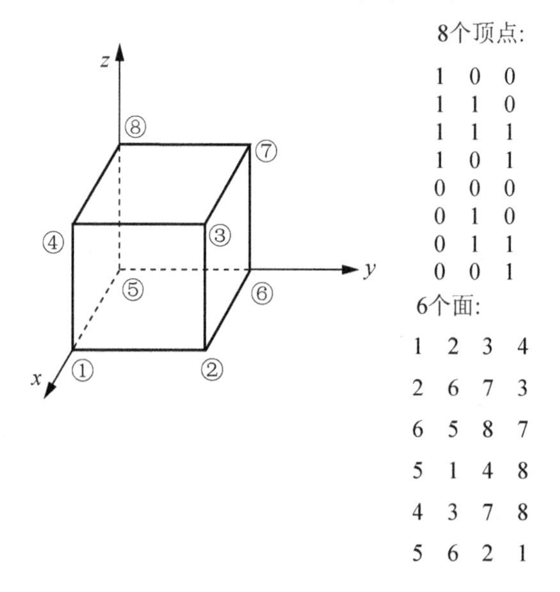

图 3.36　立方体的表示

画家算法中的数据表示：

算法实现所需要的数据结构包括点记录(vertex)、面记录(patch)和排序数组。点记录由五个域构成，其中三个域用于存储点的空间坐标，另外两个域用于存储点在屏幕上的投影坐标。面记录由四个域组成，每个域存放对应的顶点号。排序数组的每个元素有两个域，其中一个域存放面与视点的距离，另一个域存放该面的面号。

画家算法的优点是简单、易于实现，并且可以作为实现更为复杂算法的基础。它的缺点是只能处理互不相交的面，而且深度优先级表中的顺序可能出错，如两个面相交或三个面相互重叠的情况，则不能排出正确的顺序。这时，只能把有关的面进行分割后再排序。算法将变得比较复杂，因此，该算法使用具有一定的局限性。

2. *Z* 缓冲区算法

为了避免画家算法复杂的运算，人们提出了 *Z* 缓冲区算法。*Z* 缓冲区算法又称深度缓存算法，是一种简单的面消隐算法。这种算法需要一个帧缓冲区(*FB*)来存放各个像素的亮度值，还需要有一个 *Z* 缓冲区(*ZB*)来存放每个像素的深度值，即 *Z* 坐标。因此这种算法被称为 *Z* 缓冲区算法。

如图 3.37 所示，*Z* 轴方向为观察方向。过屏幕上任一像素点(i，j)作平行于 *Z* 轴的射线 *R* 与物体表面交于 p_1 点和 p_2 点。称 p_1 和 p_2 为多边形平面上对应像素(i，j)的点，p_1 和 p_2 的 *Z* 值称为该点的深度值。该算法的主要思想是以近物取代远物，即对投影平面上每个像素所对应的 *Z* 值进行比较，将最小的 *Z* 值存入深度缓冲区 *ZB* 中，*Z* 值所对应的多边形颜色存入显示器帧缓存 *FB* 中。帧缓存 *FB* 为屏幕上每一个像素点保存显示的颜色。由于屏幕上每一个像素点所对应的多边形平面上点的深度值都要存入深度缓冲区 *ZB* 中，若屏幕分辨率为 $m \times n$，则 *ZB* 的大小也为 $m \times n$。

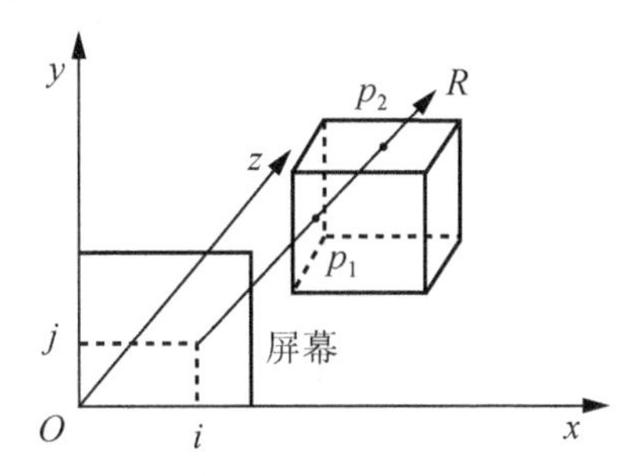

图 3.37　Z 缓冲区算法

Z 缓冲区算法的流程如下：

```
帧缓冲区设置成背景色;
  Z 缓冲区设置成最小值;
  For (每个多边形)
  { 扫描转换该多边形;
    for (多边形所覆盖的每个像素(x,y))
     {  计算多边形在该像素的深度值 Z(x,y);
        if (Z(x,y)小于 Z 缓冲区在(x,y)处的值)
          { 把 Z(x,y)存入 Z 缓冲区中的(x,y)处;
            把多边形在(x,y)处的亮度值存入帧缓冲区的(x,y)处;
          }
     }
  }
```

算法结束后，显示器帧缓冲区 FB 中存放的就是消隐后的图像。

例如，对于一个给定的多边形 P_k，设多边形 P_k 所在平面的方程为 $ax + by + cz + d=0$。则多边形 P_k 在点(x,y)处的深度值 $Z_{ij}= (- d - ax - by)/ c$。

其中，$c\neq0$。若 $c=0$，则说明多边形 P_k 的法向量与 Z 轴垂直，P_k 在 Oxy 平面上的投影为一直线，算法中不考虑这种多边形。

z 缓冲区算法比画家算法排序灵活简单，有利于硬件实现。在 *z* 缓冲区算法算法中，屏幕上哪个像素点的颜色先计算，哪个后计算，其先后顺序是无关紧要的，不影响消隐结果。因此，该算法不需要预先排队，从而省去了各个方向的排序时间。*z* 缓冲器算法的处理方法比较简单，一般的隐面都能够显示消除。但是必须对每个像素进行大量的重复运算，计算时间很长。受到计算机性能的限制，有些情况下不能直接使用。

习　题

1．试述计算机辅助图形处理的含义和作用。

2．什么是交互式绘图系统？

3．图形软件的类型、功能有哪些？

4．什么是组合变换？如何实现组合变换？

5．推导图 3.38 所示的三角形 *ABC* 绕 *C* 点旋转 90° 的变换矩阵，求出变换后各点的坐标。

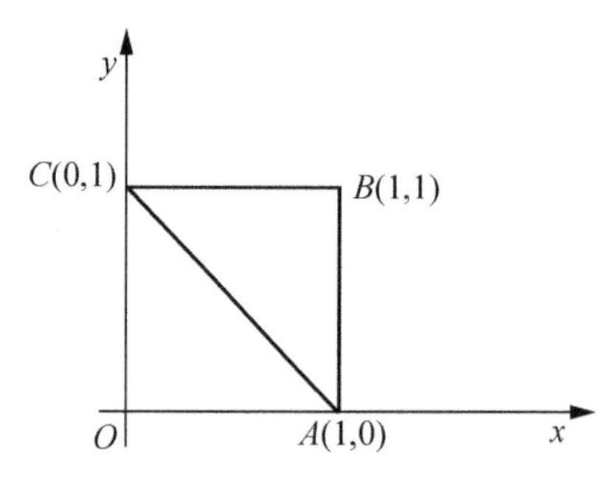

图 3.38　题 5 附图

6．已知一四边形 *ABCD*，各顶点坐标为 *A*(0，0)，*B*(20，0)，*C*(20，15)，*D*(0，15)，求其矩阵变换。①要求图形与 *x* 轴对称。②要求图形放大为原来的一倍。(要求写出计算过程及结果并画出变换后的图形)

7．已知三角形 *ABC* 的三个顶点坐标为 *A*(10，20)、*B*(20，20)、*C*(15，30)，要求此三角形绕点 *Q*(5，25)做二维旋转变换，逆时针方向旋转 30°，求出该组合变换的矩阵。

8．分析参数化绘图的原理。

9．试举例说明什么是用户界面。

10．计算机绘图中如何产生三视图？

第 4 章　CAD/CAM 建模技术

学习目标

通过本章的学习，使学生掌握线框建模、表面建模、实体建模、特征建模的基本原理、数据结构及特点；掌握实体的生成方法、实体模型的边界表示法和结构实体表示法；掌握特征建模的构成体系及形状特征的分类；理解 CAD/CAM 建模技术的基础知识；理解特征的定义、基于特征的零件信息模型以及特征建模的表达方式；理解装配建模、参数化建模的基本概念及建模原理；了解变量化建模技术和行为特征建模技术。

学习要求

1. 掌握线框建模、表面建模、实体建模、特征建模的基本原理、数据结构及建模特点；
2. 掌握实体建模中实体的生成方法、实体模型的边界表示法和结构实体表示法；
3. 掌握特征建模的构成体系及形状特征的分类；
4. 理解 CAD/CAM 建模技术的基础知识；
5. 理解特征的定义、基于特征的零件信息模型以及特征建模的表达方式；
6. 理解装配建模、参数化建模的基本概念及建模原理；
7. 了解变量化建模技术和行为特征建模技术。

引例

在机电产品设计制造过程中，需要从不同的角度来描述和表达产品或零部件的有关信息，如几何信息、拓扑信息、物理信息、功能信息、工艺信息、运动学信息等。在传统的机械设计与制造中，技术人员按照一定的规范和标准，通过工程图样、说明书、专用符号等来表达和传递设计思想及工程信息。在 CAD/CAM 中，计算机只能进行数字信息的处理、存储和管理，在屏幕或其他输出设备上看到的二维或三维图形，只是这种数字信息的一种表现形式。如何将现实世界中的产品(如齿轮)及其相关的信息转换为计算机内部能处理、存储和管理的数字化表示方法，就是建模技术所要完成的任务。

齿轮

在 CAD/CAM 中，产品或零部件的设计思想和工程信息是以具有一定结构的数字化模型方式存储在计算机内部的，并经过适当转换提供给生产过程各个环节，从而构成统一的产品数据模型。模型一般由数据、数据结构、算法三部分组成，所以CAD/CAM建模技术研究的是产品数据模型在计算机内部的建立方法、过程及采用的数据结构和算法。建模技术是CAD/CAM系统的核心技术，也是计算机能够辅助人进行设计、制造活动的基础。常用的建模技术有线框建模、表面建模、实体建模和特征建模等。

4.1 概　　述

建模技术是将现实世界中的物体及其属性转化为计算机内部数字化表达的原理和方法。在CAD/CAM系统中，建模技术是产品信息化的源头，是定义产品在计算机内部表示的数字模型、数字信息及图形信息的工具，它为产品设计分析、工程图生成、数控编程、数字化加工与装配中的碰撞干涉检查、加工仿真、生产过程管理等提供有关产品的信息描述与表达方法，是实现计算机辅助设计与制造的前提条件，也是实现CAD/CAM一体化的核心内容。

4.1.1 建模技术的发展

在CAD/CAM中，产品的设计过程即是信息处理的过程。设计过程中产生信息的表达方式与当时的生产发展水平密切相关。早期的CAD系统只能处理二维信息，设计人员通过这种CAD系统来设计绘制零件的投影图，以表达一个零件的形状及尺寸，而在计算机内部只记录零件的二维数据，对于由二维向三维实体的映射则由用户来完成。为了能让计算机内部处理三维实体，就需要解决几何造型技术问题，即以计算机能够理解的方式，对实体进行确切的定义以及数学描述，再以一定的数据结构形式在计算机内部构造这种描述，用以建立该实体的模型。

由于实体模型具有许多优点，已成为从微机到工作站上各种图形系统的核心。1973年英国剑桥大学 I.C.Braid 等建成了 BUILD 系统；1972—1976 年美国罗彻斯特大学在H.B.Voelcker的主持下建成了PADL-1系统；1968—1972年日本北海道大学的冲野教授等建成了TIPS-1系统。这三个系统对后来建模技术的发展都有重大的影响。进入20世纪90年代，世界各地有了数以百计的商品化实体建模系统，其技术日益完善，功能也越来越强大。

早期的CAD绘图软件都用固定的尺寸值定义几何元素，输入的每一条线都有确定的位置，想要修改图面内容，只有删除原有的线条后重画。一个机械产品，从设计到定型，不可避免地要反复多次修改，进行零件形状和尺寸的综合协调、优化。定型之后，还要根据用户提出的不同规格要求形成系列产品。这都需要产品的设计图形可以随着某些结构尺寸的修改或规格系列的变化而自动生成。在该需求背景下，参数化建模技术和变量化建模技术应运而生。

近年来，造型系统的应用已转向实际零部件和装配件的设计和制造，人们期望利用实体模型作为CAD/CAM集成系统中的产品模型。现有的CAD/CAM系统一般仅能支持产品几何性质的描述，并不能充分反映设计意图和制造特征，难以满足从设计到制造各个环节的信息要求。随着 CAD/CAM 的发展，产品模型研究和集成的要求迫切需要建立一个统一的产品信息模型，以满足设计、加工和检验等需要。特征建模正是针对这一问题而进行的一项卓有成效的探索，目前市场上已推出基于特征建模技术的建模系统。这种技术对几何形体的定义不仅限于名义形状的描述，还包括规定的公差、表面处理以及其他制造信息和类似的几何处理。包含制造等信息的建模方法称为特征建模，基于特征的建模技术称为特征建模技术。面向设计过程、制造过程的特征建模方法，克服了几何造型的缺陷，是一种理想的产品建模方式。

随着 CAD/CAE/CAM 一体化技术的发展，人们正在研究一种全新的建模方式——行为特征建模，它将 CAE 技术与 CAD 建模融为一体，理性地确定产品形状、结构、材料等各种细节。产品设计过程就是寻求如何从行为特征到几何特征、材料特征和工艺特征的映射，采用工程分析评价方法将参数化技术和特征技术相关联，从而驱动设计工作。

4.1.2　建模技术的基础知识

形体的表达和描述是建立在几何信息和拓扑信息处理的基础上的。几何信息一般是指形体在欧氏空间中的形状、位置和大小。但是只用几何信息难以准确地表示物体，常会出现物体表示上的二义性，可能产生多种不同的理解。为了保证描述物体的完整性和数学的严密性，必须同时给出几何信息和拓扑信息。拓扑信息则用来表达形体各分量间的连接关系。

几何建模的基础知识主要包括几何信息、拓扑信息、非几何信息、形体的表示、正则集合运算、欧拉检验公式等内容。

1. 几何信息

(1) 点。点是 0 维几何元素。是几何建模中的最基本元素。在计算机中对曲线、曲面、形体的描述、存储、输入、输出，实质上都是针对点集及其连接关系进行处理。根据点在实际形体中存在的位置，可以将其分为端点、交点、切点等。对形体进行集合运算还可能形成孤立点，在对形体进行定义时，孤立点一般是不允许存在的。

(2) 边。边是一维几何元素。它是形体相邻面的交界，对于正则形体而言，边只能是两个面的交界，对于非正则形体而言，边可以是多个面的交界。

(3) 环。环是由有序、有向边组成的封闭边界。环中的边不能相交，相邻两条边共享一个端点。环的概念和面的概念是密切相关的，环有内环与外环之分，外环用于确定面的最大外边界，而内环则用于确定面内孔的边界。

(4) 面。面是二维几何元素。它是形体上一个有限、非零的单连通区域。它可是平面，也可是曲面。面由一个外环和若干内环包围而成，外环需有一个且只能有一个，而内环可有也可没有，可有一个也可有若干个。

(5) 体。体是三维几何元素。它是由若干个面包围成的封闭空间，也就是说体的边界是有限个面的集合。几何造型的最终结果就是各种形式的体。

(6) 体素。体素是指由有限个参数描述的基本形体，或由定义的轮廓曲线沿指定的轨迹曲线扫描生成的形体。体素可按照定义分为两种形式：①基本体素，包括长方体、球体、圆柱体、圆锥体、圆环体、棱锥体等；②由定义的轮廓曲线沿指定的轨迹曲线扫描生成的体素，称为轮廓扫描体素。

2. 拓扑信息

拓扑信息反映三维形体中各几何元素的数量及其相互之间的连接关系。任一形体是由点、边、环、面、体等各种不同的几何元素构成的，这些几何元素间的连接关系是指一个形体由哪些面组成，每个面上有几个环，每个环由几条边组成，每条边由几个顶点定义等。各种几何元素相互间的关系构成了形体的拓扑信息。若拓扑信息不同，即使几何信息相同，最终构造的实体也可能完全不同。例如，在一个圆周上的五个等分点，若用直线顺序连接每个点则形成一个正五边形；若用直线隔点连接每个点则形成一个正五角星形，如图 4.1 所示。

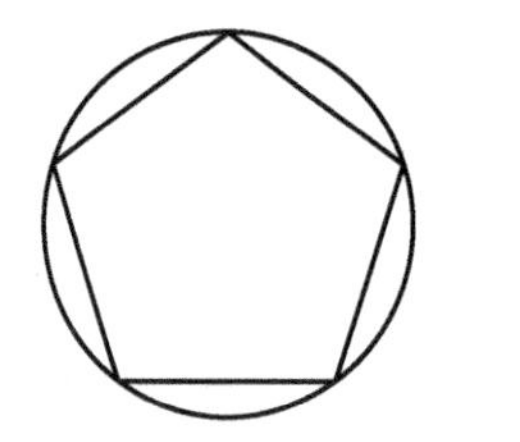

图 4.1　圆内五个等分点连接的两种情况

在几何建模中最基本的几何元素是点(V)、边(E)、面(F)，这三种几何元素之间可归纳为九种连接关系，即面相邻性、面-边包含性、面-顶点包含性、顶点-面相邻性、顶点-边相邻性、顶点相邻性、边-面相邻性、边-顶点包含性、边相邻性，如图 4.2 所示。

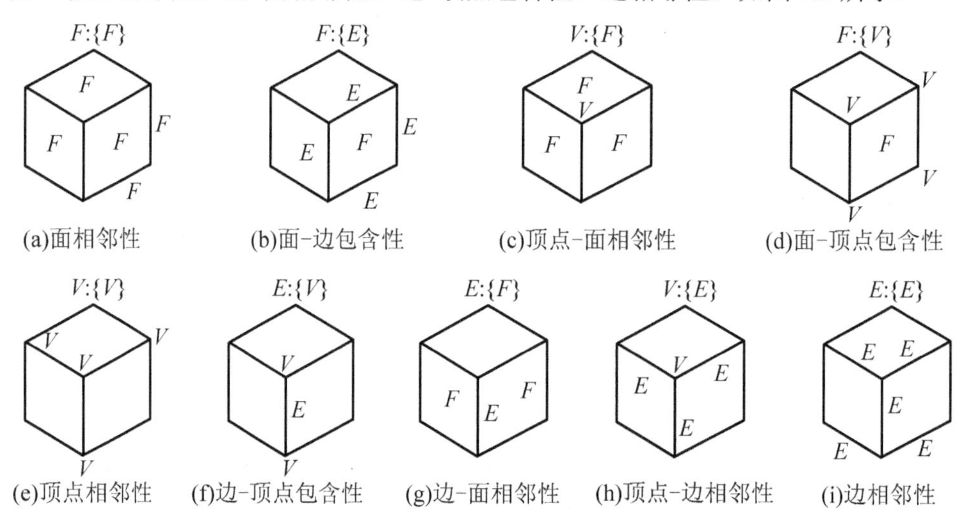

图 4.2　点、边、面几何元素间的拓扑关系

3. 非几何信息

非几何信息是指产品除实体几何信息、拓扑信息以外的信息，如物理信息(质量、材质、力学特性等)、功能信息、工艺信息(工艺路线、加工参数、定位关系、精度要求、表面粗糙度和技术要求等)、运动学信息等。为了满足 CAD/CAPP/CAM 集成的要求，非几何信息的描述和表示显得越来越重要，是目前特征建模中特征分类的基础。

4. 形体的表示

形体在计算机内通常采用体、壳、面、环、边、顶点六层拓扑结构进行定义，如图 4.3 所示。各层结构的含义如下：

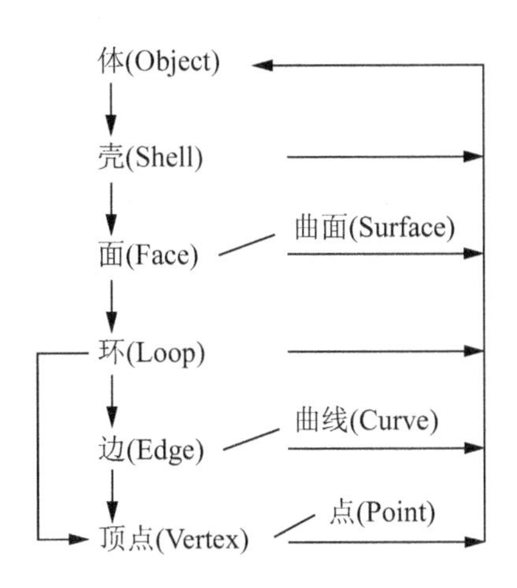

图 4.3　形体的表示

(1) 体。体是由封闭表面围成的有效空间，如图 4.4 所示的立方体是由 F_1～F_6 六个平面围成的空间。具有良好边界的形体定义为正则形体，正则形体没有悬边、悬面或一条边有两个以上邻面的情况，反之为非正则形体，如图 4.4 所示。

(2) 壳。壳是构成一个完整实体的封闭边界，是形成封闭的单一连通空间的一组面的结合。一个连通的物体由一个外壳和若干个内壳构成。

(3) 面。面由一个外环和若干个内环界定的有界、不连通的表面。面有方向性，一般采用外法矢方向作为该面的正方向。如图 4.5 所示，F 面的外环由 e_1、e_2、e_3、e_4 四条边沿逆时针方向构成，内环由 e_5、e_6、e_7、e_8 四条边沿顺时针方向构成。

(4) 环。环有内外之分，外环的边按逆时针走向，内环的边按顺时针走向，故沿任一环的正向前进时左侧总是在面内，右侧总是在面外(见图 4.5)。

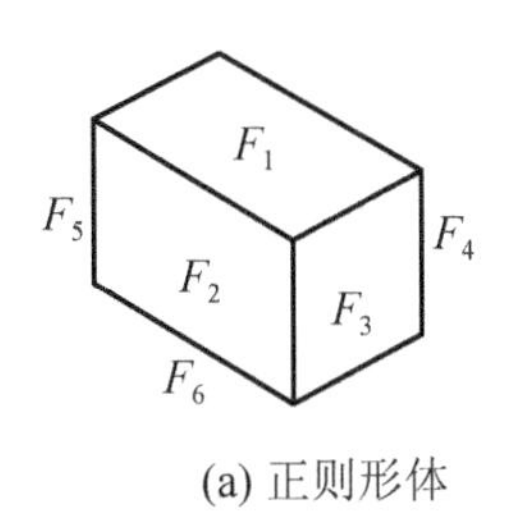

(a) 正则形体

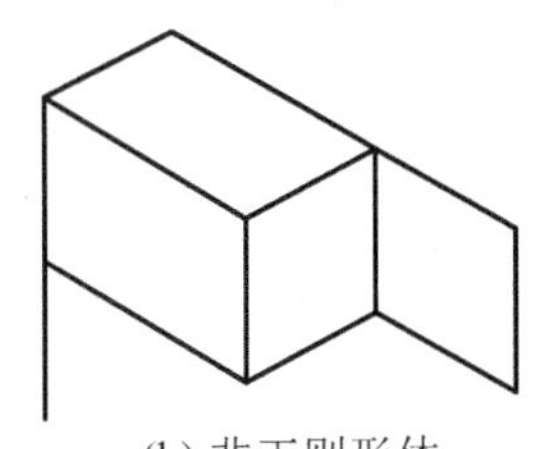

(b) 非正则形体

图 4.4　正则形体与非正则形体

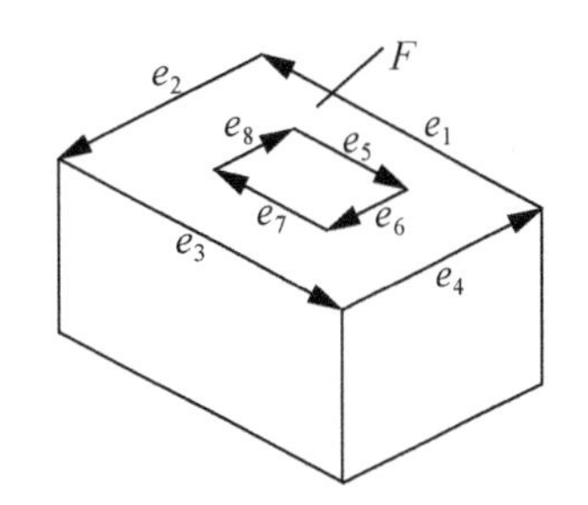

图 4.5　实体面、环、边的构造示意图

(5) 边。边是实体两个邻面的交界，对正则形体而言，一条边有且仅有两个相邻面，在正则多面体中不允许有悬空的边。一条边有两个顶点，分别称为该边的起点和终点。边不能自交。

(6) 顶点。顶点是边的端点，为两条或两条以上边的交点。顶点不能孤立存在于实体内、实体外或面和边的内部。

5. 正则集合运算

在 CAD/CAM 系统中，人们希望能使用一些简单形体经过某种组合形成新的复杂形体。这可以通过形体的布尔集合运算，即并、交、差运算来实现。它是用来把简单形体组合成复杂形体的工具。

经过集合运算生成的形体也应是边界良好的几何形体，并保持初始形状的维数。对两个实体进行普通布尔运算产生的结果并不一定是实体。如图 4.6 所示，两个立方体间普通布尔运算的结果分别是实体、平面、线、点和空集。有时两个三维形体经过交运算后产生了一个退化的结果，在形体中多了一个悬面，如图 4.7 所示。悬面是一个二维形体，在实际的三维形体中是不可能存在悬面的，也就是说集合运算在数学上是正确的，但有时在几何上是不恰当的。为解决上述问题，则需采用正则化集合运算方法。

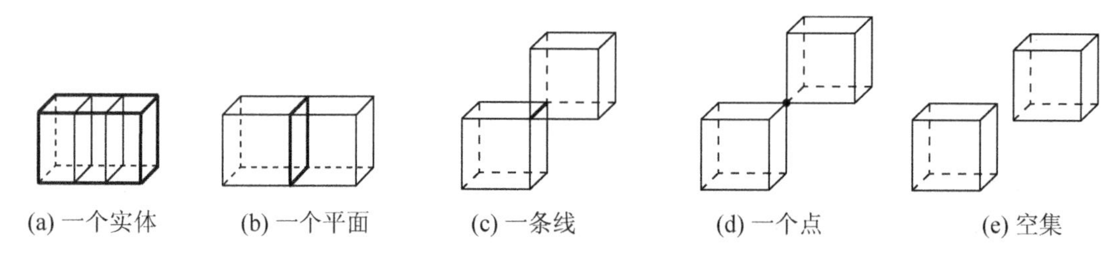

图 4.6 两个立方体间普通布尔运算的结果

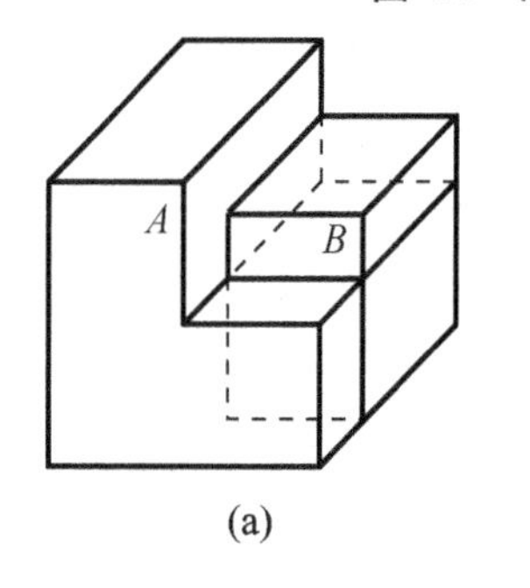

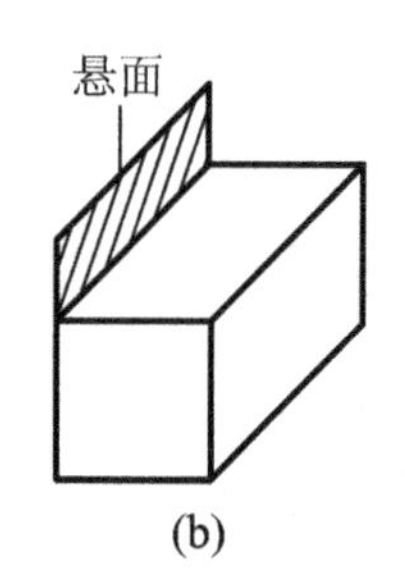

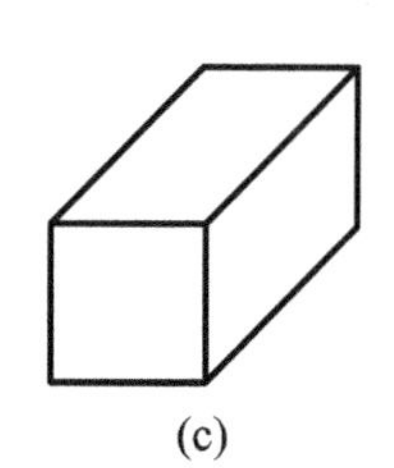

图 4.7 两个三维形体的交

正则集合运算与普通集合运算的关系为

$$A \cap^* B = K_{\mathrm{i}}(B \cap A)$$

$$A \cup^* B = K_{\mathrm{i}}(B \cup A)$$

$$A -^* B = K_{\mathrm{i}}(B - A)$$

式中，$\cap^*$、$\cup^*$、$-^*$ 分别为正则交、正则并和正则差符号，K 表示封闭，i 表示内部。图 4.7(b)为普通布尔运算的结果，该结果出现了悬面，而图 4.7(c)为正则交结果。

6. 欧拉检验公式

为了在几何建模中保证建模过程的每一步所产生中间形体的拓扑关系都正确，即检验物体描述的合法性和一致性，欧拉提出了描述形体的集合分量和拓扑关系的检验公式：

$$F + V - E = 2 + R - 2H$$

式中，F 为面数；V 为顶点数；E 为边数；R 为面中的空洞数；H 为体中的空穴数。欧拉检验公式是正确生成几何物体边界表示数据结构的有效工具，也是检验物体描述正确与否的重要依据。

4.1.3　CAD/CAM 建模的基本要求

建模技术是 CAD/CAM 系统的核心，建模的过程依赖于计算机的软硬件环境、面向产品的创造性过程。因此，建模技术应满足以下要求：

(1) 建模系统应具备信息描述的完整性。建模技术不仅应该满足产品自身信息表述的需求，还应该能够满足产品设计、制造、管理等各个过程的信息需求。这是因为建模技术是生成产品信息的源头，CAD/CAM 系统是以产品的信息数字化模型来驱动产品设计和制造全过程的。

(2) 建模技术应贯穿产品生命周期的整个过程。建模技术是构造产品信息的平台，几何建模、功能建模、性能建模等，都属于建模技术的范畴。建模的过程，是创造性工作的过程，是借助计算机技术、产品设计的专业领域知识实现产品零部件布局设计合理性、产品制造工艺可行性、装配可行性分析、产品结构静动态分析的过程，是实现对产品制造过程的设计和模拟仿真的过程，其中包括工艺过程模拟、工装夹具设计、检验规程设计以及与制造装配过程有关的质量数据采集与分析、数控加工等，因此建模技术是一个通过 CAD/CAM 系统将人类的知识与经验用于产品开发的过程。

(3) 建模技术应为企业信息集成创造条件。实现 CAD/CAM 过程的信息转换和交换，必须以信息集成为条件。

4.1.4　常用建模方法与应用

1. 常用建模方法

建模方法是将对实体的描述和表达建立在对几何信息、拓扑信息和特征信息处理的基础上的。几何信息是实体在空间的形状、尺寸及位置的描述；拓扑信息是描述实体各分量的数目及相互之间的关系；特征信息包括实体的精度信息、材料信息等与加工有关的信息。

几何建模是把物体的几何形状转换为适合于计算机的数学描述。设计人员必须输入以下三种命令几何建模才能得到使用：

(1) 输入命令产生基本的几何元素。例如点、线、面、体等元素；

(2) 命令对这些元素进行放大、缩小、旋转等其他变换；

(3) 命令把各个元素连接成所要求的物体形状。

在几何建模处理过程中，计算机把命令转换成为数学模型储存到计算机数据文件中，然后调出进行检查、分析或修改。

在几何建模中，表示物体的形态可以有几种不同的方法。最基本的方法为用线框来表示物体，即用彼此相互联系的线来表示物体的具体形状。线框几何模型有如下三种形式：

(1) 二维表示法，用于平面物体；

(2) 简单形式的三维表示法，由二维轮廓线延伸成简单形式的三维模型；

(3) 三维表示法，可以描述完整的、复杂形状的三维模型。

由于线框建模不能完整地描述产品的全部几何信息，因此后来发展了实体建模和表面建模等较完整的几何建模方法。实体建模的主要目的是表示产品所占据的空间，可用于机械结构设计、有限元分析、运动仿真等。而表面建模则主要关心的是产品的表面特征，可用于飞机外形、汽车车身、船舶外壳以及模具型腔的设计等。

随着CAD/CAM集成技术的发展，CAD/CAM系统在描述产品时不仅要描述其几何信息，而且还要描述与几何信息有关的非几何信息。基于这种要求，特征建模技术应运而生。特征建模的应用一方面使设计人员可以按工程习惯更加直观地描述产品；另一方面使CAD与CAM、CAPP、CAE有可能更紧密地结合起来。它是目前被认为最适合于CAD/CAM集成系统的产品表达方法。

2. 建模技术的应用

建模技术在CAD/CAM中应用于设计、生成图形、生产制造与装配等工作环节。

(1) 设计。在设计时能进行的工作有：①随时显示零件形状，并能利用剖切来检查壁厚及相交等问题；②进行物体的物理特性计算，如计算体积、面积、重心位置、惯性矩等；③能检查零部件在装配时是否发生碰撞和干涉；④能在运动机构中进行各机构的运动模拟等工作。

(2) 生成图形。在绘制各种产品的图形时，不仅能生成二维工程图(包括零件图、装配图等)，还能生成各种产品真实的图形及动画等。

(3) 生产制造。在进行生产制造时，能利用生成的三维几何模型进行数控自动编程及刀具轨迹的仿真。另外还能进行工艺规程设计等，为零件的生产制造提供了方便条件。

(4) 装配。在机器人及柔性制造系统中，利用三维几何模型进行装配规划、机器人视觉识别、机器人运动学及动力学分析等工作。

4.2 几何建模技术

几何建模是20世纪70年代中期发展起来的一种通过计算机表示、控制、分析和输出几何实体的技术，是CAD/CAM技术发展的一个新阶段。

产品的设计与制造涉及许多有关产品几何形状的描述、结构分析、工艺设计、加工、仿真等方面的技术，其中几何形状的定义与描述就成为其核心部分，它为结构分析、工艺规程的生成以及加工制造提供基本数据。不同的领域对物体的几何形状定义与描述的要求是不同的。在产品设计中，经常采用投影视图来表达一个零件的形状及尺寸大小，早期的CAD 系统基本上是显示二维图形，这恰好能够满足单纯输出产品设计结果的需要，CAD工程图成为描述和传递信息的有效的工具。这种系统处理点、线的信息，虽然能够高速、高效地绘制出高质量的图样，但是，它将从二维图样到三维实体的转换工作留给用户。在系统内部的数据文件中，只记录了图样的二维信息，当阅读图样时，人们必须将其翻译成三维物体。从产品设计的角度看，通常在设计人员思维中首先建立起来的是产品真实的几何形状或实物模型，依据这个模型进行设计、分析、计算，最后通过投影以图样的形式表达设计的结果。因此，仅有二维的 CAD 系统是远远不够的，人们迫切需要能够处理三维实体的 CAD 系统。

当人们看到三维的客观世界中的事物时，对其有个认识，将这种认识描述到计算机内部，让计算机理解，这个过程称为建模。所谓几何建模就是以计算机能够理解的方式，对实体进行确切的定义，赋予一定的数学描述，再以一定的数据结构形式对所定义的几何实体加以描述，从而在计算机内部构造一个实体的模型。通过这种方法定义、描述的几何实体必须是完整的、唯一的，而且能够从计算机内部的模型上提取该实体生成过程中的全部信息，或者能够通过系统的计算分析自动生成某些信息。通常，把能够定义、描述、生成几何实体，并能交互编辑的系统称为几何建模系统。显然，它是集理论知识、应用技术和系统环境于一体的。计算机集成制造系统的水平很大程度上取决于三维几何建模系统的功能，因此，几何建模技术是 CAD/CAM 系统中的关键技术。

由于客观事物大多是三维的、连续的，而在计算机内部的数据均为一维的、离散的、有限的，因此，在表达与描述三维实体时，怎样对几何实体进行定义，保证其准确、完整和唯一；怎样选择数据结构描述有关数据，使其存取方便自如等，都是几何建模系统必须解决的问题。几何建模的方法，是将对实体的描述和表达建立在几何信息和拓扑信息处理的基础上。按照对这两方面信息的描述及存储方法的不同，三维几何建模系统可划分为线框建模、表面建模和实体建模三种主要类型。

4.2.1　线框建模

1. 线框建模的概念与原理

线框建模是计算机图形学和 CAD 领域中最早用来表示形体的建模方法。这种方法虽然存在着很多不足，而且有逐步被表面模型和实体模型取代的趋势，但它是表面模型和实体模型的基础，并具有数据结构简单的优点，故目前仍有一定的应用。

当人们开始探讨描述三维几何体的有效方法时，自然就会想到几何体的外形轮廓信息。这种用边界线和轮廓线描述几何体模型的方法就是线框造型或线框建模，即利用基本线素来定义工程目标的棱线部分而构成立体框架图的过程称为线框建模。用这种方法生成的线框模型是由一系列的直线、圆弧、点及自由曲线组成，描述的是产品的轮廓外形。在计算机内部生成三维映像，还可以实现视图变换及空间尺寸的协调。线框建模的数据结构是表结构。图 4.8 所示即为一物体的线框模型。在计算机内部，存储的是该物体的顶点及棱线信息，将实体的几何信息和拓扑信息层次清楚地记录在顶点表及边表中。表 4-1 和表 4-2 所示即为图 4.8 所示物体的顶点表、边表。表中完整地记录了各顶点的编号、顶点坐标、边的序号，边上各端点的编号，它们构成了该物体线框模型的全部信息。这种方法实现起来简单，且存储量小、速度快。但实际使用起来问题很多，如所表示的形状可能不是唯一的，允许无意义的几何体存在，无法描述曲面，不能提供三维物体完整且严密的几何模型，无法计算形体的重心、体积等。目前线框建模一般只作为其他建模方法输入数据的辅助手段，也可用于一些特定的 CAD 系统，如管道设计、线路布置等。

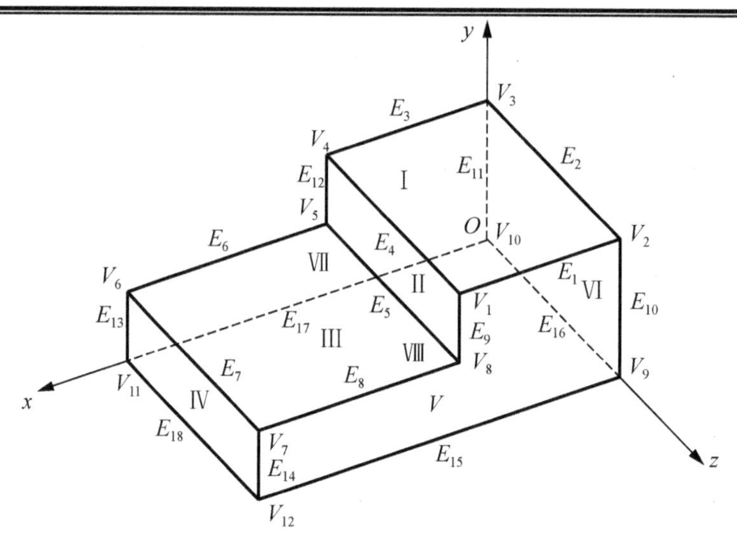

图 4.8　物体的线框模型

表 4-1　顶点表

点号	x	y	z	点号	x	y	z	点号	x	y	z
V_1	20	10	20	V_5	20	5	0	V_9	0	0	20
V_2	0	10	20	V_6	45	5	0	V_{10}	0	0	0
V_3	0	10	0	V_7	45	5	20	V_{11}	45	0	0
V_4	20	10	0	V_8	20	5	20	V_{12}	45	0	20

表 4-2　边表

线号	线上端点号		线号	线上端点号		线号	线上端点号	
E_1	V_1	V_2	E_7	V_6	V_7	E_{13}	V_6	V_{11}
E_2	V_2	V_3	E_8	V_7	V_8	E_{14}	V_7	V_{12}
E_3	V_3	V_4	E_9	V_8	V_1	E_{15}	V_{12}	V_9
E_4	V_4	V_1	E_{10}	V_2	V_9	E_{16}	V_9	V_{10}
E_5	V_8	V_5	E_{11}	V_3	V_{10}	E_{17}	V_{10}	V_{11}
E_6	V_5	V_6	E_{12}	V_4	V_5	E_{18}	V_{11}	V_{12}

2. 线框建模的特点

线框建模的特点具体表现在以下几个方面：

1) 线框建模的优点

(1) 利用物体的三维数据产生任意方向的视图，视图间能保持正确的投影关系，这为生成多视图的工程图提供了方便。除此之外，还能生成任意视点或视向的透视图及轴测图，这在只能表示二维平面的绘图系统中是做不到的。

(2) 在构造模型时操作非常简便。它只有离散的空间线段，没有实在的面，处理起来比较容易。

(3) 数据结构简单、存储量小，容易找到顶点和边的数据，计算机能精确地显示线框模型的顶点和边的具体位置。

(4) 系统的使用如同人工绘图的自然延伸，故对用户的使用水平要求低，用户容易掌握。

2) 线框建模的缺点

(1) 对物体的真实形状进行处理时需对所有棱线进行解释与理解，有时会出现二义性或多义性理解。

(2) 该结构包含的信息有限，无法进行图形的自动消隐。

(3) 这种数据结构无法处理曲面物体的侧轮廓线。曲面物体的轮廓线与视线方向有关，它不包含在物体的数据结构中，但它是构成一幅完整图形不可缺少的一部分，所以曲面轮廓线不能被表达。

(4) 在生成复杂物体的图形时，这种线框模型要求输入大量的初始数据，不仅加重了输入负担，更难以保证这些数据的统一性和有效性。

(5) 由于在数据结构中缺少边与面、面与体之间关系的信息，故不能构成实体，无法识别面与体，更谈不上区别体内与体外。

从原理上讲，这种模型不能消除隐藏线，不能作任意剖切，不能计算物理特性，不能进行两个面的求交，无法生成数控加工刀具轨迹，不能自动划分有限元网格，不能检查物体间的碰撞、干涉等。但目前有少部分系统从内部建立了边与面的拓扑关系，因此具有消隐功能。

4.2.2　表面建模

在 CAD/CAM 系统中，经常需要向计算机输入产品的外形数据和结构参数，这些数据往往通过计算求得，然而，当产品结构形状比较复杂，或当表面既不是平面，也无法用数学方法或解析方程描述时，就可以采用表面建模的方法。

1. 表面建模的基本原理

表面建模是将物体分解为组成物体的表面、边线和顶点，用顶点、边线和表面的有限集合来表示和建立物体的计算机内部模型。它常常利用线框功能，先构造一线框图，然后用曲面图素来建立各种曲面模型，可以看作在线框模型上覆盖一层薄膜所得到的，因此，曲面模型可以在线框模型上通过定义曲面来建立。

表面建模的建模原理是先将组成物体的复杂外表面分解为若干组成面，然后定义出一块块的基本面素，基本面素可以是平面或二次曲面，例如，圆柱面、圆锥面、圆环面、回转面等，各组成面的拼接就是所构造的模型，面进一步分解为组成该面的棱线、棱线分解为顶点，得到表面建模的逻辑结构。图 4.9 所示即为表面建模的一个实例。

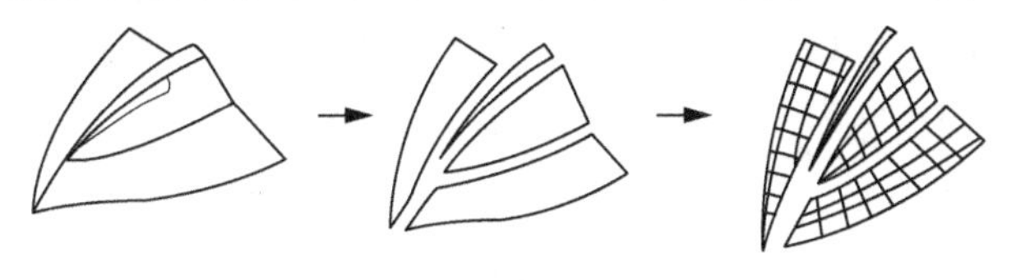

图 4.9　表面建模

在计算机内部，表面建模的数据结构仍然是表结构，除了给出边线及顶点信息外，还提供了构成三维立体各组成面素的信息，即在计算机内部，除顶点表和边表外，还提供了面表。表 4-3 即为图 4.8 所示物体的几何面信息，表中记录了面号，组成面素的线数及线号。

表 4-3　面表

面　　号	面 上 线 号	线　　数
Ⅰ	E_1、E_2、E_3、E_4	4
Ⅱ	E_4、E_{12}、E_5、E_9	4
Ⅲ	E_5、E_6、E_7、E_8	4
Ⅳ	E_7、E_{13}、E_{18}、E_{14}	4
Ⅴ	E_1、E_9、E_8、E_{14}、E_{15}、E_{10}	6
Ⅵ	E_2、E_{10}、E_{16}、E_{11}	4
Ⅶ	E_3、E_{11}、E_{17}、E_{13}、E_6、E_{12}	6
Ⅷ	*E*15、*E*16、*E*17、*E*18	4

2. 表面建模的分类

根据形体表面的不同可将表面建模分为平面建模和曲面建模。

1) 平面建模

平面建模是将形体表面划分成一系列多边形网格，每一个网格构成一个小的平面，用这一系列小的平面来逼近形体的实际表面。

平面建模可用最少的数据精确地表示多面体，所以特别适合于表示多面体。但对于一般的曲面物体来说，曲面物体所需表示的精度越高，网格就应分得越小，数量也就越多，这就使平面模型具有存储量大、精度低、不便于控制和修改等缺点，因而平面模型也就逐渐被日益成熟的曲面模型所替代。平面建模可通过在线框建模的基础上增加一个表面而形成。

2) 曲面建模

曲面建模是计算机图形学和 CAD 领域最活跃、应用最为广泛的几何建模技术之一。这种建模技术所建立的三维形体模型的几何表示已用于飞机、轮船、汽车的外形设计，地形、地貌、矿藏、石油分布等地理资源的描述中。参数曲面建模应用最多，该方法在拓扑矩形的边界网格上，利用混合函数在纵向和横向两对边界曲线间构造光滑过渡曲线，即把需要建模的曲面划分为一系列曲面片，用连接条件对其进行拼接来生成整个曲面。曲面建模技术主要研究曲面的表示、分析和控制以及由多个曲面块组合成一个完整曲面的问题。

在 CAD 系统中，对于曲线的描述一般不用多元函数方程直接描述，而用参数方程的形式来表示。曲面建模中常见的参数曲面有孔斯(Coons)曲面(见图 4.10)、Bezier 曲面(见图 4.11)、B 样条曲面(见图 4.12)和非均匀有理 B 样条(NURBS)曲面等。关于参数曲面的有关知识可参考计算机图形学有关专著、教材的相关章节。

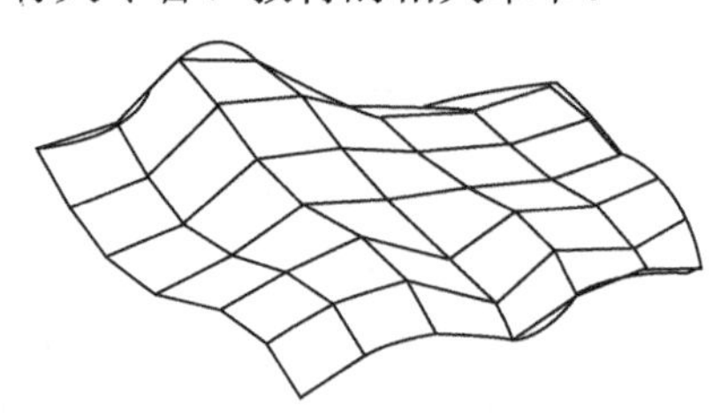

图 4.10　孔斯曲面

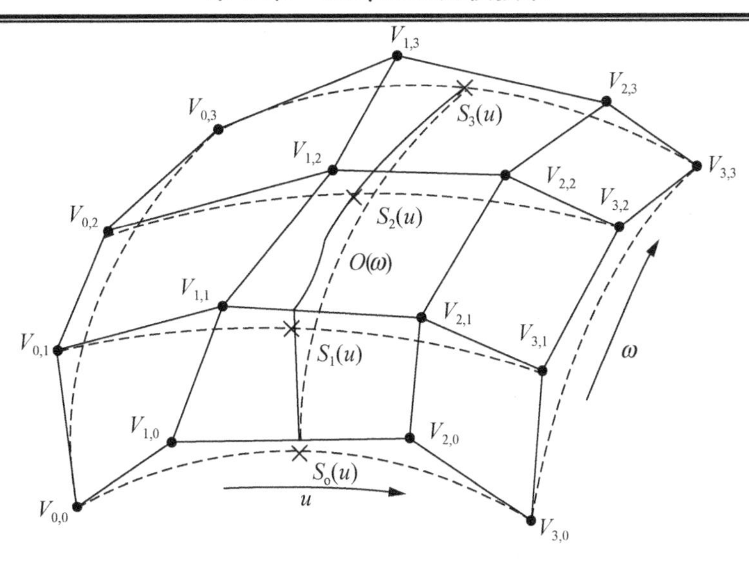

图 4.11　Bezier 曲面

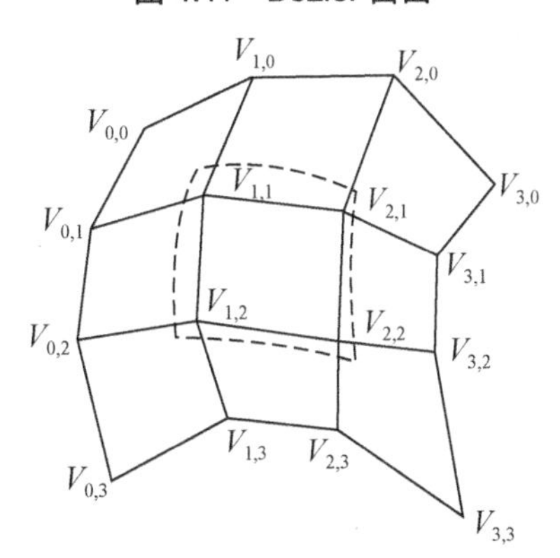

图 4.12　B 样条曲面

对于一个实体而言，可以用不同的曲面造型方法来构成相同的曲面。用哪一种方法产生的模型更好，一般用两个标准来衡量：一是要看哪种方法更能准确体现设计者的设计思想、设计原则；二是要看用哪种方法产生的模型能够准确、快速、方便地产生数控刀具轨迹，即更好地为 CAE、CAM 服务。

采用曲面建模方法时，经常会遇到以下要处理的问题：

(1) 曲面光顺。曲面光顺是指曲面光滑、顺眼，除了从数学意义上要求曲线和曲面具有二阶连续性、无多余拐点和曲率变化均匀外，还有行业上的特殊要求。CAD 系统中的曲面光顺模块既要能自动完成一系列数学处理，又要同时提供交互检查和修改曲面形状的方便工具。

用数学的方法进行曲面光顺处理时通常用最小二乘法、能量法、回弹法、基样条法、磨光法等。各种光顺方法的主要区别在于所使用的目标函数队及每次调整型值点的数量不同。整体光顺方法是每次调整所有的型值点，局部光顺方法则是每次只调整个别点。

(2) 曲面求交。曲面求交是曲面操作中最基本的一种算法，要操作准确、可靠、迅速，并保留两张相交曲面的已知拓扑关系，以便实现几何建模的布尔运算和数控加工的自动编程等。根据曲面表示形式的不同，曲面求交有隐式方程-隐式方程、参数方程-参数方程、隐式方程—参数方程等几种不同的情况。常用的求交算法有解析法、分割法、跟踪法、隐函数法等。

(3) 曲面裁剪。两曲面相贯后交线通常构成原有曲面的新边界，这样就产生了怎样合理表示经过裁剪的曲面的问题。以上讨论的曲面求交方法实际上都是求出交线上的一系列离散点，在裁剪曲面的边界线表示中可将这些离散点连成折线，也可以拟合成样条曲线。对于参数曲面，一般以参数平面上的交线表示为主。

3. 曲面建模的特点

(1) 曲面建模的优点：①在描述三维实体信息方面比线框建模严密、完整，能够构造出复杂的曲面，如汽车车身、飞机表面、模具外形等；②可以对实体表面进行消隐、着色显示，也能够计算表面积；③可以利用建模中的基本数据进行有限元划分，以便进行有限元分析或利用有限元网格划分的数据进行表面造型；④可以利用表面造型生成的实体数据产生数控加工刀具轨迹。

(2) 曲面建模的缺点：①曲面建模理论严谨复杂，所以建模系统的使用较复杂，并需一定的曲面建模的数学理论及应用方面的知识；②这种建模虽然有了面的信息，但缺乏实体内部信息，所以有时产生对实体二义性的理解。例如，对一个圆柱曲面就无法区别它是实体轴的面还是空心孔的面。

4.2.3 实体建模

由于表面建模方法存在不足，需要探索更加完善的建模方法来描述现实物体及其属性。20 世纪 80 年代前后提出并逐步发展、完善了实体建模(Solid Modeling)技术，目前实体建模技术已成为 CAD/CAM 中的主流建模方法。

1. 实体建模的基本原理

通过定义基本体素，利用体素的集合运算或基本变形操作建立三维立体的过程称为实体建模，它是实现三维几何实体完整信息表示的理论、技术和系统的总称。这种方法可以表示形体的“体特征”，形体的几何特征(如体积、表面积、惯性矩等)均可由实体模型自动计算出来。实体建模是以基本体素(如球体、圆柱体、立方体等)为单元体，通过集合运算(并、交、差等)或基本变形操作(扫描、拉伸、旋转等)生成所需的几何形体。实体模型的特点是通过具有一定拓扑关系的形体表面定义形体，表面之间通过环、边、点来建立联系，表面的方向由围绕表面的环的绕向决定，表面法向矢量总是指向形体之外。这种方法可同时实现覆盖一个三维立体的表面与实体。实体建模可以定义三维物体的内部形状，所以它已成为当前三维软件包普遍采用的建模方法。

2. 实体生成方法

实体建模技术是利用实体生成方法产生实体的初始模型，通过几何的逻辑运算(布尔运算)或者基本变形操作形成复杂实体模型的一种建模技术。按照实体生成方法的不同，其生成方法有两种：体素法和扫描法。

1) 体素法

体素法是通过基本体素的集合运算构造几何实体的建模方法。每一基本体素具有完整的几何信息，是真实而唯一的三维物体。体素法包含两部分内容：一是基本体素的定义与描述，二是体素之间的集合运算。常用的基本体素有长方体、球、圆柱、圆锥、圆环、锥台等，如图 4.13 所示。描述体素时，除了定义体素的基本尺寸参数(如长方体的长、宽、高，圆柱的直径、高等)外，为了准确地描述基本体素在空间的位置和方向，还需定义集合运算的基准点，以便正确地进行集合运算。体素间的集合运算有并、交、差三种，以两个三维基本体素(长方体、圆柱体)为例进行并、交、差运算，其运算结果如图 4.14 所示。

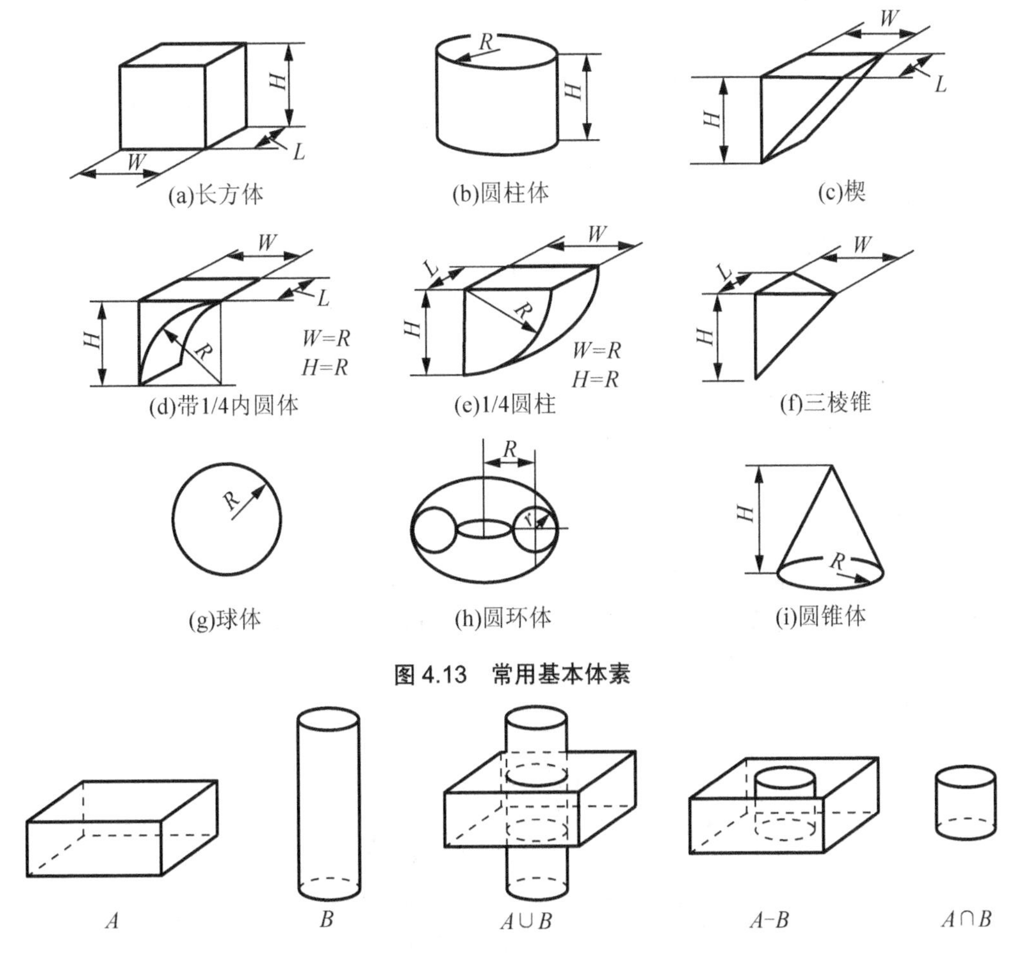

图 4.13　常用基本体素

图 4.14　三维物体的并、交、差运算示意图

图 4.15 所示是用体素法从定义基本体素到生成实体模型的全过程，通过定义五个基本体素，经过四次集合运算，完成三维实体的建模。

2) 扫描法

有些物体的表面形状较为复杂，难于通过定义基本体素加以描述，可以定义基体，利用基本的变形操作实现物体的建模，这种构造实体的方法称为扫描法。扫描法又可分为平面轮廓扫描和整体扫描两种。

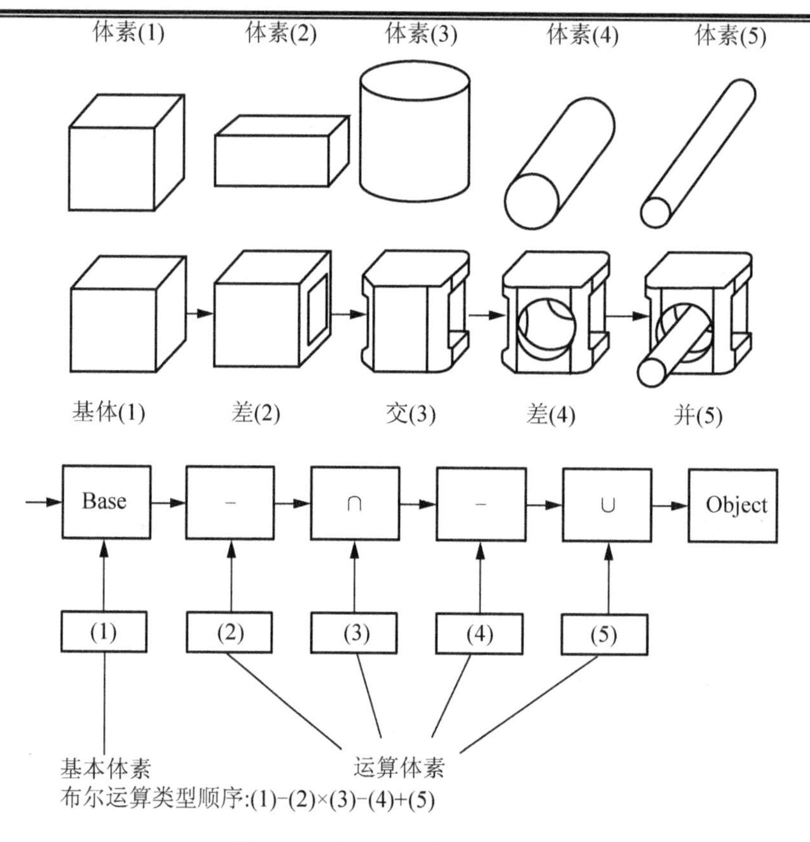

图 4.15　体素法生成实体的过程

平面轮廓扫描是一种与二维系统密切结合的方法。由于任一平面轮廓在空间平移一个距离或绕一固定的轴旋转都会扫描出一个实体，因此，对于具有相同截面的零件实体来说，可预先定义一个封闭的截面轮廓，再定义该轮廓移动的轨迹或旋转的中心线、旋转角度，就可得到所需的实体，如图 4.16 所示。

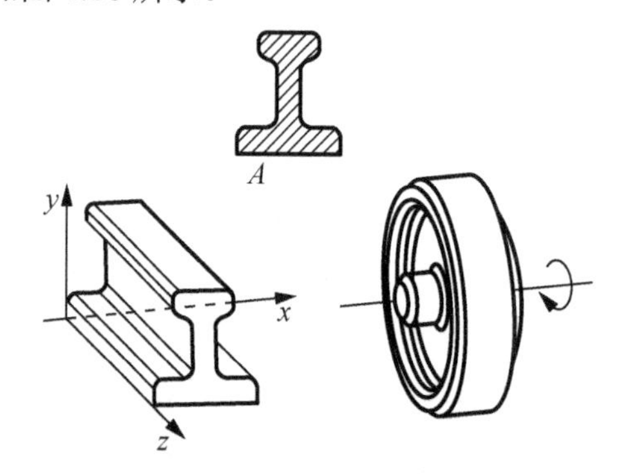

图 4.16　平面轮廓扫描生成的实体

所谓整体扫描就是首先定义一个三维实体作为扫描基体，让此基体在空间运动，运动可以是沿某方向的移动，也可以是绕某一轴线转动，或绕一点的摆动，运动方式不同，生成的实体形状也不同，如图 4.17 所示。整体扫描法对于生产过程的干涉检验、运动分析等有很大的实用价值，尤其在数控加工中对于刀具轨迹的生成与检验方面更具有重要意义。

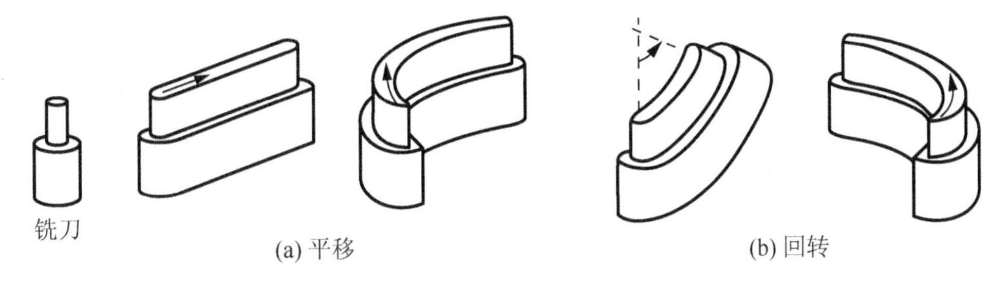

图 4.17　整体扫描法生成的实体

概括地说，扫描法生成实体需要两个分量，一个是被移动的基体，另一个是移动的路径。通过扫描法可以生成某些用体素法难于定义和描述的物体模型。图 4.18 所示即为几种用扫描法构造的实体，其中有些是曲线扫描，有些表面是自由曲面，描述这类形状的实体用扫描法比较容易实现。

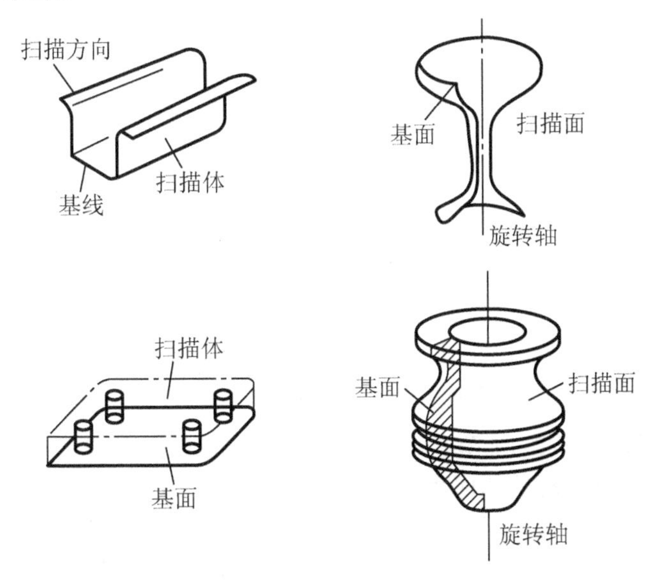

图 4.18　用扫描法生成的实体

由于三维实体建模能唯一、准确、完整地表达物体的形状，因而在设计与制造中广为应用，尤其是在对产品的描述、特性分析、运动分析、干涉检验以及有限元分析、加工过程的模拟仿真等方面，已成为不可缺少的前提条件。

3. 实体模型的计算机表示方法

实体建模的信息与线框建模、表面建模的信息不同，在计算机内部不再只是点、线、面的信息，还要记录实体的体信息，实体建模系统是一种交互式计算机图形系统，通常保存着两种描述实体模型的主要数据，即几何数据和拓扑数据。几何数据包含形体的定义参数，拓扑数据则包括几何元素间的相互连接关系。

计算机内部定义实体的方法很多，常用的有边界表示法(Boundary Representation，B-Rep)、结构实体表示法(Constructive Solid Geometry，CSG)、单元分解法、扫描变换法等。这几种方法各有特点，且正向着多重模式发展。以下介绍几种常用的表示方法。

1) 边界表示法

(1) 边界表示法的概念。边界表示法是通过对于集合中某个面的平移和旋转以及指示点、线、面相互间的连接操作来表示空间三维实体的方法。由于它通过描述形体的边界来描述形体，而形体的边界就是其内部点与外部点的分界面，所以称为边界表示法。

边界表示法中的形体一般是由有界的“面”来表示，而每个面又可通过它的边界和顶点来表示。故边界表示法对实体模型的描述为：将实体模型看做是由多个边界表面所围成的实体，每个边界表面又由各边来描述，每个边由各点组成，各点由三个坐标值来描述。B-Rep 中要表达的信息分为两类：一类是几何数据，它反映物体的大小及位置，例如，顶点的坐标值、面的数学表达式中的具体系数等；另一类是拓扑信息，只关心图形内的相对位置关系而不管其大小与形状。拓扑信息用来说明体、面、边及顶点之间的连接关系，例如，某个面与哪些面相邻，它又由哪些边组成等。

B-Rep 法在计算机内部的数据结构呈网状结构，以体现实体模型的实体、面、边(线)、点的描述格式。图 4.19 所示为边界表示法的树形结构示意图，图中把形体拆成一些互不覆盖的三角形，并将它视为含有体、面、边及顶点的树形结构。

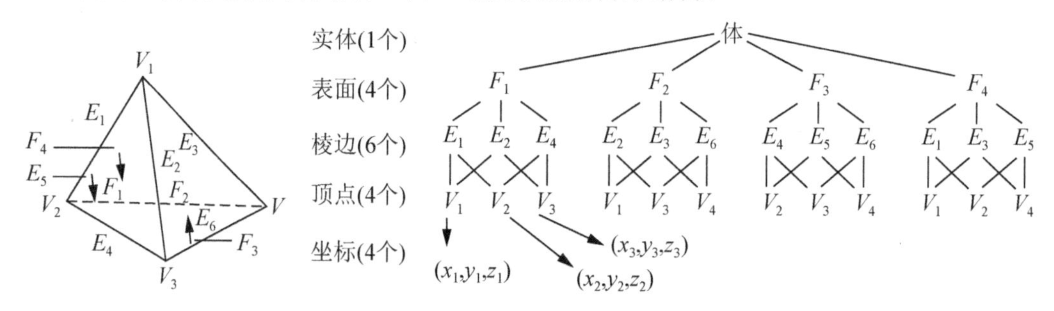

图 4.19 边界表示法的网状数据结构

B-Rep 法强调实体外表的细节，详细地记录了构成形体的面、边的方程及顶点坐标值等几何信息，同时描述了这些几何元素之间的连接关系即拓扑信息；将面、边界、顶点的信息分层记录，建立层与层之间的联系，这在数据管理上易于实现，也便于系统直接存取组成实体的各几何元素的具体参数。当需要进行有关的几何体结构的运算时，可直接用几何体的面、边、点定义的数据实现并、交、差等集合运算，甚至通过人机交互的方式很方便地对实体模型进行修改。采用边界表示法建立三维实体，其信息量大，有利于生成模型的线框图、投影图与工程图，但这种方法存在信息冗余问题。边界表示法的主要优点是与面和边有关的信息(如表面粗糙度或公差、倒斜角)，可直接在模型中存取，且从模型中提取有关信息的速度快、效率高，便于与表面模型、线框模型相连接。边界表示法也有其缺点，由于它的核心是面，因而对几何物体的整体描述能力相对较差，无法提供关于实体生成过程的信息，例如，一个三维物体最初是由哪些基本体素，经过哪种集合运算拼合而成的，也无法记录组成几何体的基本体素的原始数据。

(2) 几何数据与拓扑信息的表示。在 B-Rep 中通常用空间直角坐标系表示各种几何数据，如：

顶点：用 $V=(x, y, z)$来定义。

直线：用 $(x-x_0)/\cos\alpha=(y-y_0)/\cos\beta=(z-z_0)/\cos\gamma$ 表示，(x_0, y_0, z_0) 为直线上的已知点。

平面：用 $Ax+By+Cz+D=0$ 定义，对某一面可记作 $f_i\left(a_i,b_i,c_i,d_i\right)$。

二次曲面：指圆柱面、圆锥面、球面及一般二次曲面，用下式表示：

$$Q(x,y,z)=A_1x^2+A_2y^2+A_3z^2+B_1yz+B_2xz+B_3xy+C_1x+C_2y+C_3z+D=0$$

当有些曲面为无界时，需加一些边界不等式加以限制，例如最简单的边界限制如下：

$$x_{\min}\leqslant x\leqslant x_{\max},\ y_{\min}\leqslant y\leqslant y_{\max},\ z_{\min}\leqslant z\leqslant z_{\max}$$

雕塑曲面：常采用孔斯曲面、B 样条曲面、Bezier 曲面等。

运用解析几何知识，B-Rep 表示中的面、边和顶点的几何定义能被互相推导出来，如图 4.20 所示。因此，数据结构中只需存储某一类几何数据就足够了。一般来说，若输出为线框图，则存储顶点几何数据；若输出着色图则存储面的几何数据。其他几何数据在需要时才被推导计算出来。

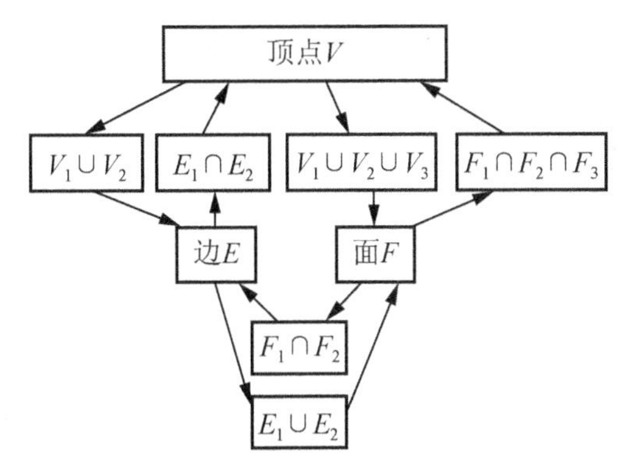

图 4.20　几何表示间的推导

拓扑信息的表示常用数据结构来实现，一般由体、面、环、边和顶点表构成。图 4.21 所示为用面、环、边、顶点(即 *F-L-E-V*)表示拓扑信息的数据结构原理。

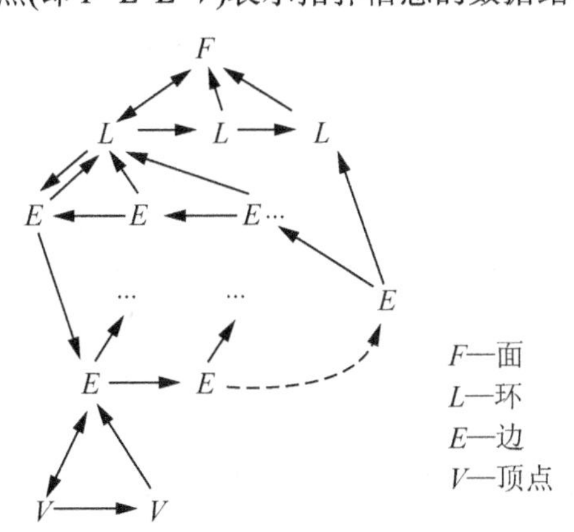

图 4.21　*F-L-E-V* 数据结构

如 4.1.2 节所述，多面体的面、边和顶点间共有九种拓扑关系。在这九种不同类型的拓扑关系中，至少必须选择两种才能构成一个实体完全的拓扑信息。当然可以存储更多的拓扑关系，此时存储量增加，但查找时间缩短了，故这种冗余换来的是减少了计算工作量和易于实现某些算法。如在图 4.22 所示的翼边结构中，将 $E\rightarrow\{F\}$、$E\rightarrow\{V\}$、$E\rightarrow\{E\}$ 的关系全部存储起来并以边为中心排列，这样可以方便地查到与这条边有连接关系的上、下两个顶点，左、右两个邻面及上、下、左、右四条邻边。图 4.23 所示为翼边结构具体的双链表数据结构。

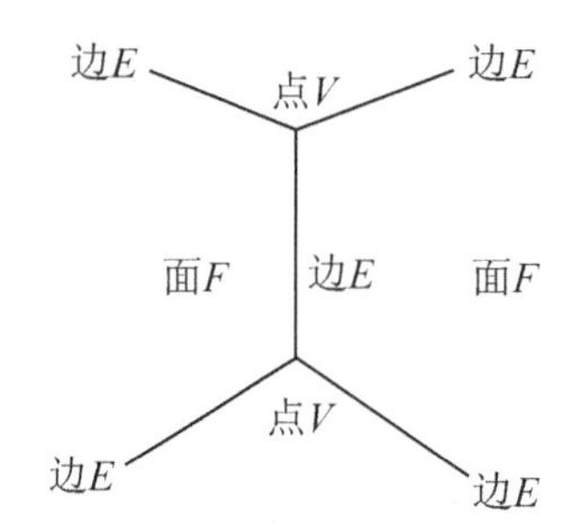

图 4.22 翼边结构

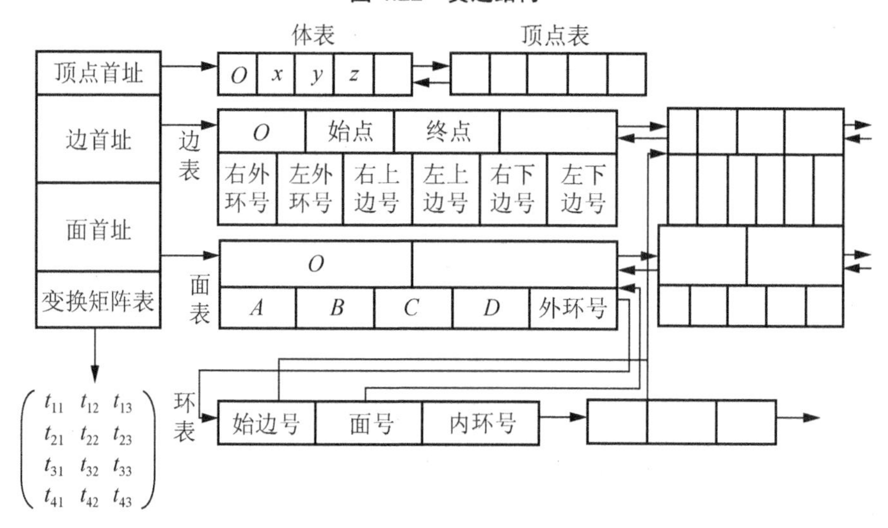

图 4.23 翼边数据结构

2) 结构实体表示法

一个复杂的形体可由一些比较简单、规则的基本形体，经过正则集合运算并配以几何变换而得到，此基本形体就是体素。CSG 法通过记录基本形体本身的定义参数及形体之间并、交、差运算的次序来表示较复杂的形体。对于直线部分多、几何形状比较规则的形体一般均采用 CSG 表示法。CSG 也是目前三维建模系统中广泛采用的方法，但 CSG 表示法只说明了形体是怎样构造的，没有指出新实体的顶点坐标以及边、面的任何具体信息，故形体的 CSG 表示只是一种过程性表示，或称为非计算模型。

一般采用这种方法的 CAD 系统需要构造基本体素库，基本体素库中的结构实体为多面体、圆柱体、圆锥体、球、环、椭球、任意母线回转体及自由型曲面体等，也可由用户自己设计基本体素库。CSG 法在计算机内部的数据结构呈二叉树结构，即实体模型可分解成两个实体体素，而这两个实体体素又可各自分别分解为更小的两个实体体素，依此类推，直至分解为基本体素。CSG 表示法的基本操作是并、交、差操作，这样生成一个新的结构实体后再进行并、交、差操作，直到最后构造成所需的形体，即为三维物体的并、交、差运算的结果。如图 4.24 所示，同一个实体，完全可以通过定义不同的基本体素，经过不同的集合运算加以构造。

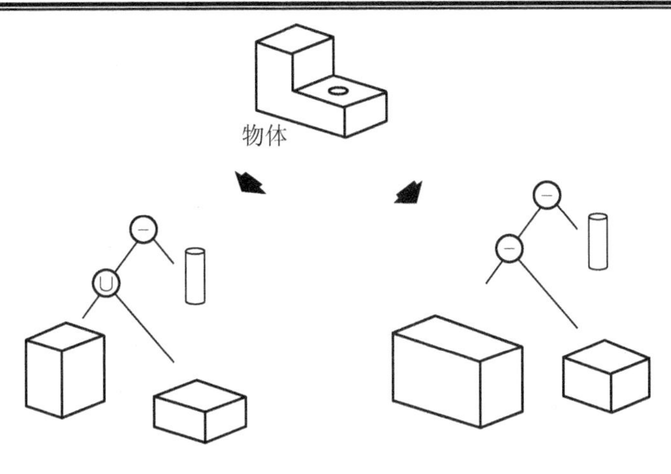

图 4.24　同一物体的两种 CSG 结构

(1) CSG 法的二叉树表示。形体的 CSG 表示法是用一棵有序的二叉树记录实体所有的组合基本体素以及正则集合运算和几何变换的过程，如图 4.25 所示。图中的叶结点分为两种：一种是基本体素，如长方体、圆柱等；另一种是体素作运动变换时的参数，如平移参数 Δx 等。枝结点表示某种运算，有两类运算子：一类是运动运算子，如平移、旋转等；另一类是集合运算子，这里不是一般的并、交及差运算，而是指经过修改后适用于形状运算的正则化集合运算子，分别用记号 $\cap^*$、$\cup^*$、和 $-^*$ 表示。根结点则表示由树中相应的基本体素经几何变换和正则集合运算后得到的实体。

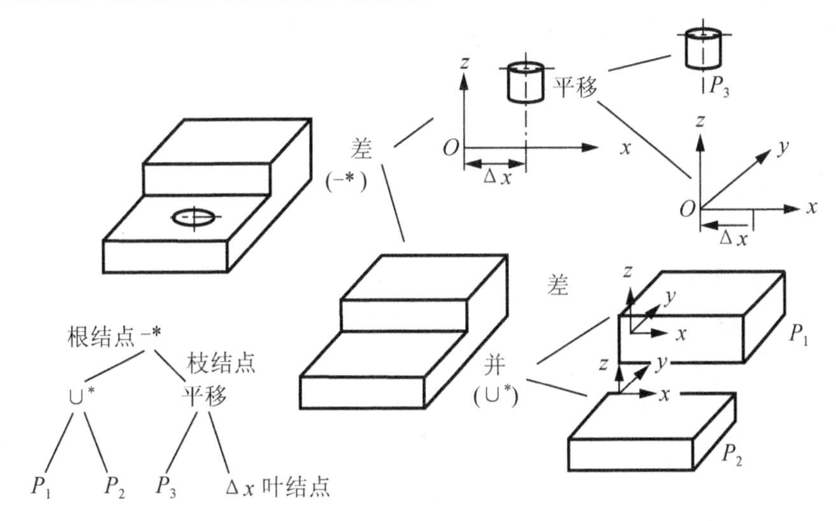

图 4.25　二叉树形式表示的 CSG 法

CSG 表示法无二义性，体素经运动算子和正则化集合运算子计算后产生的实体是合法的，但对于同一实体，其 CSG 二叉树的构造不具有唯一性，如图 4.24 所示。

CSG 树代表了 CSG 方法的数据结构，可以采用遍历算法进行拼合运算。CSG 树这种数据结构称为“不可计算的”，其优点是描述物体非常紧凑，缺点是当真正进行拼合操作及最终显示物体时，还需将 CSG 树数据结构转变为边界表示法的数据结构，这种转变靠边界计算程序来实现，为此，在计算机内除了存储 CSG 树外，还应有一个数据结构存放体素的体、面、边信息。图 4.26 是这种数据结构的一个例子。

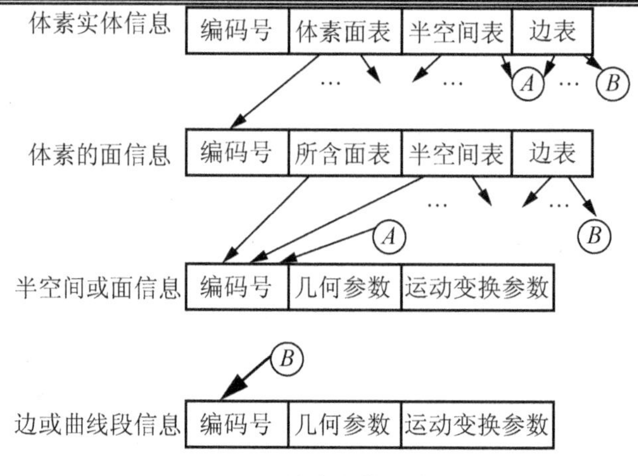

图 4.26　体素的数据结构

(2) CSG 法的特点。CSG 法的优点：①数据结构比较简单，信息量小，易于管理；②每个 CSG 都与一个实际的有效形体相对应，即无二义性；③用户操作方便，造型概念直观，可修改形体生成的各环节以改变形体的形状；④能够表示的实体范围较大，体素种类越多，则能够构造出的实体越复杂；⑤具有表达简练、构形容易等特点。

CSG 法的缺点：①对形体的修改操作不能深入到形体的局部；②直接基于 CSG 表达显示形体的效率很低，且不便于图形输出；③不能直接产生显示线框图所需要的数据，必须经过边界计算程序的运算才能完成从 CSG 到边界表示的转换。由此可见，纯 CSG 法的造型系统在实现某些交互操作(如直线的拾取或删除等)时会有困难。

总的来说，CSG 表示法的特点是模型紧凑，有较强的参数化建模功能，采用射线跟踪方法可以计算 CSG 表示形体的整体性质和生成形体的各种图形。CSG 法比 B-Rep 法简单，但信息量较小。

3) 混合表示法

混合表示法是建立在 B-Rep 法和 CSG 法的基础上，在同一 CAD 系统中将两者结合起来形成的实体定义描述法。具体地讲，即在原 CSG 二叉树的基础上，在每个结点上加入边界表示法的数据结构。其表现形式为：CSG 法为系统外部模型，作为用户窗口，便于用户输入数据，定义实体体素；B-Rep 法为内部模型，它将用户输入的模型数据转化为 B-Rep 的数据模型，以便在计算机内部存储实体模型更为详细的信息。这相当于在 CSG 树结构的结点上扩充边界法的数据结构，可以达到快速描述和操作模型的目的，如图 4.27 所示。

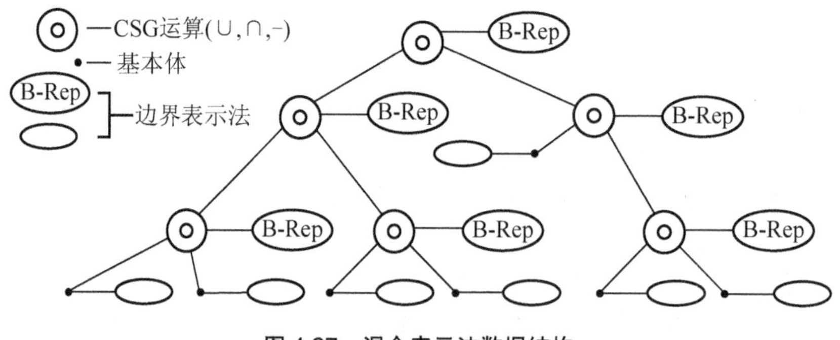

图 4.27　混合表示法数据结构

混合模式是在 CSG 基础上的逻辑扩展，起主导作用的是 CSG 结构，结合 B-Rep 的优点，可以完整地表达物体的几何、拓扑信息，便于构造产品模型，使造型技术大大前进了一步。

CSG 表示法和 B-Rep 表示法都有各自的特点，单独使用任何一种表示法都不太理想，不能很好地满足实体建模的各种要求。从用户进行建模的角度看，CSG 法较为方便，但从对形体的存储管理和操作来看，B-Rep 法更为实用。对 CAD/CAM 的集成工作而言，单纯的几何模型已不能满足要求，而需要将产品的设计和制造信息与几何模型信息相结合，进而发展成产品模型。由于产品零件的形状特征、设计参数、公差等与 CSG 中的体素密切相关，将这些信息加到 CSG 模型上比较方便，而零件的一些加工信息(如表面粗糙度、加工余量等)加在 B-Rep 模型的面上比较合理。对于图形显示和交互操作而言，B-Rep 模型易于实现，而 CSG 法则较难实现或效率极低。

目前大多数 CAD/CAM 系统都以 CSG 和 B-Rep 的混合表示作为形体数据表示的基础，即以 CSG 模型表示几何造型的过程及其设计参数，用 B-Rep 模型维护详细的几何信息和进行显示、查询等操作。在基于 CSG 模型的造型中，可将形状特征、参数化设计引入造型过程中的体素定义、几何变换及最终的几何模型中，而 B-Rep 信息的细节则为这些设计参数提供参考几何信息或基准。CSG 和 B-Rep 信息的相互补充确保了几何模型信息的完整和正确。

4) 空间单元表示法

空间单元表示法又称分割法，其基本思想是将一个三维实体有规律地分割为有限个单元，这些单元均为具有一定大小的立方体，在计算机内部通过定义各单元的位置被占用与否来表示实体，如图 4.28 所示。单元表示法可用于二维图形，也可用于空间三维实体。对于二维图形，其数据结构可用四叉树结构表示，三维实体则采用八叉树结构表示。如图 4.29 所示，将立方体分割成八个子立方体，依次判断每个子立方体。若为空则表示无实体；若为满则表示有实体充满；若判断结果为部分有实体填充，则将该子立方体继续分解，直到所有的子立方体为空、为满或达到给定的精度为止。该方法是一种数字化的近似表示法，单元的大小决定了单元分解的精度，因此该方法需要大量的存储空间，且不能表达各部分之间的拓扑关系，没有点、线、面等形体单元的概念。但其算法简单，容易实现并、交、差等集合运算，易于检查实体间的碰撞干涉，便于消隐和输出显示，是物理计算和有限元计算的基础。该方法常用于描述比较复杂的，尤其是内部有孔或具有凸凹等不规则表面的实体。

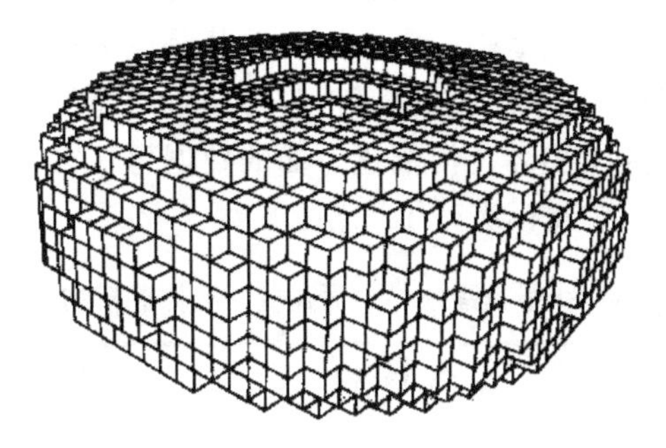

图 4.28　空间单元表示法表示圆环

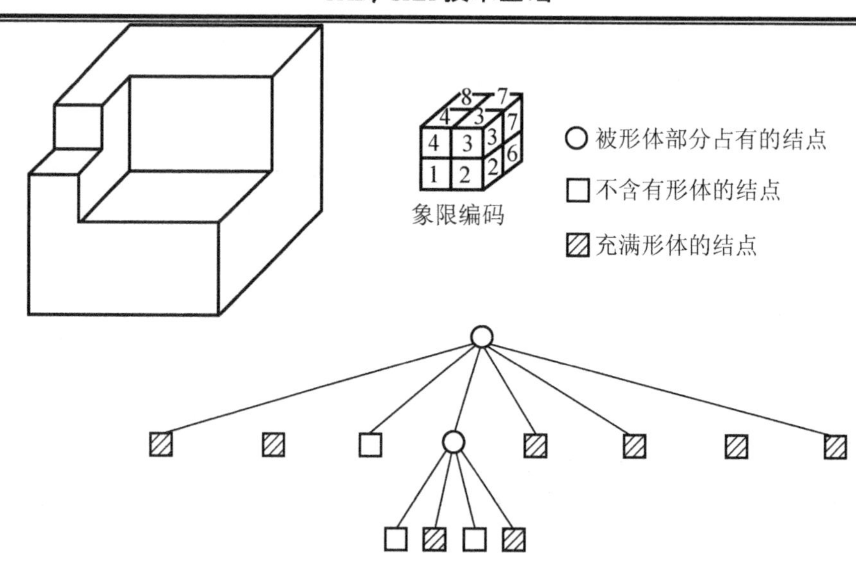

图 4.29　三维实体单元表示的八叉树数据结构

5) 其他表示法

目前，实体建模表示方法还有半空间法、实体的参数表示法等。

(1) 半空间法。该方法是利用 TIPS(Technical Information Processing System)系统形成 CAD/CAM 多功能的实体造型试验系统。TIPS 的几何定义语句格式与 APT 语言很相似，用于绘制立体图、剖视图，计算形体的质量、惯性矩，自动生成有限元网格，产生数控加工的粗铣和精铣走刀轨迹，用明暗图显示切削过程的仿真视景等。

(2) 实体参数表示法。成组技术的发展使零件可按族分类，这些族类零件可由几个关键参数来表示，其余形状尺寸都按一定的比例由这些参数来确定。当输入一组具体的参数值后，其余尺寸可根据参数值由程序确定，这样一个零件的实体就生成了。这种方法适于较简单的零件，故应用领域较窄，但其表达方法简练，使用起来也较方便，在建立标准件或常用件图形库时经常采用这种方法。

4. 实体建模的特点

实体建模系统对结构体的几何和拓扑信息表达克服了线框建模存在二义性以及曲面建模容易丢失面信息等缺陷，从而可以自动进行真实感图像的生成和物体间的干涉检查，具有一系列优点，所以在设计与制造中广为应用，尤其是在运动学分析、干涉检验、有限元分析、机器人编程和五坐标数控铣削过程模拟等方面已成为不可缺少的工具。产品设计、分析和制造工序所需要的关于物体几何描述方面的数据可从实体模型中取得。表 4-4 所示对线框建模、表面建模、实体建模进行了比较。

表 4-4　线框建模、表面建模、实体建模的比较

比较项目	线框建模	表面建模	实体建模
对计算机硬件的要求	低	高	高
模型的数据量	小	较大	大
对结构体进行渲染的能力	无	可以	可以

续表

比较项目	线框建模	表面建模	实体建模
对零部件进行干涉检查的能力	无	基本可以	可以
实施零部件装配的能力	无	基本可以	可以
进行结构体物性计算的能力	与棱线长度相关的物性计算	可以	可以
生成有限元网络模型的能力	杆、梁单元模型	板、壳单元模型	任意单元模型
进行数控加工编程的能力	2 轴或 2 轴半	2～5 轴	2～5 轴

由上表可见，实体建模是实现工程设计和制造集成化和自动化的重要手段，是实现高度自动化 CAD/CAM 系统的基础。

4.3　特征建模技术

特征建模是建立在实体建模的基础上，加入了包含实体的精度信息、材料信息、技术要求和其他有关信息，另外还包含一些动态信息，如零件加工过程中工序图的生成、工序尺寸的确定等信息，以完整地表达实体信息。特征是一种综合概念，它是实体信息的载体，特征信息是与设计、制造过程有关的，并具有工程意义。在实际应用中，从不同的应用角度可以形成具体的特征意义。

特征建模技术近几年发展很快，ISO 颁布的 PDES/STEP 标准已将部分特征信息(形状特征、公差特征等)引入产品信息模型。现也有一些 CAD/CAM 系统(如 Pro/ENGINEER 等)开始采用了特征建模技术。

4.3.1　特征建模概述

特征建模的方法涉及交互式特征定义、特征识别和基于特征识别的设计三个方面。

1. 交互式特征定义

这种方法是利用现有的实体建模系统建立产品的几何模型，由用户进入特征定义系统，通过图形交互拾取，在已有的实体模型上定义特征几何所需要的几何要素，并将特征参数或精度、技术要求、材料热处理等信息作为属性添加到特征模型中。这种方法简单，但效率低，难以提高自动化程度，实体的几何信息与特征信息间没有必然的联系，难以实现产品数据的共享，人为的错误易于在信息处理中发生。

2. 特征自动识别

将设计的实体几何模型与系统内部预先定义的特征库中的特征进行自动比较，确定特征的具体类型及其他信息，形成实体的特征模型。具体实现步骤如下：

(1) 搜索产品几何数据库，从中找出与其特征匹配的具体类型；

(2) 从数据库中选择并确定已识别的特征信息；

(3) 确定特征的具体参数；

(4) 完成特征几何模型；

(5) 组合简单特征，以获得高级特征。

特征自动识别实现了实体建模中特征信息与几何信息的统一，从而实现了真正的特征建模。特征自动识别一般只对简单形状有效，且仍缺乏 CAPP 所需的公差、材料等属性。特征自动识别存在的问题是不能伴随实体的形成过程实现特征体现，只能事后定义实体特征，再对已存在的实体建模进行特征识别与提取。

3. 基于特征识别的设计

利用系统内已预定义的特征库对产品进行特征造型或特征建模。也就是设计者直接从特征库中提取特征的布尔运算(即基本特征单元的不断“堆积”)，最后形成零件模型的设计与定义。目前应用最广的 CAD 系统就是基于特征的设计系统，它为用户提供了符合实际工程的设计概念和方法。

4.3.2 特征建模的原理

1. 特征的定义及特征建模系统的构成

1) 特征的定义

自 20 世纪 70 年代末提出特征的概念以来，特征至今仍没有一个严格的、完整的定义。在实际应用中，随着应用角度的不同可以形成具体的特征定义。从设计角度看，特征分为设计特征、分析特征、管理特征等；从形体造型角度看，特征是一组具有特定关系的几何或拓扑元素；从加工角度看，特征被定义为与加工、操作和工具有关的零部件形式及技术特征。总之，特征反映了设计者和制造者的意图。

2) 特征建模系统的构成体系

以实体造型为基础建立各种特征库，构成具有特征造型的 CAD 系统，从产品设计到形成产品实体，经历了从各种特征库提取特征来描述产品并构造产品的信息数据库的过程。特征建模包括形状特征模型、精度特征模型、材料热处理特征模型、装配特征模型、管理特征模型等。

(1) 形状特征模型：主要包括几何信息、拓扑信息，如描述零件的几何形状及与尺寸相关的信息的集合，包括功能形状、加工工艺形状等。

(2) 精度特征模型：用来表达零件的精度信息，包括尺寸公差、形位公差、表面粗糙度等。

(3) 材料热处理特征模型：用来表达与零件材料有关的信息，包括材料的种类、性能、热处理方式、硬度值等。

(4) 装配特征模型：描述有关零部件装配的信息，如零件的配合关系、装配关系等。

(5) 管理特征模型：描述与零件管理有关的信息，如标题栏和各种技术要求等。

在所有的特征模型中，形状特征模型是描述零件或产品的最主要的特征模型，它是其他特征模型的基础。根据形状特征在构造零件中所发挥的作用不同，可分为主形状特征和辅助形状特征。除以上特征外，针对箱体类零件还要提出方位特征，即零件各表面的方位信息的集合，如方位标志、方位面外法线与各坐标平面的夹角等。另外，工艺特征模型中还要提出尺寸链特征，即反映尺寸链信息的集合。

3) 形状特征的分类

图 4.30 所示为零件形状特征的分类。

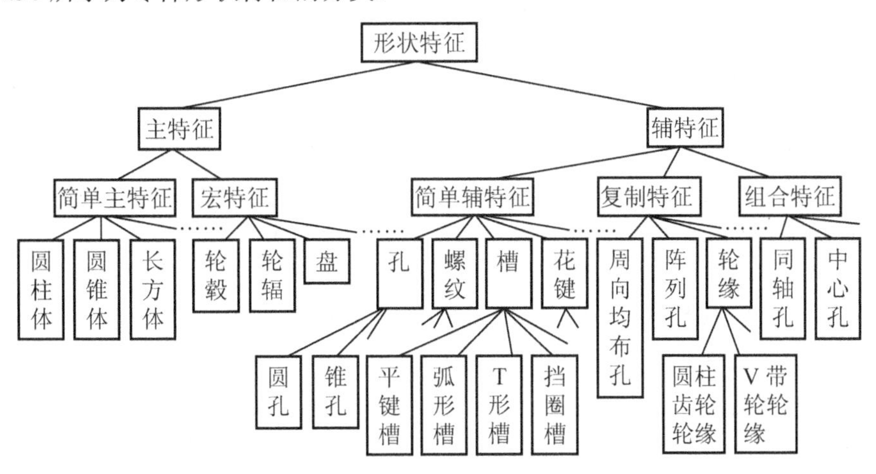

图 4.30　零件形状特征的分类

(1) 主特征。主特征用来构造零件的基本几何形体，根据特征形状的复杂程度又可分为简单主特征和宏特征两类：

① 简单主特征主要指圆柱体、圆锥体、长方体、圆球、球缺等简单的基本几何形体。

② 宏特征指具有相对固定的结构形状和加工方法的形状特征，其几何形状比较复杂，而又不便于进一步细分为其他形式特征的组合。如盘类零件、轮类零件的轮辐和轮毂等，基本上都是由宏特征及附加在其上的辅助特征(如孔、槽等)构成。定义宏特征可以简化建模过程，避免各个表面特征的分别描述，并且能反映出零件的整体结构、设计功能和制造工艺等。

(2) 辅特征。辅特征是依附于主特征之上的几何形状特征，是对主特征的局部修饰，反映了零件几何形状的细微结构。辅特征依附于主特征，也可依附于另一辅特征。螺纹、花键、V 形槽、T 形槽、U 形槽等单一特征，可以附加在主特征之上，也可以附加在辅特征之上，从而形成不同的几何形体。例如，若将螺纹特征附加在主特征外圆柱体上，则可形成外圆柱螺纹；若将其附加在内圆柱面上，则形成内圆柱螺纹。同理，花键也相应可形成外花键和内花键。这样，无需逐一描述内螺纹、外螺纹、内花键和外花键等形状特征，从而避免了由特征的重复定义而造成特征库数据的冗余现象。

(3) 组合特征。指由一些简单辅特征组合而成的特征，如中心孔、同轴孔等。

(4) 复制特征。指由一些同类型辅特征按一定的规律在空间的不同位置上复制而成的形状特征，如周向均布孔、矩形阵列孔、油沟密封槽、轮缘(如 V 带轮槽等)。

2. 特征建模的功能

特征建模具有以下功能：

(1) 预定义特征并建立特征库；

(2) 利用特征库实现基于特征的零件设计；

(3) 支持用户去自定义特征，并完成特征库的管理操作；

(4) 对已有的特征进行删除和移动操作；

(5) 在零件设计中能实现提取和跟踪有关几何属性等功能。

3. 特征建模的特点

特征建模着眼于表达产品完整的技术和生产管理信息，且这种信息涵盖了与产品有关的设计、制造等各个方面，为建立产品模型统一的数据库提供了技术基础。特征建模是利用计算机进行理解和处理统一的产品模型，替代了过去传统的产品设计方法，它可使产品的设计与生产准备同时进行，从而加强了产品的设计、分析、工艺准备、加工与检验等各部门间的联系，更好地将产品的设计意图贯彻到后续环节，并及时得到后续环节的意见反馈，为基于统一产品信息模型的新产品进行 CAD/CAE/CAPP/CAM 的集成创造了条件。

特征建模使产品设计工作得到了改进。设计人员面对的不再是点、线、面、实体。而是产品的功能要素，如定位孔、螺纹孔、键槽等，因而能使设计者利用特征的引用直接去体现设计意图，进行创造性的设计。

4.3.3 特征间的关系

为了方便描述特征之间的关系，提出了特征类、特征实例的概念。特征类是关于特征类型的描述，是具有相同信息性质或属性的特征概括。特征实例是对特征属性赋值后的一个特定特征，是特征类的成员。特征类之间、特征实例之间、特征类与特征实例之间有如下的关系：

(1) 继承关系。继承关系构成特征之间的层次联系，位于层次上级的称为超类特征，位于层次下级的称为亚类特征。亚类特征可继承超类特征的属性和方法，这种继承关系称为 AKO(A-Kind-Of)关系，如特征与形状特征之间的关系等。另一种继承关系是特征类与特征实例之间的关系，这种关系称为 INS(INStance)关系，如某一具体的圆柱体是圆柱体特征类的一个实例，它们之间反映了 INS 关系。

(2) 邻接关系。反映形状特征之间的相互位置关系，用 CONT(CONnect-To)表示。构成邻接联系的形状特征之间的邻接状态可共享，例如，一根阶梯轴，每相邻两个轴段之间的关系就是邻接关系，其中每个邻接面的状态可共享。

(3) 从属关系。描述形状特征之间的依从或附属关系，用 IST(Is-Subordinate-To)表示。从属的形状特征依赖于被从属的形状特征而存在，如倒角附属于圆柱体等。

(4) 引用关系。描述形状特征之间作为关联属性而相互引用的联系，用 REF(REFerence)表示。引用关系主要存在于形状特征对精度特征、材料特征的引用中。

4.3.4 特征建模的表达方式

特征的表达主要包括两方面的内容：一是表达几何形状的信息，二是表达属性或非几何信息。根据几何形状信息和属性在数据结构中的关系，特征表达可分为集成表达模式与分离模式两种模式。集成表达模式是将属性信息与几何形状信息集成地表达在同一内部数据结构中。分离模式是将属性信息表达在外部的，与几何形状模型分离的外部结构中。

集成表达模式的优点：

(1) 可避免分离模式中内部实体模型数据和外部数据的不一致和冗余；

(2) 可同时对几何模型与非几何模型进行多种操作，因而用户界面友好；

(3) 可方便地对多种抽象层次的数据进行存取和通信，从而满足不同应用的需要。

集成表达模式的缺点：现有的实体模型不能很好地满足特征表达的要求，需要从头开始设计和实施全新的基于特征的表达方案，工作量较大。因此，也有些研究者采用分离模式。

几何形状信息的表达有隐式表达和显式表达之分。隐式表达是特征生成过程的描述。例如，对于圆柱体，显式表达将含有圆柱面、两个底面及边界细节，而隐式表达则用圆柱的中心线、圆柱的高度和直径来描述。隐式表达的特点：

(1) 用少量的信息定义几何形状，因此简单明了，并可为后续的应用(如 CAPP 等系统)提供丰富的信息；

(2) 便于将基于特征的产品模型与实体模型集成；

(3) 能够自动地表达在显式表达中不便或不能表达的信息，能为后续应用(如 NC 仿真与检验等)提供准确的低层次信息；

(4) 能表达几何形状复杂(如自由曲面)而又不便采用显式表达的几何形状与拓扑结构。

无论是显式表达还是隐式表达，单一的表达方式都不能很好地适应 CAD/CAM 集成对产品特征从低层次信息到高层次信息的需求。显式与隐式混合表达模式是一种能结合这两种表达方式优点的形状表达模式。

4.3.5　特征库的建立

建立特征模型，进行基于特征的设计、工艺设计及工序图绘制等，必须有特征库的支持。调用特征库中的特征，可以对零件进行产品定义、拼装零件图和 CAPP 中的工序图等，因此特征库是基于特征的各系统得以实现的基础。

为满足基于特征的各系统对产品信息的要求，特征库应有下列功能：

(1) 包含足够的形状特征，以适应众多的零件；

(2) 包含完备的产品信息，既有几何信息、拓扑信息，又具有各类特征信息，还包含零件的总体信息；

(3) 特征库的组织方式应便于操作和管理，方便用户对特征库中的特征进行修改、增加和删除等。

要满足特征库的上述要求，特征库中应包含完备的产品定义数据，并能实现对管理特征、技术特征、形状特征、精度特征和材料特征等的完整描述。因此特征库应包括上述五类特征的全部信息。为使特征的表达能方便地实现特征库的功能，特征库可以采用以下不同的组织方式：

(1) 图谱方式，画出各类特征图，附以特征属性，并建成表格形式。该方式简单、直观，但只能查看而无法实现计算机操作；

(2) 用 EXPRESS 语言对特征进行描述，建成特征的概念库。EXPRESS 语言是 PDES/STEP 推荐的一种计算机可处理的形式建模语言，用它来建立特征库，可使基于特征的计算机辅助系统根据系统本身的软件和硬件的需要，映射为适合于自身的实现语言(如将

EXPRESS 语言映射为 C 语言或 C++等)来描述特征。进行产品设计和工艺设计时，可直接调用特征库程序文件，进行绘图和建立产品信息模型等。

4.3.6 基于特征的零件信息模型

1. 基于特征的零件信息模型的总体结构

一个完整的产品模型不仅是产品数据的集合，还应反映出各类数据的表达方式以及相互间的关系。只有建立在一定表达方式基础上的产品模型，才能有效地为各应用系统所接受和处理。作为完整表达产品信息的零件模型应该包括表达各类特征的特征模型，即管理特征模型、形状特征模型、精度特征模型、材料热处理特征模型和技术特征模型等。

基于特征的零件信息模型的总体结构如图 4.31 所示，它表示了零件信息模型的分层结构，即零件层、特征层和几何层等三个层次。零件层主要反映零件的总体信息，是关于零件子模型的索引指针或地址；特征层是一系列的特征子模型及其相互关系；几何层反映零件的点、线、面的几何、拓扑信息。分析这个模型结构可知，零件的几何信息、拓扑信息是整个模型的基础，同时也是零件图绘制、有限元分析等应用系统关心的对象。而特征层则是零件模型的核心，层中各种特征子模型之间的相互联系反映了特征间的语义关系，使特征成为构造零件的基本单元而具有高层次的工程含义，该模型可以方便地提供高层次的产品信息，从而支持面向制造的应用系统(如 CAPP、NC 编程、加工过程仿真等)对产品数据的需求。

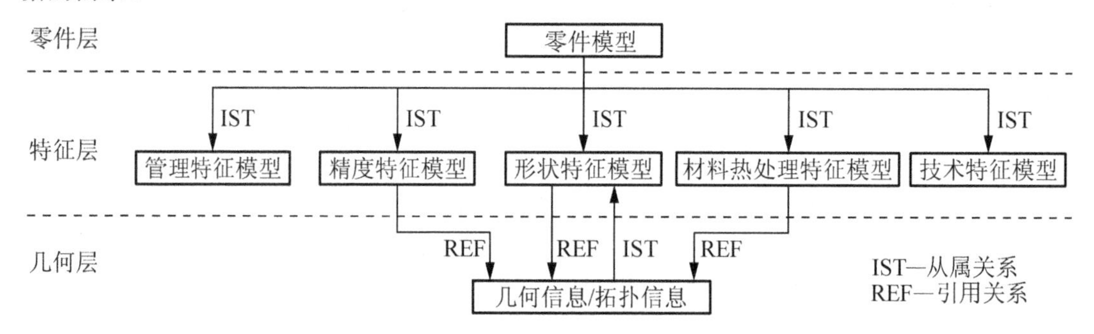

图 4.31 基于特征的零件信息模型的总体结构

2. 基于特征的零件信息模型的数据结构

1) 管理特征模型的数据结构

管理特征主要是描述零件的总体信息和标题栏信息，如零件名、零件类型、GT 码、零件的轮廓尺寸(最大直径、最大长度)、质量、件数、材料名、设计者、设计日期等，其数据结构如表 4-5 所示，图中各符号含义如图 4.32 所示。

表 4-5 管理特征模型的数据结构

零件类型	零件名	图号	GT 码	件数	材料名	设计者	设计日期	其他
E	S	S	S	I	S	S	S	

2) 形状特征模型的数据结构

形状特征模型包括几何属性、精度属性、材料热处理属性及关系属性等。几何属性可描述形状特征的公称几何体，包括形状特征本身的几何尺寸(即定形尺寸)、形状特征的定位坐标和定位基准等。精度属性是指几何形体的尺寸公差、形状公差、位置公差和表面粗糙度。材料热处理属性是指形状特征上具有某些特殊的热处理要求，如某一表面的局部热处理要求。关系属性是指形状特征之间的联系，表明它们之间是邻接联系还是从属联系，以及形状特征与精度特征、材料热处理特征之间相互引用联系等。形状特征模型的数据结构如图 4.32 所示。

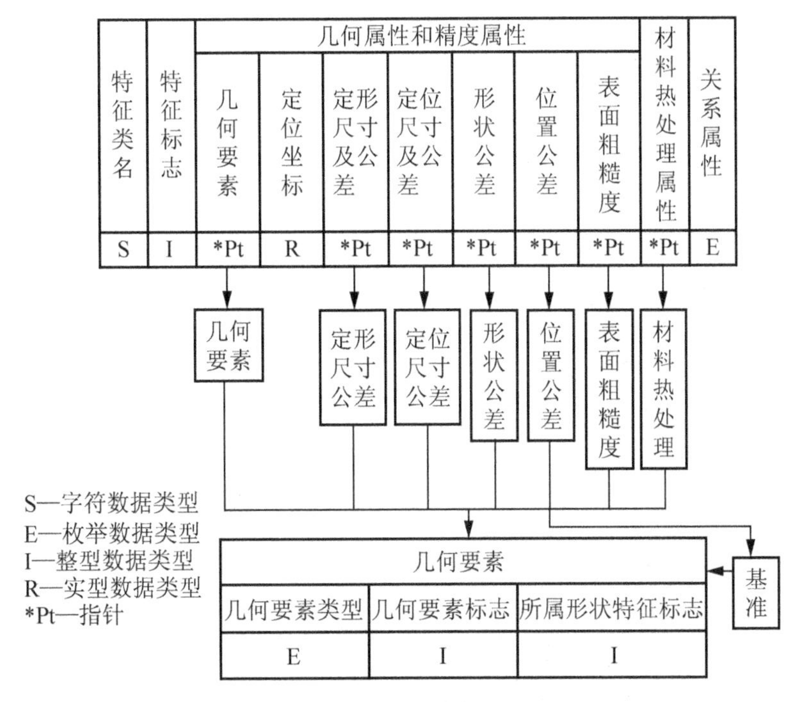

图 4.32　形状特征模型的数据结构

3) 精度特征模型的数据结构

精度特征模型的信息内容大致分为三部分：

(1) 精度规模规范信息。包括公差类别、精度等级、公差值和表面粗糙度。尺寸公差包括公差值、上偏差、下偏差、公差等级、基本偏差代号等。几何公差包括形状公差和位置公差。

(2) 实体状态信息。实体状态信息是指最大实体状态和最小实体状态。

(3) 基准信息。对于关联几何实体则必须具有基准信息。

精度特征模型的数据结构如图 4.33 所示，图中各符号的含义见图 4.32。

4) 材料热处理特征模型的数据结构

包括材料信息和热处理信息。材料信息包括材料名称、牌号、力学性能参数；热处理信息包括热处理方式、硬度单位和硬度值的上、下限等。材料热处理特征模型的数据结构如图 4.34 所示，图中各符号的含义见图 4.32。

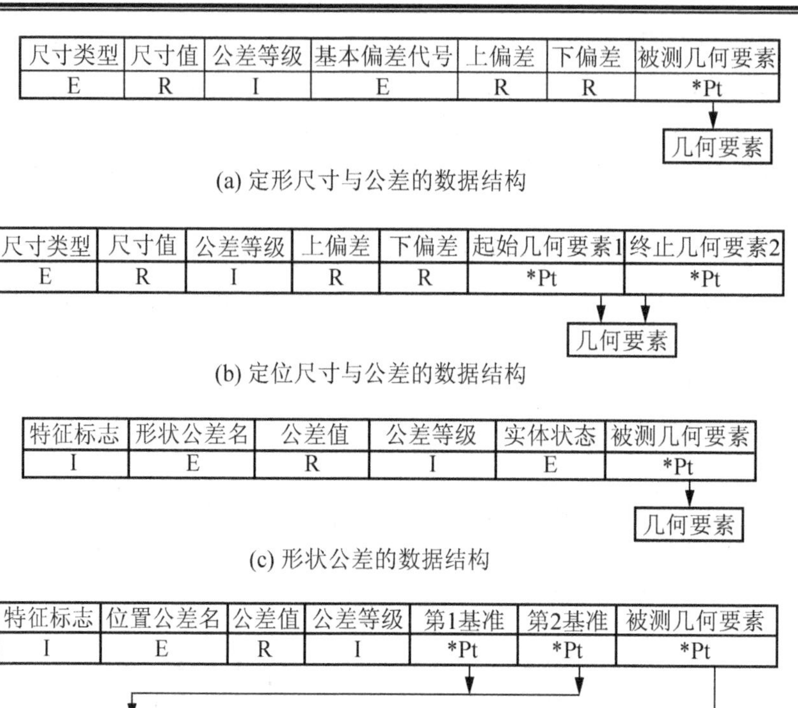

(a) 定形尺寸与公差的数据结构

(b) 定位尺寸与公差的数据结构

(c) 形状公差的数据结构

(d) 位置公差的数据结构

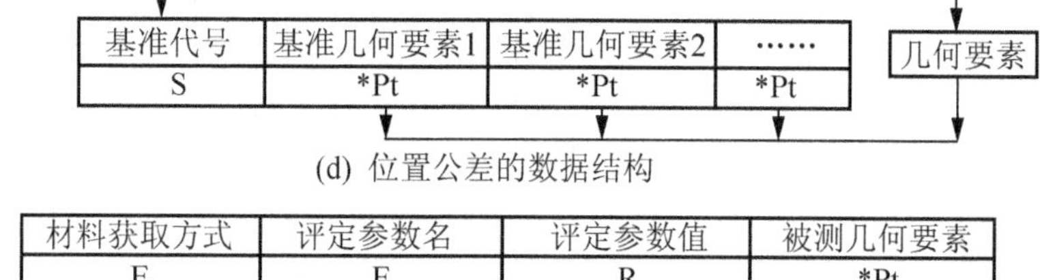

(e) 表面粗糙度的数据结构

图 4.33 精度特征模型的数据结构

材料名	力学性能参数	性能上限值	性能下限值
S	E	R	R

热处理方式	热处理工艺名	硬度单位	最高硬度值	最低硬度值	被测几何要素
E	E	E	I	I	*Pt

几何要素类

图 4.34 材料热处理特征模型的数据结构

5) 技术特征模型的数据结构

技术特征模型的信息包括零件的技术要求和特性表等。这些信息没有固定的格式和内容，因而很难用统一的模型来描述。

4.3.7 特征建模技术的实施与发展

特征建模是 CAD 建模方法的一个重要里程碑，它是在 CAD/CAM 技术的发展和应用达到一定水平，产品的设计、制造、管理过程的集成化和自动化要求不断提高的历史进程中逐渐发展完善起来的。

特征概念包含了丰富的工程语义，所以利用特征的概念进行设计是实现设计与制造集成的一种行之有效的方法。利用特征的概念进行设计的方法经历了特征识别及基于特征的设计两个阶段。特征识别是首先进行几何设计，然后在建立的几何模型上，通过人工交互或自动识别算法进行特征的搜索、匹配。由于特征信息的提取和识别算法相当困难，所以只适用一些简单的加工特征识别，并且形状特征之间的关系无法表达。为此，提出了基于特征设计的思想，直接采用特征建立产品模型，而不是事后再识别，即特征建模。

目前国内外大多数特征建模系统的研究都是建立在原有三维实体建模系统的基础上。这是因为三维实体建模的 CAD 软件已比较完善，具有较强的几何及拓扑处理、图形显示及自动网格划分等多项功能，在此基础上可方便地增加一些特征的描述信息，建立特征库，并将几何信息与非几何信息描述在一个统一的模型中，设计时将特征库中预定义的特征实例化，并作为建模的基本单元，实现产品建模。

以回转体中的轴类零件特征建模系统为例简单说明特征建模技术的实施过程。表 4-6 所示是根据轴类零件的设计需要归纳出来的基本特征(也可看作体素)，且这些特征都是采用参数化方式进行形状、尺寸、位置定义的。表中第一列是特征名称，在 CAD 系统的操作中主要是帮助设计者检索；第二列是特征代码，主要用于系统内部的有关链接匹配；第三列是特征简图，其中字母为该特征的参数，即调用该特征时这些变量必须实例化；第四列是对参数几何意义的声明。为简单起见，表中并未列出这些特征参数的约束、关系等。

当有了这些特征之后，从事轴类零部件开发的工程技术人员可以非常方便地在 CAD 系统上组合出所需要的方案，图 4.35 所示是由这些特征拼合而成的轴类零件的示例。从图中可以看出，最终的零件利用表 4-6 中提供的四个简单特征就可以很方便地组合出来。

表 4-6　用于轴类零件设计的基本特征

特征名称	特征代码	特征简图	参　数
光滑圆柱	10	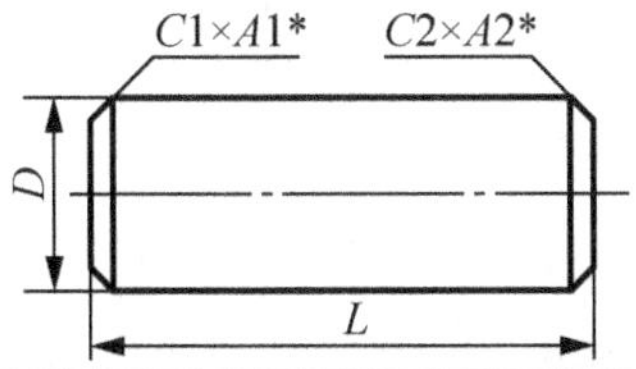 C1×A1*　C2×A2*　D　L	直径 *D*，长度 *L* 左倒角 *C*1、*A*1 右倒角 *C*2、*A*2
矩形空刀槽	12	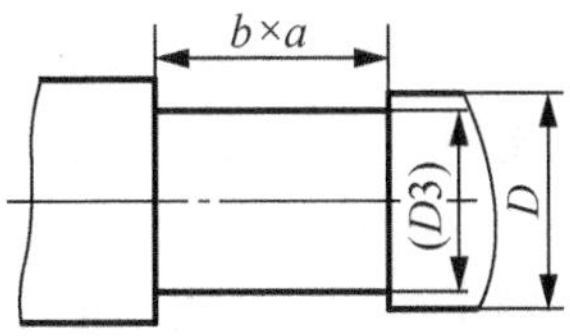 b×a　(D3)　D	槽宽 *b* 槽深 *a* 直径 *D*
光滑圆孔	20	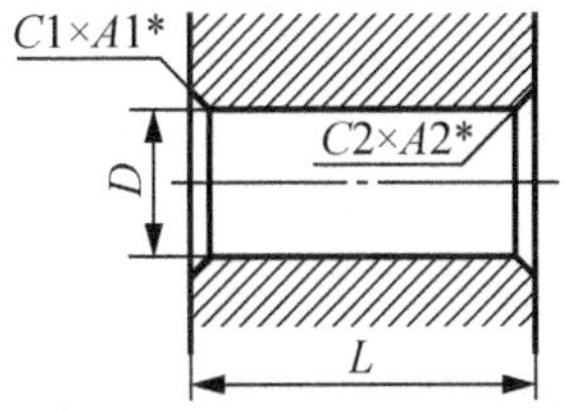 C1×A1*　C2×A2*　D　L	直径 *D*，长度 *L* 左倒角 *C*1、*A*1 右倒角 *C*2、*A*2

续表

特征名称	特征代码	特征简图	参　　数
锥底光滑盲孔	2A		直径 D 长度 L 倒角 C、A
轴上键槽	51		槽长 b，槽宽 a 槽深 L 直径 D
B 型中心孔	2B		锥度 A 直径 D、d 孔深 l、L

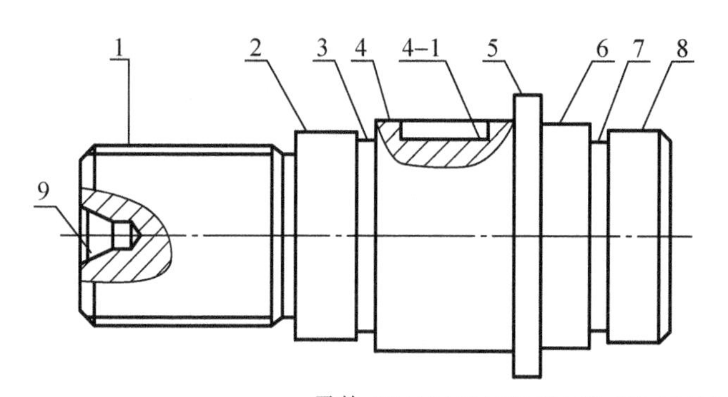

1—带空刀米制外螺纹(32)
2—光滑圆柱(10)
3—矩形空刀槽(12)
4—光滑圆柱(10)
4-1—轴上键槽(立铣)(51)
5—光滑圆柱(10)
6—光滑圆柱(10)
7—矩形空刀槽(12)
8—光滑圆柱(10)
9—B型中心孔(2B)

零件=32+10+12+10+51+10+10+12+10+2B

图 4.35　轴类零件特征设计示例

综上所述，实施特征建模技术时主要应解决以下问题：

(1) 选取合适的几何造型平台。原则上特征建模技术可以在任何 CAD 造型系统上实现，但重要的是要考虑产品特征定义的信息需求，特征的定义应该能够反映产品的几何造型、加工工艺、装配过程、性能特点等诸多方面信息描述的要求。因为特征建模技术要求以功能体素作为增、删、移位等的操作单元，在实际使用中对线框建模的数据进行操作和修改无疑要比实体建模的数据容易得多，因此，特征建模的几何平台取决于产品的要求。

(2) 定义完整的参数化模板。特征的参数化模板不仅应该能够反映所定义的特征自身数据以及数据之间的关系和约束条件，同时因为具体的产品零部件是若干特征的集合，是特征与特征通过某种连接(或称做装配、粘贴等)进行组合的，因此，用于特征定义的参数化模板须有定义这种连接的数据项、基准线或面以及用于指导产品开发者操作的导航说明。

(3) 标志出共享面、线的属性。两个邻接的基本体素之间的共享面或线称为连接面或连接线，在特征建模的数据结构中标志连接面或连接线及其属性可以便于从父结点的特征出发迅速找到它某一面、线上所派生出的各个子特征；共享面、线在零件整体的尺寸标注、公差及其基准的确定中具有重要作用。

(4) 选择派生体素的计算表达方式。零部件的几何体是通过特征与特征的组合生成的，在这一系列过程中，可以将形体分解为正规的体素(或者说是特征体素)和相贯体素(也即由于几何体的并、交、差运算产生的体素)两种类型。快速处理相贯体素的一种方法就是设计一种虚面结构特征的数据结构，在它的每个体素下属面表中显式地表示出该体素隶属的每一张面：面有属性定义(例如编号、几何类型、表面粗糙度等)、边棱线定义(例如编号、类型、结点链表等)；边类型的数据足以保证在屏幕上快速显示体素的各个面，为交互操作和二维出图提供方便。对于实面结构特征的数据来说，像工程结构中常用的基本体素如平面、二次曲线构成的直纹面、圆柱面、球面等，当已知面的边界和几何类型后，可以迅速生成面的表达式。这样就可以不存储面的几何信息，每张面各留下一个 NURBS 空指针作为备用。例如，一个圆柱体体素，只存储上下底面和圆柱面的边棱线，也就是两个圆和两条直母线即可；虚面结构特征的数据记录的是相贯线、面的信息，当虚面变为可见面、线时，虚面转变为实面，例如，在曲面的零件表面上钻孔，曲面上孔的边棱线为不规则的交线，相当于引入了相贯体素，这时需要将边棱线围成的虚面变成实面，在相贯体素间求出交线，生成裁剪曲面。

(5) 确定具有参数驱动的尺寸自动标注功能。特征建模系统往往配有三维尺寸标注功能，在操作体素的过程中自动标注各个体素自身的定义尺寸和相对于基准面的定位尺寸，这些尺寸都可以交互修改，实现尺寸驱动的参数化设计。尽管特征的拼合处理与实体建模方式有相似之处，但两者在数据驱动范围上有本质的区别。实体建模中如果采用 CSG 法的模型，那么该模型的树结构中各个体素都在零件坐标系中定位，任一体素的尺寸、形状和位置的更改一般来说都是独立于其他任何体素(包括相贯体素)的，因此，修改后的几何体必须在重新执行了逻辑运算后才能得到，而特征建模系统中，子特征在父特征连接面的局部坐标系中定位，用于任意特征形状描述或位置描述的参数、约束、关系的修改都可以采用局部操作来实现，从而自动保持体素间的连接关系不变。

这种基于特征的设计扩大了建模体素的集合，给用户带来很大便利，同时也为产品设计实现高效率、标准化、系列化提供了条件。从加工角度看，由于特征对应着一定的加工方法，所以工艺规程制定也比较容易进行，简化了 CAPP 决策逻辑，尤其是面向对象技术的应用，将特征与加工方法封装，实现了程序的结构化、模块化、柔性化。最近几年在基于特征的 CAPP、基于特征的数控编程方面进行了很多研究。由于设计特征与制造特征的对应关系，在 CADD 设计完成后，CAPP、CAM 可直接将特征设计的结果作为输入，自动生成工艺过程和数控加工程序，实现了具有统一数据库、统一界面的集成 CAD/CAPP/CAM 系统。

特征建模技术是正在研究发展中的技术，至今还有很多难题有待进一步研究。例如，特征的严格数学定义、特征所能胜任的零件复杂度、特征如何体现零件的功能要求以及功能特征与制造特征的映射等。

4.4 装配建模技术

在用计算机完成零件造型后，根据设计意图将不同零件组装配合在一起，形成与实际产品相一致的装配体结构，以供设计者分析评估，这种技术称为装配建模技术。装配建模是通过各种各样的配合约束来建立零件之间的连接关系的。采用参数化技术将零件组装成装配体与用参数化技术将特征组装成零件的过程非常相似。现代装配建模大多采用参数化方法，同时对于大型的复杂装配往往需要借助于特殊的技术来提高工作效率，而不仅仅限于零件的简单组合。

4.4.1 装配模型的表示

通常，一个复杂产品可分解成多个部件，每个部件又可以根据复杂程度的不同继续划分为下一级的子部件，以此类推，直至零件。这就是对产品的一种层次描述，采用这种描述可以为产品的设计、制造和装配带来很大的方便。同样，产品的计算机装配模型也可表示成这种层次关系，如图4.36所示。

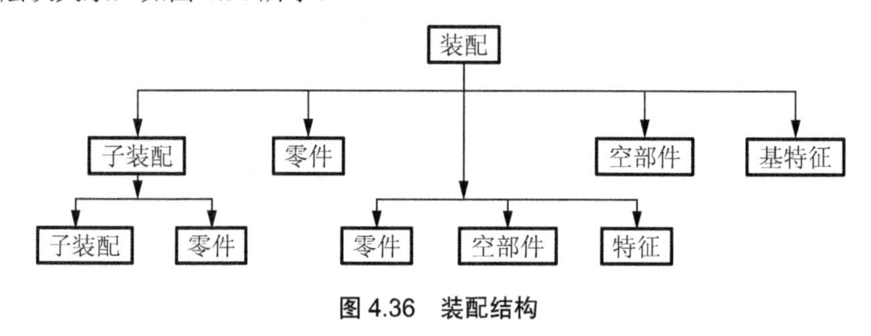

图4.36 装配结构

1. 部件

组成装配的基本单元称为部件。部件是一个包封的概念。一个部件可以是一个零件或一个子装配体。也可以是个空部件。一个装配是由一系列部件按照一定的约束关系组合在一起的。部件既可以在当前的装配文件中创建，也可以在外部装配模型文件中建立，然后引用到当前文件中。

2. 根部件

根部件是装配模型的最顶层结构，也是装配模型的图形文件名。当创建一个新模型文件时，根部件就自动产生，此后引入该图形文件的任何零件都会跟在该根部件之后。注意，根部件不是一个具体零部件，而是一个装配体的总称。

3. 基部件

基部件是指进入装配中的第一个部件。基部件不能被删除或禁止，不能被阵列，也不能改变成附加部件，它是装配模型的最上层部件。基部件在装配模型中的自由度为零，无须施加任何装配约束。

4. 子装配体

当某一个装配体是另一个装配体的零部件时，称为子装配体。子装配体常用于更高一层的装配建模中作为一个部件被装配。子装配体可以多层嵌套，以反映设计的层次关系。合理地使用子装配体对于大型装配有重要的意义。

5. 爆炸图

为了清楚地表达一个装配，可以将部件沿其装配的路线拉开，形成所谓的爆炸图。爆炸图比较直观，常用于产品的说明插图，以方便用户的组装与维修。图 4.37 所示的是联轴器装配体及其爆炸图。

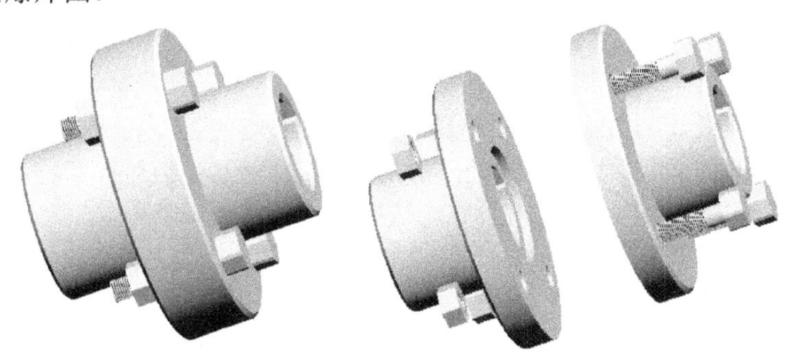

图 4.37　联轴器装配体及其爆炸图

6. 装配树

所有的部件添加在基部件上面，形成一个树状的结构称为装配树。整个装配建模的过程可以看成这棵装配树的生长过程。在一棵装配树中记录的是零部件之间的全部结构关系，以及零部件之间的装配约束关系。用户可以从装配树中选取装配部件，或者改变装配部件之间的关系。

4.4.2　装配约束技术

装配约束技术是指在装配造型中，通过在零部件之间施加配合约束来实现对零部件的自由度进行限制的一种技术。

1. 零部件自由度分析

零部件自由度描述了零部件运动的灵活性，自由度越大，零部件运动越灵活。在三维空间中，一个自由零件的自由度是六个，即三个绕坐标轴旋转的转动自由度和三个沿坐标轴移动的移动自由度。在给零部件的运动施加一系列约束限制后，零部件运动的自由度将减少。当某零部件的自由度为零时，则称该零部件完全定位。

2. 装配约束分析

装配建模的过程可视为对零部件的自由度进行限制的过程，其主要方式是对两个或多个零部件施加各种配合约束，从而确定它们之间的几何关系。

以下为装配建模中常见的几种配合约束类型。

(1) 贴合约束：贴合是一种最常用的配合约束，它可以对所有类型的物体进行定位安装。使用贴合约束可以使一个零件上的点、线、面与另一个零件上的点、线、面贴合在一起。使用此约束时要求两个项目同类，如对于平面对象，要求它们共面且法线方向相反，如图 4.38(a)所示；对于圆锥面，则要求角度相等，并对齐其轴线，如图 4.38(b)所示。

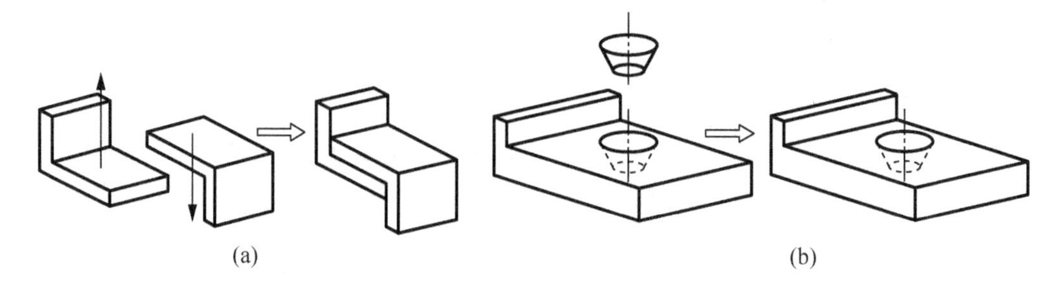

图 4.38　贴合约束

(2) 对齐约束：使用对齐可以使所选项目产生共面或共线关系。注意：当对齐平面时，应使所选项目的表面共面，且法线方向相同，如图 4.39 所示；当对齐圆柱、圆锥、圆环等对称实体时，应使其轴线相一致；当对齐边缘和线时，应使两者共线。

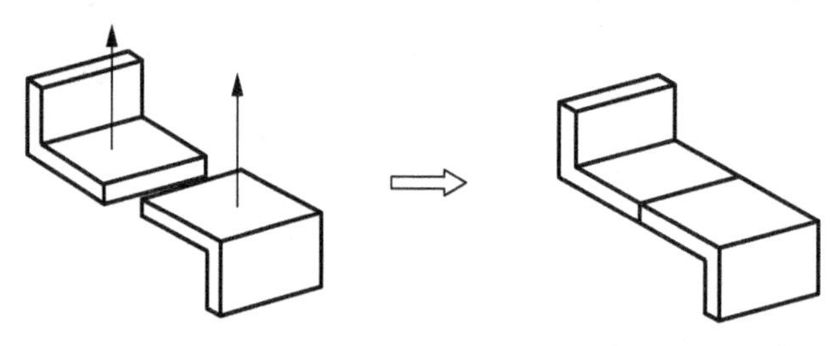

图 4.39　对齐约束

(3) 平行约束：使所选定位项目保持同向、等距。平行约束上要包括面-面、面-线、线-线等配合约束。

(4) 垂直约束：定位所选项目相互垂直。图 4.40 所示的是面-面之间的垂直配合约束。

(5) 相切约束：将所选项目放置到相切配合中(至少有一个选择项目必须为圆柱面、圆锥面或球面)，图 4.41 所示的是平面与圆柱面相切的相切配合约束。

(6) 距离约束：将所选的项目以彼此间指定的距离 d 定位。当距离为零时，该约束与贴合约束相同，也就是说，距离约束可以转化为贴合约束；反过来，贴合约束却不能转化为距离约束。图 4.42 所示的是指定面与面之间特定距离的距离配合约束。

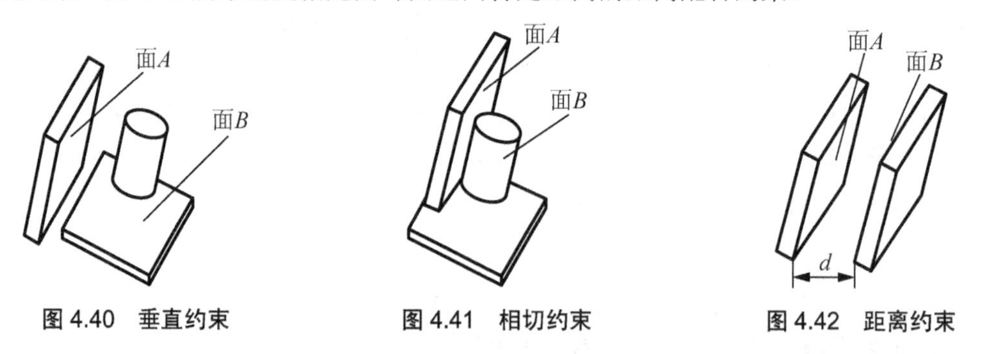

图 4.40　垂直约束　　图 4.41　相切约束　　图 4.42　距离约束

(7) 同轴心约束：将所选的项目定位于同一中心点。图 4.43 所示的是同轴心配合约束。

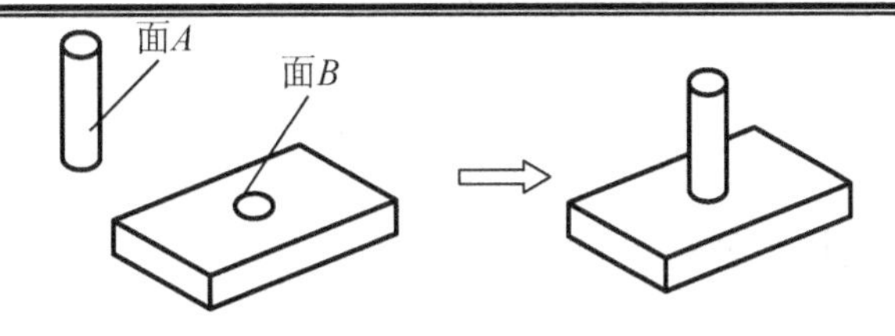

图 4.43　同轴心约束

(8) 角度约束：通过指定所选的项目间的特定角度进行定位。

通过添加配合约束，会使装配体的零部件自由度减少，如在贴合约束中共点约束去除了三个移动自由度；共线约束去除了两个移动自由度和两个转动自由度；共面约束则去除了一个移动自由度和两个旋转自由度；对齐约束去除了一个移动自由度和两个转动自由度。

3. 装配建模方法及步骤

产品造型装配时，主要有两种方法：自下而上的设计方法和自上而下的设计方法。自下而上的设计是由最底层的零件开始，然后逐级逐层向上进行装配的一种方法。该方法比较传统，其优点是零部件是独立设计的，因此与自上向下设计法相比，它们的相互关系及重建行为更为简单。自上而下的设计则是指由产品装配开始，然后逐级逐层向下进行设计的装配建模方法。与自下而上的设计方法相比，该方法比较新颖，但有诸多优点。自上而下的设计方法可以首先申明各个子装配的空间位置和体积，设定全局性的关键参数，为装配中的子装配和零件所用，从而建立起它们之间的关联特性，发挥参数化设计的优越性，使得各装配部件之间的关系更加密切。

两种装配造型方法各有优势，可根据具体情况具体选用。例如，在产品系列化设计中，由于产品的零部件结构相对稳定，大部分的零件模型已经具备，只需要添加部分设计或修改部分零件模型，这时采用自下而上的设计方法较为合适。然而对于创新性设计，因事先对零部件结构细节不是很了解，设计时需要从比较抽象笼统的装配模型开始，边设计，边细化，边修改，逐步到位，这时常常采用自上而下的设计方法。同时，自上而下的设计方法也特别有利于创新性设计，因为这种设计方法从总体设计阶段开始就一直能把握整体，且着眼于零部件之间的关系，并且能够及时发现、调整和灵活地进行设计中的修改，可实现设计的一次性成功。

当然，这两种方法不是截然分开的，可以根据实际情况综合应用两种装配设计方法来进行造型，达到灵活设计的目的。

1) 自下而上装配造型的基本步骤

(1) 零件设计：逐一构造装配体中所有零件的特征模型。

(2) 装配规划：对产品装配进行规划。

(3) 装配操作：在上述准备工作的基础上，采用系统提供的装配命令，逐一把零部件装配成装配模型。

(4) 装配管理和修改：可随时对装配体及其零部件构成进行管理和各项修改操作。

(5) 装配分析：在完成了装配模型后，应进行装配干涉状态分析、零部件物理特性分析等。若发现干涉碰撞现象，物理特性不符合要求等，则需对装配模型进行修改。

(6) 其他图形表示：如果有需要，可生成爆炸图、工程图等。

2) 自上而下装配造型的基本步骤

(1) 明确设计要求和任务：确定诸如产品的设计目的、意图、产品功能要求、设计任务等方面的内容。

(2) 装配规划：这是该造型中的关键步骤。这一步首先设计装配树的结构，要把装配的各个子装配或部件勾画出来，至少包括子装配或部件的名称，形成装配树。主要涉及以下三个方面的内容：

① 划分装配体的层次结构，并为每一个子装配或部件命名。

② 全局参数化方案设计。由于这种设计方法更加注重零部件之间的关联性，设计中的修改将更加频繁，因此，应该设计一个灵活的、易于修改的全局参数化方案。

③ 规划零部件间的装配约束方法。要事先规划好零部件间的装配约束方法，可以采用逐步深入的规划。

(3) 设计骨架模型：骨架模型是装配造型中的核心内容，它包含了整个装配重要的设计参数。这些参数可以被各个部件引用，以便将设计意图融入整个装配中。

(4) 部件设计及装配：采取由粗到精的策略，先设计粗略的几何模型，在此基础上再按照装配规划，对初始轮廓模型加上正确的装配约束；采用相同方法对部件中的子部件进行设计，直到零件轮廓出现。

(5) 零件级设计：采取参数化或变量化的造型方法进行零件结构的细化，修改零件尺寸。随着零件级设计的深入，可以继续在零部件之间补充和完善装配约束。

4.5 参数化建模

早期的 CAD 软件都用固定的尺寸值定义几何元素，输入的每一条线都有确定的位置，想要修改图面内容，只有删除原有的图形后重画。一个机械产品，从设计到定型，不可避免地要反复多次修改，进行零件形状和尺寸的综合协调、优化。定型之后，还要根据用户提出的不同规格要求形成系列产品。这都需要产品模型可以随着某些结构尺寸的修改或规格系列的变化而自动生成。参数化建模正是为了适应这种需要而出现的。

4.5.1 参数化设计的基本概念

对于现代企业来讲，决定其经营成败的关键问题之一是能否快速开发出新产品并缩短产品的上市时间，因此产品的设计要有充分的柔性，并且设计过程的模型要能精确地反映实际设计活动，同时又能迅速地重构，使产品的设计信息能够重用。几乎所有产品的设计都是改进型产品设计，而且原来产品设计信息中的 70%左右在新产品设计时可以被重新利用，参数化设计技术就在这样的背景下产生的。

在参数化设计中，设计人员可以根据自己的设计意图很方便地勾画出设计草图，系统能够自动地建立设计对象内部各设计元素之间的约束关系，以便设计者在更新草图尺寸时，系统能够通过推理机自动地更新校正草图中的几何形状，并获得几何特征点的正确位置分布。

产品设计过程的复杂性、多样性和灵活性要求设计自动化必须采用参数化的方法。产品设计人员采用传统的 CAD 系统进行产品设计时，一般要通过人机交互的方式来完成零件图形的绘制和尺寸标注，这是一个以精确形状和尺寸为基础的过程。但实际上在产品设计的初期，设计人员关心的往往是零部件的大致轮廓形状及尺寸范围，而对精度和具体尺寸细节并不十分关心。如果在产品设计初期就要求设计者考虑产品形状和尺寸的细节，就会严重地制约设计人员创造力和想象力的发挥。因此，传统的 CAD 系统不能很好地支持产品的概念设计和初步设计过程。参数化设计技术以约束造型为核心，以尺寸驱动为特征，允许设计者首先进行草图设计，勾画出设计轮廓，然后通过输入精确尺寸来完成最终设计。与无约束造型系统相比，参数化设计更符合实际工程设计的习惯。

另外，对于特定产品的模具、夹具、液压缸、组合机床和阀门等系列化、通用化和标准化的定型产品而言，产品设计所采用的数学模型及产品的结构都是相对固定不变的，所不同的只是产品零部件的具体尺寸，但由于传统的产品设计绘图系统存储的只是最后的设计结果，而没有将完整的设计过程保存起来，而且缺乏必要的参数设计功能，因而也不能有效地处理因部分图形尺寸的变化所引起的图形相关变化的自动处理。在这种情况下，只要产品尺寸稍有变化就可能引起重新设计和造型，因而传统的 CAD 系统不能很好地支持系列化产品零部件的设计工作，造成产品的设计费用高，设计周期长，无法满足快速变化的现代生产的需求。

为了解决上述问题，加快产品开发周期，提高设计效率和设计质量，减少重复劳动，人们于 20 世纪 80 年代初提出了参数化设计方法。所谓参数化就是将产品的设计要求、设计原则、设计方法和设计结果用灵活可变的参数来表示，并用约束来定义和修改产品的参数化模型。在产品的参数化模型中，零件的尺寸不是用具体和确定的数值来表示，而是用相应的关系式或是用某种根据设计对象的工程原理而建立起来的用于求解设计参数的方程式来表示。例如，可以根据齿轮组的齿数与模数来计算齿轮的中心距，这样就可以根据实际情况在人机交互过程中随时更改主要设计参数，而系统能自动改变所有与之相关的其他尺寸，因此参数化设计技术是实现产品系列化设计和产品造型过程精确化和自动化的关键。

4.5.2　参数化设计的相关技术

参数化设计技术目前还处在不断发展和完善中，新的思想和方法还在实践中不断涌现。下面介绍参数化设计系统中所涉及的相关术语。

1. 轮廓

参数化设计技术中首先引入了轮廓的概念。轮廓由若干首尾相连的直线或曲线组成，用来表达三维实体模型的截面形状或扫描路径。轮廓上的所有直线段或曲线段相互之间连接成一个封闭的图形，它们共同构成一个整体。轮廓上的线段不能被移到别处，也不能随便删除，轮廓线之间也不能断开、错位或者交叉。图 4.44(a)所示是正确的轮廓线，图 4.44(b)和图 4.44(c)所示都是错误的轮廓线。

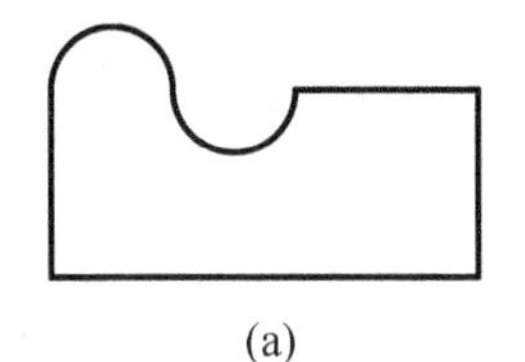

(a)

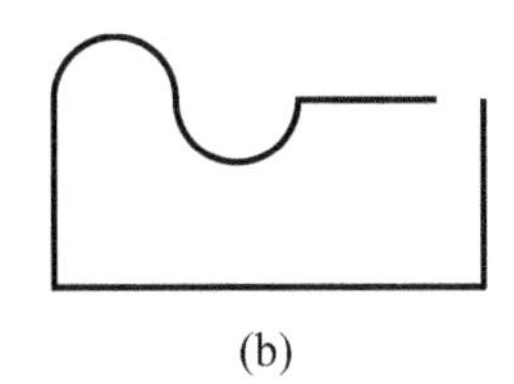

(b)

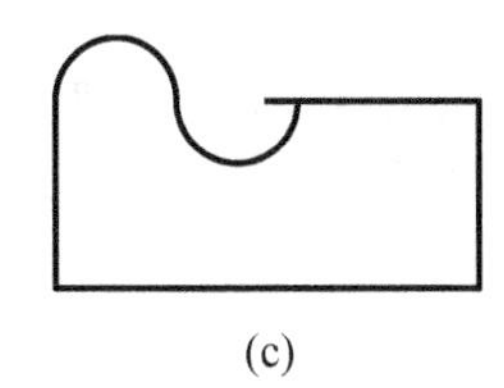

(c)

图 4.44　参数化设计中的轮廓线

2. 约束

如前所述，设计过程的本质是通过提取产品有效的约束来建立其约束模型并进行约束求解。设计活动中的约束主要来自功能、结构和制造三个方面，其中功能约束是对产品所能完成功能的描述，结构约束是对产品结构强度、刚度等的表示，而制造约束是对制造资源环境和加工方法的表达。在产品设计过程中，要将这些约束综合成设计目标，并将它们映射成特定的几何和拓扑结构，从而转化成尺寸约束或拓扑约束。

因此，约束可以理解为一个或多个设计对象之间所希望满足的相互关系，也可以认为约束是指用一些限制条件来规定构成形体的元素之间的相互关系。对约束的求解就是找出使约束为真时的对象的取值。显然，设计结果实际上是一个满足所有约束的求解实例。

参数化设计将约束分为尺寸约束和拓扑约束两类。尺寸约束一般是指对大小、角度、直径、半径和坐标位置等几何尺寸的数值所进行的限制，它是一种显式约束，也是对产品结构的定量化描述；拓扑约束一般是指对两个形体元素之间是否要求平行、垂直、共线、同心、重合、对称、全等和相切等非数值几何关系方面的限制，它是一种隐式约束，也是对产品结构的定性描述。根据实际需要，也可以构造参数间的关系式约束，如一条边与另一条边的长度相等、某个圆的圆心坐标分别等于另一个矩形的长和宽等。

3. 尺寸驱动

如图 4.45 所示，假设 N 为小矩形的单元数，T 为边厚，A、B 为小矩形单元的尺寸，L、H 为图形外轮廓的长和宽，其中矩形单元数 N 的变化会引起其他尺寸的相关变化，但它们之间应当满足以下关系式约束：$L = NA + (N+1)T$，$H = B + 2T$，其中将等号右边的参数 N、A、B、T 称为“驱动尺寸”，而将等号左边的 L 和 H 称为“从动尺寸”。从图中可以看出，通过改变有关“驱动尺寸”，CAD 系统可以自动检索出相应的约束关系式，从而计算出其他两个“从动尺寸”，最终驱动并确定图形的形状和尺寸，这就是参数化设计中“尺寸驱动”的工作原理。这种方式可以极大地提高设计工作的效率和质量，同时可以将图形设计的直观性和尺寸控制的精确性有机地统一起来。

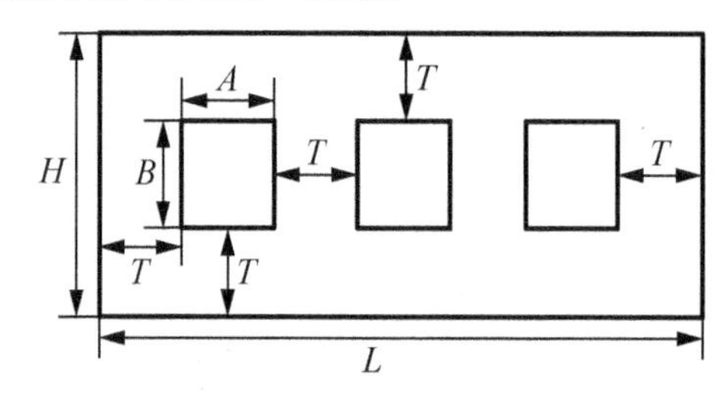

图 4.45 尺寸驱动

利用尺寸驱动还可以通过控制参数的尺寸来控制零件的形状，使建模过程克服自由建模的无约束状态，将几何形状以尺寸的形式进行控制，并且使得在需要修改零件的形状时，只需编辑一下尺寸的数值即可实现。

4. 数据相关与模型关联

参数化设计软件一般都具备由三维模型自动生成二维工程图的能力，即当创建完零件或部件的三维实体模型后，就可以切换到绘图模式下生成该零件的二维工程图。这时，首先要在绘图模式下创建基本视图，接着由这个基本视图派生出其他各个相关视图，在此基础上还可以进行图形的调整和编辑，根据需要还可以通过添加标题栏和进行尺寸标注来进一步完善视图。这里所谓的数据相关是指由系统自动生成的二维模型与零件的三维模型是智能双向关联的，即当修改三维模型时，对应的二维模型会自动更新，反之亦然。参数设计的数据相关和模型关联特性，无疑极大地方便了产品设计，同时提高了对设计模型的管理水平。

4.5.3　参数化模型

在参数化设计系统中，必须建立参数化模型。参数化模型有多种，如几何参数模型、力学参数模型等。本节主要介绍几何参数模型。

几何参数模型描述的是具有几何特性的实体，因而可用图形来表示。几何参数模型包括两个主要概念：几何关系和拓扑关系。几何关系是指其有几何意义的点、线、面，具有确定的位置(如坐标值)和度量值(如长度、面积)，所有的几何关系构成了几何信息。拓扑关系反映了形体的特性和相互关系。所有的拓扑关系构成拓扑信息，它反映了形体几何元素之间的邻接关系。

根据几何信息和拓扑信息的模型构造次序，亦即它们之间的依存关系，将几何参数模型分为以下两类：

(1) 具有固定拓扑结构的几何参数模型。这种模型是几何约束值的变化不会改变几何模型的拓扑结构，而只是改变几何模型的公称尺寸大小。这类参数化造型系统以 B-Rep 为其内部表达的主模型，必须首先确定清楚几何形体的拓扑结构，才能说明几何关系的约束模式。

(2) 具有变化拓扑结构的几何参数模型。这种模型是先说明其几何构成要素与它们之间的约束关系以及拓扑关系，而模型的拓扑结构是由约束关系决定的。这类系统以 CSG 表达形式为其内部的主模型，可以方便地改变实体模型的拓扑结构，并且便于以过程化的形式记录构造的整个过程。

一般情况下，不同型号的产品往往只是尺寸不同而结构相同，映射到几何模型中，就是几何信息不同而拓扑信息相同。因此，参数化模型要体现零件的拓扑结构，从而保证设计过程中拓扑关系的一致。实际上，用户输入的草图中就隐含了拓扑元素间的关系。

几何信息的修改需要根据用户输入的约束参数来确定，因此还需要在参数化模型中建立几何信息和参数的对应机制，该机制是通过尺寸标注线来实现的。尺寸标注线可以看成一个有向线段，上面标注的内容就是参数名，其方向反映了几何数据的变动趋势，长短反映了参数值，这样就建立了几何实体和参数间的联系。由用户输入的参数(或间接计算得到的参数)的参数名找到对应的实体，进而根据参数值对该实体进行修改，实现参数化设计。产品零部件的参数化模型是带有参数名的草图，由用户输入。

图 4.46 所示为一图形的参数化模型，它所定义的各部分尺寸为参数变量名。现要改变图中 H 的值，若 c 值不随着变动，两圆就会偏离对称中心线。H 值发生变化，c 值也必须随着变化，且要满足条件 $c = H/2$，这个条件关系就称为约束。约束就是对几何元素的大小、位置和方向的限制。

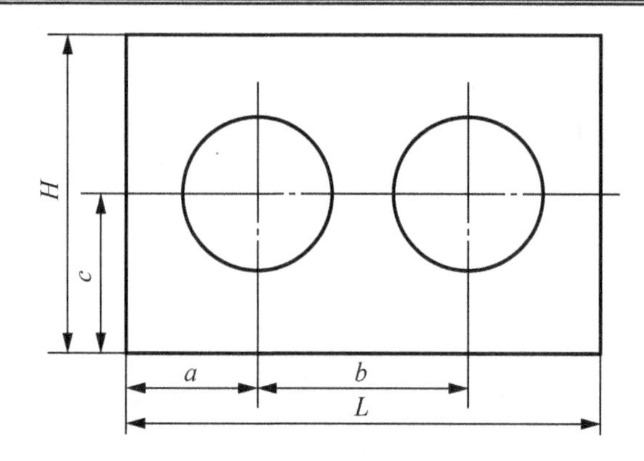

图 4.46　具有固定拓扑结构的参数化模型

对于拓扑关系改变的产品零部件，也可以用它的尺寸参数变量来建立起参数化模型，见 4.5.2 节图 4.45。

约束可以解释为若干个对象之间所希望的关系，也就是限制一个或多个对象满足一定的关系。对约束的求解就是找出约束为真的对象的值。由于所有的几何元素都能根据几何特征和参数化定义相联系，从而所有的几何约束都能看成为代数约束。因此，在通常情况下，所有的约束问题都可以从几何元素(公理性)级归纳到代数约束级(分析性)。实际上，参数化设计的过程可以认为是改变参数值后，对约束进行求解的过程。

参数化的本质是加约束和约束满足。在几何参数化模型中，除了有尺寸约束参数外，还应有几何约束参数。在参数变化过程中，约束的满足必须是尺寸和几何约束都同时满足，才能获得准确的几何形状。

4.5.4　参数化设计中的参数驱动法

参数驱动法又称尺寸驱动法，是一种参数化图形的方法，它基于对图形数据的操作和对几何约束的处理，利用驱动树分析几何约束，实现对图形进行编辑。

1. 参数驱动的定义

采用图形系统完成一个图形的绘制以后，图形中的各个实体(如点、线、圆、圆弧等)都以一定的数据结构存入图形数据库中。不同的实体类型具有不同的数据形式，其内容可分两类：一类是实体属性数据，包括实体的颜色、线型、类型名和所在图层名等；另一类是实体的几何特征数据，如圆有圆心、半径等，圆弧有圆心、半径及起始角、终止角等。

由于参数化图形在变化时不会删除和增加实体，也不修改实体的属性数据，因此，完全可以通过修改图形数据库中的几何数据来达到对图形进行参数化的目的。

对于二维图形，通过尺寸标注线可以建立几何数据与其参数的对应关系。尺寸标注线可以认为是一个有向线段，即向量，如图 4.47 所示。有向线段上面标注的内容就是参数名，它的方向反映了几何数据的变化趋势。它的长短反映了图形现有的约束值，即参数的现值；它的终点坐标就是要修改的几何数据。其终点称为该尺寸线的驱动点。驱动点的坐标可能存在于其他实体的几何数据中，称这些几何数据对应的点为被动点。

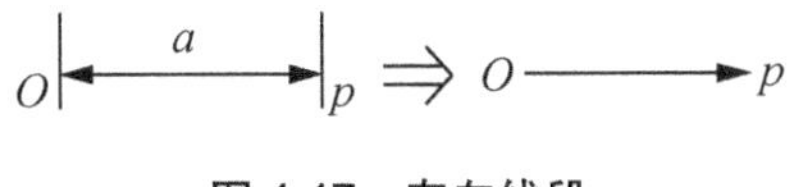

图 4.47　有向线段

当给一个参数赋新值时，就可以根据尺寸线向量计算出新的终点坐标，并以此来修改图形数据库中被动点的几何数据，使它们得到新的坐标和新的约束。

如图 4.48(a)所示，尺寸线 d 可以看作由(0，0)到(2，0)的向量，其长度为 2，是参数 a 的值，方向为 0°（与 x 轴正向夹角)，说明 B 点将沿水平方向变化，终点 D(与 B 重合)就是驱动点，其坐标(2，0)就是要被修改的几何数据。通过 D 点可以标志直线段 l 的一个端点 B，B 就是被动点，给参数 a 赋值为 3，可算出新的终点坐标(3，0)，用它替换数据库中驱动点、被动点的坐标，则线段 l 就伸长，变成了 l'，尺寸线 d 也变成了 d'，如图 4.48(b)所示。

如果参数 a 的值仍赋 2，则终点不变，驱动点、被动点的坐标就都不必修改。可见，参数值的变化是这个过程的原动力，因此称为参数驱动方式。

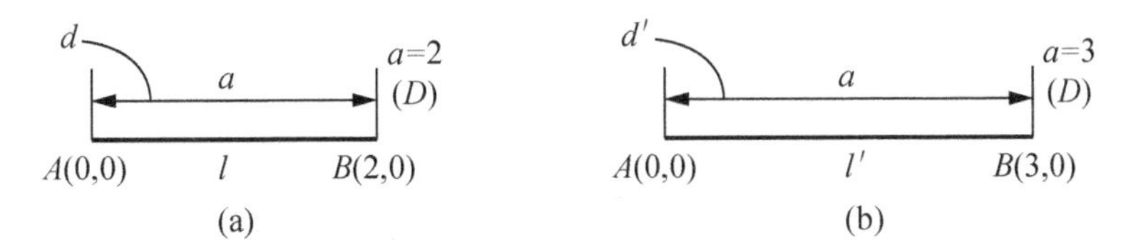

图 4.48　几何数据的修改

通常图形系统都提供多种尺寸标注形式，一般有线性尺寸、直径尺寸、半径尺寸、角度尺寸等，因此，每一种尺寸标注都应具有相应的参数驱动方式。

2. 约束联动

通过参数驱动方式可以对图中所有的几何数据进行参数化修改，但仅靠尺寸线终点来标志要修改的数据是不够的，还需要约束之间关联性的驱动手段来实现约束联动。

在二维情况下，一个点有两个自由度，需要两个约束条件来确定其位置。如果采用参数驱动机制就要标注两个尺寸线，或者若该点的约束之间存在某种关系，或与其他点的约束有关系，只需一个约束或可由其他点来确定。对于一条线段，可由两个点确定，也可由一个点、一个角度和一个距离来决定，共四个自由度，需要四个约束条件。如果能确定这些约束之间的相关关系，就可以任意控制这条线段的变化：旋转或平移，或者更复杂的复合变化。圆或圆弧也可如此。把这种通过约束关系实现的驱动方法称为约束联动。

推而广之，对于一个图形，可能的约束十分复杂，而且数量极大。而实际由用户控制的即能够独立变化的参数一般只有几个，称为主参数或主约束；其他约束可由图形结构特征确定或与主约束有确定关系，称它们为次约束。对主约束是不能简化的，对次约束的简化可以用图形特征联动和相关参数联动两种方式来实现。

1) 图形特征联动

所谓图形特征联动就是保证在图形拓扑关系(连续、相切、垂直、平行等)不变的情况下对次约束的驱动。反映到参数驱动过程中，就是要根据各种几何相关性准则，去判别与被动点有上述拓扑关系的实体及其几何数据，在保证原始关系不变的前提下，求出新的几何数据，称这些几何数据为从动点。这样，从动点的约束就与驱动参数建立了联系。依靠这一联系，从动点得到了驱动点的驱动，驱动机制则扩大了其作用范围。

如图 4.49 所示，AB 垂直于 BC，驱动点 B 与被动点 B 重合。若无约束联动，当 s=3 时，图形变成如图 4.49(b)所示的形状。因为驱动只作用到 B 点，C 点不动，原来 AB 与 BC 的垂直关系被破坏了。经过约束联动驱动后，C 点由于 $AB \perp BC$ 的约束关系成了从动点，它也将移动，以保证原有的垂直关系不变，如图 4.49(c)所示。

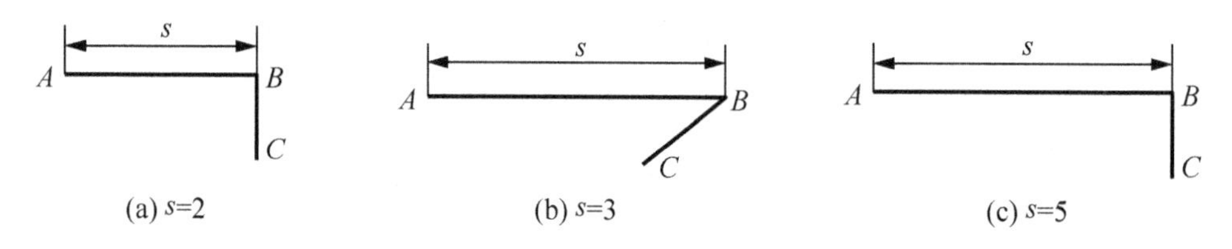

图 4.49　图形特征联动

2) 相关参数联动

所谓相关参数联动就是建立次约束与主约束在数值上和逻辑上的关系。

在图 4.50(a)中，主参数有 s，t 和 v。设 s 由 3 变为 5，根据参数驱动及图形特征联动，图形变成了图 4.50(b)所示的状态。原来的拓扑关系没有变，但形状已经不正确了。为保证形状始终有意义，就要求 $v>s$。假如能确定 v 与 s 有一个确定关系：$v=s+2$，那么就要有一种办法能标志这样的关系，并保证实现这种关系。

具体实现是将这个关系式写在尺寸线上，替换原来的参数 v，如图 4.50(c)所示。这样该尺寸线所对应的约束就是次约束，v 就成了 s 的相关参数。在参数驱动过程中，除了完成主参数 s 的驱动外，还要判断与 s 有关的相关参数，并计算其值，再用参数驱动机制完成该参数的驱动任务，如图 4.50(d)所示。

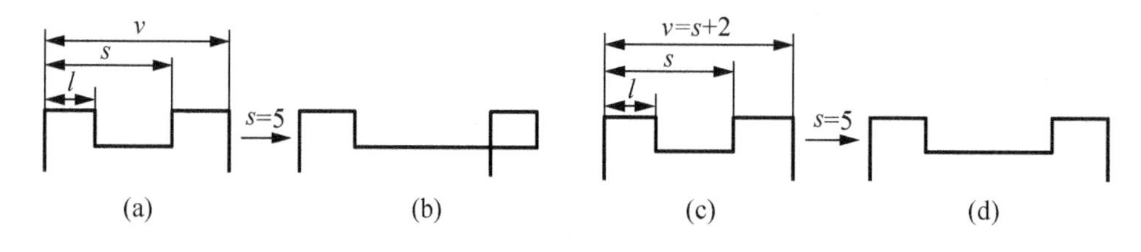

图 4.50　相关参数联动

相关参数的联动方法使某些不能用拓扑关系判断的从动点与驱动点建立了联系。把相关参数的尺寸终点称为次驱动点，对应的被动点和从动点称为次被动点和次从动点。于是可以得到一个驱动树，如图 4.51 所示。图中由驱动点到被动点、由次驱动点到次被动点的粗箭头表示参数驱动机制；由驱动点到次驱动点的虚箭头表示相关参数联动，是多对多的关系(它们是通过参数相关性建立的关系，而不是由点之间建立的关系)；由被动点(次被动点)到从动点(次从动点)的细箭头表示图形特征联动。有时一个从动点(次从动点)可能通过图形特征联动找到其他与之有关的从动点，因此图形特征联动是递归的，驱动树也会有好几层。驱动树表示了一个主参数的驱动过程、作用域以及各个被动点、从动点、次被动点和次从动点与主参数的关系，同时也反映了这些点的约束情况。

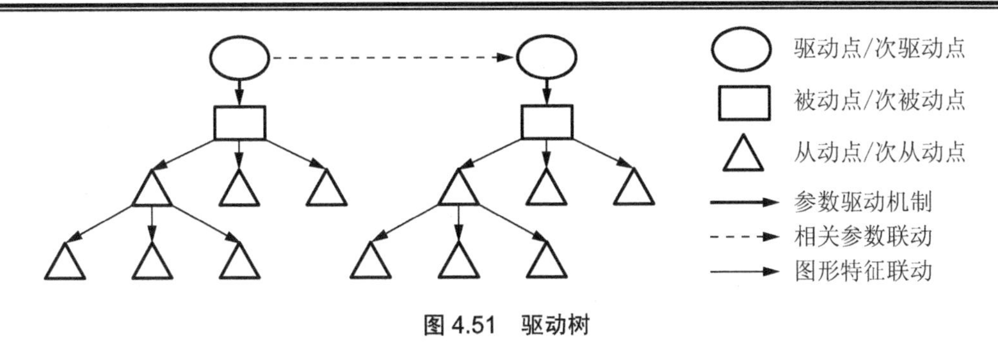

图 4.51 驱动树

从驱动点(次驱动点)到从动点(次从动点)是一个参数(不一定是主参数)的驱动路径，不同的主参数有不同的驱动树。不同的驱动树和驱动路径在结点上可能有重合的次驱动点(树间重合)，表明相关参数与多个主参数有关系，重合的被动点、从动点表明该点受到多个约束的控制，这样就可判断各种约束的情况。驱动树方法可以直观地判断图形的驱动与约束情况，是一种很好的分析手段。

参数驱动一般不能改变图形的拓扑结构，因此，要对一个初始设计进行方案上的重大改变是不可能的，但对系列化、标准化零件的设计及对原有设计做继承性修改则十分方便。目前所谓的参数化设计系统实际上是参数驱动系统。

4.5.5 参数化设计的基本要求及应用范围

1. 参数化设计的基本要求

参数化设计的主要思想是用几何约束、数学方程与关系式来描述产品模型的形状特征，并通过约束的求解来描述产品的设计过程。从而达到设计一族在形状上具有相似性的设计方案。因此，参数化设计的关键是约束关系的提取与表达、约束求解及产品参数化模型的构造。为了能够实现产品的参数化设计，参数化设计系统应当至少满足下列基本要求：

(1) 能够检查出约束条件不一致，即是否有过约束和欠约束情况出现；

(2) 算法可靠，即当给定一组约束后能自动求解出存在的解；

(3) 求解效率高，即交互操作的求解速度要快，使得每一步设计操作都能得到及时的响应；

(4) 在形体构造过程中允许逐步修改和完善约束，以便反映实际产品的设计过程；

(5) 参数化模型的构造。如前所述，产品的参数化模型应当由尺寸信息和拓扑信息组成。根据尺寸约束和拓扑约束的模型构造的先后次序，也就是它们之间的依存关系。

2. 参数化建模的应用范围

参数化建模与传统设计方法的最大区别在于：参数化建模通过基于约束的产品描述方法存储了产品的设计过程，因而它能设计出一族而不是一个产品；另外，参数化设计能够使工程设计人员在产品设计初期无须考虑具体细节，从而可以尽快草拟出零件形状和轮廓草图，并可以通过局部修改和变动某些约束参数来完善设计，而不必对产品进行重新设计。因此，参数化设计成为进行产品的初步设计、系列化产品设计、产品模型的编辑与修改及多种方案设计的有效手段。

4.6 变量化建模

4.6.1 变量化建模概述

参数化设计的成功应用，使它在 20 世纪 90 年代前后几乎成为 CAD 业内的标准。但在 90 年代初，有关学者及研发人员在探索了几年的参数化技术后，发现参数化设计尚存在许多不足之处。首先，全尺寸约束这一硬性规定极大地干扰和制约着设计者的想象力和创造力，设计者在设计初期和全过程都必须将尺寸和形状联系起来考虑，并且通过尺寸约束来控制形状，通过尺寸的改变来驱动形状的改变，一切以尺寸(即参数)为依据，绝不允许漏注尺寸(欠约束)，也不允许多注尺寸(过约束)。当零件形状比较复杂时，面对满屏的尺寸，如何改变这些尺寸以达到所需的形状就很不直观。其次是由于只有尺寸驱动这一种修改手段，因而究竟驱动哪一个尺寸会使图形一开始就朝着满意的方向改变尚不清楚。此外，如果给出一个极不合理的尺寸参数，致使形体的拓扑关系发生改变，失去了某些约束特征，也会造成系统数据混乱。

有关专家、学者以参数化技术为蓝本，提出了一种比参数化技术更为先进的实体造型技术——变量化技术。变量化技术保留了参数化技术的基本特征、全数据相关、尺寸驱动设计修改的优点，但在约束的定义和管理方面作了根本性改变：变量化技术将形状约束和尺寸约束分开来处理，而不像参数化技术那样，只用尺寸来约束全部几何；变量化技术可适应各种约束状况，设计者可以先决定所感兴趣的形状，然后再给出必要的尺寸，尺寸是否标注齐全并不影响后续操作，而不像参数化技术，在非全约束时，造型系统不允许执行后续操作；变量化技术中工程关系可以作为约束直接与几何方程耦合，然后再通过约束解算器统一解算，方程求解顺序上无所谓，而参数化技术由于要求全约束，每个方程式必须是显函数，即所使用的变量必须在前面的方程内已经定义过，并赋予某尺寸参数，几何方程求解只能定顺序求解；参数化技术解决的是特定情况(全约束)下的几何图形问题，表现形式是尺寸驱动几何形状修改，变量化技术解决的是任意约束情况下的产品设计问题，不仅可以做到尺寸驱动，还可实现约束驱动，即以工程关系来驱动几何形状的改变，这对产品结构优化是十分有意义的。

变量化技术既保持了参数化技术的原有优点，同时又克服了它的不足之处。变量化技术的成功应用，为 CAD 技术的发展提供了更大的空间和机遇。

4.6.2 变量化设计中的整体求解法

目前，变量化设计的主要方法有整体求解法、局部作图法、几何推理法和辅助线作图法。下面主要介绍整体求解法。

整体求解法又称变量几何法，是一种基于约束的代数方法。它将几何模型定义成一系列特征点，并以特征点坐标为变量形成一个非线性约束方程组。当约束发生变化时，利用迭代方法求解方程组，就可以求出系列新的特征点，从而输出新的几何模型。

在三维空间中，一个几何形体可以用一组特征点定义，每个特征点有 3 个自由度，即 (x, y, z)坐标值。用 N 个特征点定义的几何形体共有 $3N$ 个自由度，相应需要建立 $3N$ 个独立的约束方程才能唯一地确定形体的形状和位置。

将所有特征点的未知分量写成矢量：

$$\boldsymbol{X}=\left[x_1, y_1, z_1, x_2, y_2, z_2, \cdots, x_N, y_N, z_N\right]^{\mathrm{T}} \quad N \text{为特征点个数}$$

或者表示为

$$\boldsymbol{X}=\left[x_1, x_2, x_3, x_4, x_5, x_6, \cdots, x_{n-2}, x_{n-1}, x_n\right]^{\mathrm{T}} \quad n=3N，\text{表示形体的总自由度}$$

将已知的尺寸标注方程的值也写成矢量：

$$\boldsymbol{D}=\left[d_1, d_2, d_3, \cdots, d_n\right]^{\mathrm{T}}$$

于是，变量几何的一个实例就是求解以下一组非线性约束方程组的一个具体解：

$$\begin{cases} f_1\left(x_1, x_2, x_3, \cdots, x_n\right)=d_1 \\ f_2\left(x_1, x_2, x_3, \cdots, x_n\right)=d_2 \\ \quad\vdots \\ f_n\left(x_1, x_2, x_3, \cdots, x_n\right)=d_n \end{cases}$$

或写成一般形式：

$$f(x, d)=0$$

约束方程中有 6 个约束用来阻止刚体的平移和旋转，剩下的 $n-6$ 个约束取决于具体的尺寸标注方法。只有当尺寸标注合理，既无重复标注，又无漏注时，方程才有唯一解。求解非线性方程组的最基本方法是牛顿迭代法。

图 4.52 所示是一个简单三角形，假定 L_1 是水平线，且图形原点取在(x_1, y_1)处。需要确定这个几何模型时，要求把这三个点(x_1, y_1)，(x_2, y_2)，(x_3, y_3)的实际坐标求出，从而得到精确的几何图形。其关键是如何求这三个点。这些点在变量几何法中称为特征点。

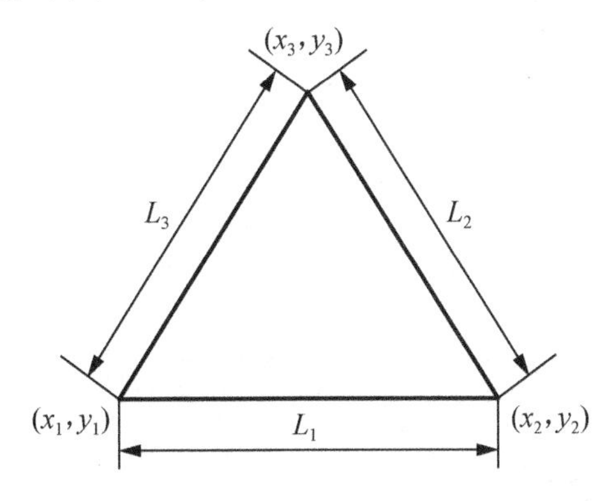

图 4.52　三角形

对于上述三角形，在变量几何法中，其做法是在整体上列出一个方程组，即

$$\begin{cases} (x_2-x_1)^2+(y_2-y_1)^2=L_1^2 \\ (x_3-x_2)^2+(y_3-y_2)^2=L_2^2 \\ (x_1-x_3)^2+(y_1-y_3)^2=L_3^2 \\ x_1=0 \\ y_1=0 \\ y_2-y_1=0 \end{cases}$$

3 个点共有 6 个未知数，需要 6 个方程联立求解。很明显，前 3 个方程为尺寸约束，

后 3 个方程为定位、方向约束。通过解方程组求得精确的 x_1，y_1，x_2，y_2，x_3，y_3。如当需要修改时，如将 L_1 拉长，系统自动地把 x_2，y_2 定到一个新的位置。由此可见变量几何法是一种整体求解方法。

变量几何法是一种基于约束的方法。模型越复杂，约束就越多，非线性方程组的规模也越大。当约束变化时，求解方程组就越困难，而且构造具有唯一解的约束也不容易，故该方法常用于较简单的平面模型。

变量几何法是一种比较成熟的方法。其主要优点是通用性好，因为对任何几何图形总可以转换成一个方程组，进而对其求解。基于变量几何法的系统具有扩展性，即可以考虑所有的约束，不仅是图形本身的约束，而且包括工程应用的有关约束，从而可表示更广泛的工程实际情况。这种扩展后的系统即所谓的变量化设计系统。

变量化设计的原理如图 4.53 所示。图中，几何元素指构成物体的直线、圆等几何因素；几何约束包括尺寸约束及拓扑约束；尺寸值指每次赋给的一组具体值；工程约束表达设计对象的原理、性能等；约束管理用来驱动约束状态，识别约束不足或过约束等问题；约束网络分解可以将约束划分为较小方程组，通过联立求解得到每个几何元素特征点的坐标，从而得到一个具体的几何模型。除了采用上述代数联立方程求解外，还有采用几何推理方法的逐步求解。所谓几何推理法就是在专家系统的基础上，将手工绘图的过程分解为一系列最基本的规则，通过人工智能的符号处理、知识查询、几何推理等手段把作图步骤与规则相匹配，导出几何细节，求解未知数。该方法可以检查约束模型的有效性，并且有局部修改功能，但系统比较庞大，推理速度慢。

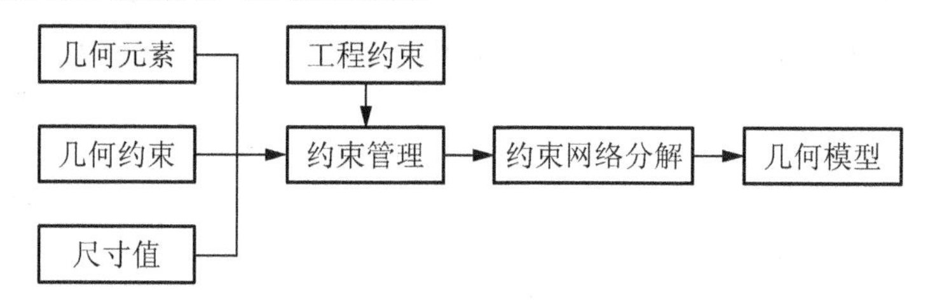

图 4.53　变量化设计原理

4.7　行为特征建模

4.7.1　产品性能设计方法的发展

从产品设计的角度考虑，任何设计总是从需求出发，而不是从几何图形出发。几何图形是设计的结果，而不是出发点。现有 CAD 建模的根本弱点是以图形设计为主体，系统仅仅提供了各种几何建模的工具。但是仅仅源于几何造型的设计结果，不能准确说明产品、零件的形状、结构的选择依据，不能准确说明材料的选择依据以及工艺手段的选择依据。

现代产品设计不仅进行结构的静态设计，使结构既要可靠、稳定，质量轻，满足强度、刚度要求，又要对结构进行动应力、疲劳及动力学特性的分析和研究。机械产品在实际工况下承受较为复杂的各种激励载荷，传统的产品开发过程通过样机实验来获得较精确的动态应力历程，不仅在样机成本上浪费了大量的资金，而且使设计周期延长。若在设计阶段就能模拟产品在不同工况下的行为，获得产品的性能指标(如承载能力、抗疲劳能力等)，则不仅可较精确地预测产品的安全性及其寿命，而且可通过重设计、重分析实现产品的优化，降低产品的成本(如质量、材料选型、加工装配精度等)。为了获得高质量的产品，已从单纯靠生产过程控制和产品检验(被动的和防御的)保证质量发展到了产品的质量设计(主动的)，从根本上确立产品的优良品质，特别是随着 CAD 和 CAE 技术的发展，面向质量的设计在一体化产品开发中愈来愈重要。产品的行为建模着重解决以下问题：

(1) 以静、动态性能设计为主。产品的性能设计一般是以静态情况下的强度、刚度为重点，这种方法常因对产品整体刚度分配合理性的把握不够而简单采用局部加强筋补救的方法。经过长期实践和探索，动态性能已是许多重要产品的评价指标，对疲劳薄弱部位的确定，可使预定寿命下结构主动可靠性设计工作在产品定型之前展开。从传统的产品静态设计、可靠性评价转向动态设计、主动可靠性设计是认识上的飞跃、科学技术上的革新。

(2) 以系统动力学方法进行产品设计。对产品整体进行动应力历程的分析，比通常采取的仅对关键零部件进行性能设计要复杂得多。特别是对于趋向高性能、高速度、大负荷和复杂化(如高速切削加工中心)的设备或系统来说，产品整体是由高度复杂的结构或机构组成的动力学系统，在实际工况下承受复杂的载荷作用，如何精确地建立系统动态仿真模型并获得高效可行的解已成为 CAE 领域的难点。

(3) 柔性多体系统动力学。柔性多体系统动力学是研究物体变形与其整体运动相互耦合以及这种耦合所导致的独特的动力学效应，是分析力学、连续介质力学与现代数值计算方法及现代控制理论的有机结合。近二十多年来，柔性多体系统动力学作为一门多学科交叉的边缘性新学科的发展，为建立产品整体模型、完成动响应分析提供了理论基础；计算机软硬件技术的飞跃发展，使得对产品整体用柔性多体系统动力学来建模和仿真分析已成为可能。进入 20 世纪 90 年代，美国、德国等世界驰名的汽车公司将此领域的研究成果用于汽车零部件的设计，在整车系统的平顺性、操纵稳定性、主动和被动安全性以及噪声等动态特性的仿真分析方面取得了重要进展。

(4) 优化设计。20 世纪 80 年代以来，人工智能技术的迅猛发展使基于知识的产品智能优化设计成为可能，智能化寻优策略的研究成果使得对计算机辅助设计方案进行智能优化和对寻优过程的智能控制成为现实。进入 20 世纪 90 年代以来，产品的 CAD 建模技术、工程分析方法、优化方法在工程中获得了广泛应用，形成了广义优化设计的概念，并在其本质、范畴、进程、目标、理论框架体系、与其他学科间的关系、优化规划、建模、搜索、协同和过程控制的理论及技术基础方面提出了许多有待攻关的课题。这一领域的发展，将使工程设计人员对产品从多工况、多角度进行优化设计成为可能。

4.7.2　行为建模特征技术

产品的性能是指产品的功能和质量两个方面。功能是竞争力的首要要素，是指能够实现所需要的某种行为的能力；质量是指产品能够以最低的成本最大限度地满足用户的社会需求的程度，是指实现其功能的程度和在使用期内功能的保持性。工程分析可以通过计算获得零件、部件多方面的性能，视觉感受测试则通过布置、色彩、光线、动感追求视觉上的美。CAD 建模技术的发展，在于提供一种环境，使用户方便地创建几何模型；特征建模技术的发展，在于根据产品的形状、工艺、装配等特点归纳为若干几何集合，为产品的构型提供工具。

行为特征建模技术是一种全新的概念，它将CAE技术与CAD建模融于一体，理性地确定产品形状、结构、材料等各种细节。产品设计过程就是寻求如何从行为特征到几何特征、材料特征和工艺特征的映射，它采用工程分析评价方法将参数化技术和特征技术相关联，从而驱动设计。

1. 行为特征建模技术的特点

(1) 在建模技术方面，不仅提供了创建几何模型的环境，更重要的是提供了性能分析、评价、再设计的功能，不是从几何到几何的纯形体设计，而是通过设计分析导出几何模型；

(2) 在特征技术方面，不仅保留了构建几何集合的工具，为用户进行参数化、模块化、系列化设计创造条件，而且关联的智能模型使设计者把精力集中在智能化设计上；

(3) 在设计意图的表达方面，不仅具备表示设计参数及其关系的形式，同时具有目标驱动式的建模能力，可以用分析评价结果驱动几何参数。

2. 行为特征建模技术的核心

要为产品开发者提供理想的设计环境，使之能够设计、制造出最理想的产品，CAD系统的建模必须具备以下条件：

1) 智能模型

提供分析特征的方法，帮助设计者捕捉设计参数和目标，这些特征包括以下几方面：

(1) 装配连接特征。用以反映各零件的连接关系、运动条件、运动规律；

(2) 运动范围特征。标志可运动的空间；

(3) 辅助特征。如零件的表面要求或属性、材料属性等；

(4) 加工特征。如平面加工、孔或孔系加工、槽加工、型腔加工、外圆柱加工等；

(5) 边界特征。如载荷、约束等；

(6) 布线系统特征。如缆线、绕线轴等。

从设计角度看，可将影响产品质量的因素分为可控因素和不可控因素。可控因素是指在设计中可以控制的参数，即设计参数，如几何尺寸、间隙等；不可控因素是指在设计中不易控制的参数，又称噪声参数，如材质、制造精度、工作环境等，一般这类因素具有随机性。因此，在目前的具有行为特征建模技术的CAD系统中，采取由产品开发者定义测量方式来确定描述模型的方式，例如，以常规测量方式、构造测量方式、衍生测量方式描述产品性能。

2) 目标驱动式的设计机制

产品的形状、参数由工程要求驱动，并满足工程要求。包括以下几方面：

(1) 技术指标定义。提供产品开发人员定义要解决的问题、要设计的产品或零部件性能指标的环境(例如，定义所设计的主轴部件刚度数学模型，使之与各轴颈直径、长度、安装轴承点的位置等参数相联系；定义所设计的齿轮箱箱体温度表达模型，使之与箱体壁厚、箱体内的热源功率等相联系)；提供产品开发人员定义产品或零部件动作特征的环境(产生相对运动的类型、规律等)；提供产品开发人员按照产品设计阶段分别定义用于分析、评价的指标和方法。

(2) 产品技术指标评价以及更改设计对技术指标的影响预测。产品性能分析的目的是为更改设计方案提供依据。设计更改包括对优化模型中任何变量、约束和目标的更改，通过将优化数学模型分离为由规划平台自动生成的基本模型程序和原始模型描述文件。基本模型程序只提供变量、约束和目标三大要素的基本内容。原始模型描述文件向产品开发者提供用交互手段任意构筑优化模型的结构体系和量化关系，以此产生个性化设计方案。同时基于行为特征建模技术提供图形建模环境，产品开发者可以根据经验，在设计工程中直接在屏幕上对产品造型进行交互修改。

产品技术指标的确定是行为特征建模技术中的关键之一，它往往综合许多学科的内容，例如，机械结构全寿命评价就涉及随机数学、疲劳力学、断裂力学、工程力学、仿生学、智能工程学、优化设计理论和计算机仿真技术等，从产品的经济性和可维修性要求出发，在预定的使用寿命期限内，在规定的工况载荷和设计的功能行为条件下，将产品因疲劳断裂失效的可能性(失效概率)减至最低程度。

(3) 多目标设计的综合。多目标设计是根据近年来广义优化设计方法的概念引申的，这主要表现在：把对象由简单零部件扩展到复杂零部件、整机、系列产品和组合产品的整体优化；把优化的重点由偏重于某种或某一方面性能的优化、处理不同类性能时分先后排序进行的传统方式变为把优化准则扩展到各方面性能，实现技术性、经济性和社会性的综合评估和优化设计(例如，在技术性能方面，寻求目标性能和约束性能、使用性能及结构性能的最佳解；在结构优化方面，寻求静态性能与动态性能的最优组合)；把寻优的过程从产品的设计阶段扩展到包含功能、原理方案和原理参数、结构方案，结构参数、结构形状和公差优化的全设计过程，进而面向制造、销售、使用和用后处置的全寿命周期各个阶段。

3) 灵活的评估手段

构成产品竞争力的因素是多方面的，这些因素主要有以下几个方面：功能、质量、价格、交货期、售后服务(维修、升级、培训)、环境(含人、机)相容性、营销活动。可以这么说，行为特征技术是基于产品性能设计的 CAD 系统与基于几何造型的 CAD 系统的分水岭。众所周知，用户对产品的需求是从产品的性能出发的，这是产品开发者的立足点和设计工作完成的标志，产品的行为特征是控制整个设计过程的重要特征，是驱动几何造型的动力。重视产品的性能评价，使企业的 CAD 应用再上新台阶，这不仅是新技术发展的潮流所致，更是企业自身的需求。但是在实际操作中，对某一设计方案的分析计算往往只有一个确定的结论，而设计则可能产生多个解，并需要从中选择一个加以实施。对于产品某个行为上的需求，可以由多个结构、多种形状、多种材料、多种工艺来实现。所以灵活的评估手段必须建立在具有知识获取、组织、传递和运用能力的系统之上，应能很好地表达设计意图和设计思想，并达到规范化。特别是有利于在分布式知识资源中搜索设计方案中的可能解和联想可能解，并利用分布式知识资源对解进行测试和评估。

习　　题

1. 举例说明 CAD/CAM 中建模的概念及其过程。
2. 什么是几何建模技术？几何建模技术为什么必须同时给出几何信息和拓扑信息？
3. 试分析线框建模、表面建模和实体建模的基本原理、特点及其应用范围。
4. 实体建模的方法有哪些？
5. 实体建模中是如何表示实体的？

6. 什么是体素?体素的交、并、差运算是什么含义?
7. 简述边界表示法的基本原理和建模过程。
8. 简述 CSG 表示法的基本原理和建模过程。
9. 分析比较 B-Rep 与 CSG 的特点。
10. 举例说明空间单元法是如何利用四叉树、八叉树来描述复杂形状物体的。
11. 在产品设计中，除了应考虑几何信息和拓扑信息外，还有哪些信息需要描述?
12. 试述特征建模的定义、方法及特点。
13. 简述特征建模系统的构成与功能。
14. 特征建模中有哪些形状特征?
15. 建立特征库时应使其具有哪些基本功能?
16. 什么是参数化设计？什么是变量化设计？两种方法有何区别?
17. 为什么要发展行为建模技术?

第 5 章　计算机辅助工程分析

学习目标

通过本章的学习，使学生了解机械产品计算机辅助工程分析是涉及有限元分析技术、数值计算技术、产品优化设计方法和工程分析与仿真等在内的一个综合性系统，明确其核心技术是工程问题的模型化和数值实现方法，有限元法、边界元法及结构优化设计技术等计算力学方法是计算机辅助工程分析的理论基础。

学习要求

1. 理解有限元分析技术的基本原理；
2. 重点掌握有限元分析的基本步骤；
3. 掌握优化设计方法的基本思想、原理和实现过程；
4. 了解虚拟样机技术的基本原理和基本实现过程。

引例

以塑料注射模模具设计为例，传统的做法为概念设计、产品设计、模具设计、开模、试模依序进行，只有在实际试模后或对产品测试后才能发现问题，并根据出现的问题研究、判断原因，决定改进方案是调整成型条件，或者修模，甚至更改设计；如此反复进行，直到试模和产品测试没有问题为止。这一过程既耗资又费时，常常需数十天甚至更长的时间，如果开发新产品，从设计到生产的周期会更长，严重影响新产品的开发和上市。

利用计算机辅助工程分析技术，则可以很好地解决上述问题。在产品开发的任何一个阶段，都可以用计算机辅助工程分析技术来检验各种想法的可行性，以防患于未然。由于计算机运算迅速，一天之内可以测试好几种甚至几十种设计，较之传统的修模、换模、试模，就人工、时间、经费、材料、能源、场地而言，均可显著节省。

5.1　有限元分析技术

有限元分析技术是随着电子计算机的发展而迅速发展起来的一种现代设计方法。它是 20 世纪 50 年代首先在连续体力学领域——飞机结构静、动态特性分析中应用的一种有效的数值分析方法，随后很快就广泛地应用于解决热传导、电磁场、流体力学等连续性问题。

5.1.1　有限元分析方法概述

在实际工程技术领域，存在许多力学问题和场问题，例如，固体力学中的应力应变场、传热学中的温度场、电磁学中的电磁场、流体力学中的流场以及涉及多学科的耦合场等，这些问题的求解都可以看作是在一定的边界条件和初始条件下求解其基本微分方程或微分方程组的问题。但由于控制微分方程组的复杂性以及边界条件和初始条件的难以确定性，一般不能得到系统的精确解。对于这类问题，一般需要采用各种数值计算方法获得满足工程需要的近似数值解，这就是数值模拟技术。有限元方法是一种用于求解各类工程实际问题的数值计算方法。对于具有复杂几何条件和边界条件的实际工程问题，有限元方法使用公式方法(直接公式法、最小总势能公式法和加权余数法)建立系统的代数方程组，假设代表每个元素的近似函数是连续的，假设元素间的边界是连续的，通过结合各单独的解进而产生系统的完全解，因此适合于各类工程问题的求解。

进行有限元分析时，是用一些方形、三角形和直线把所要分析的物体划分成网格的，这些网格称为单元。这样也就是把物体划分成矩形板单元、三角形板单元和梁单元了。网格间相互连接的交点称为结点，网格与网格的交界线称为边界。显然，图中的结点数是有限的，单元数目也是有限的，所以称为“有限单元”。这也是“有限元”一词的由来。

有限元分析方法的思路和作法可归纳如下：

1. 物体离散化

将某个工程结构离散为由各种单元(每种单元可以是一维、二维或三维的情况)组成的计算模型，这一步称作单元剖分。离散后单元与单元之间利用单元的结点相互连接起来；单元结点的设置、性质、数目等应根据问题的性质、描述变形形态的需要和计算精度而定(一般情况，单元划分越细则描述变形情况越精确，即越接近实际变形，但计算量越大)。所以有限元法中分析的结构已不是原有的物体或结构物。而是同样材料的由众多单元以一定方式连接成的离散物体。这样，用有限元分析计算所获得的结果只是近似的。如果划分单元数目非常多而又合理，则所获得的结果就与实际情况相接近。

2. 单元特性分析

1) 选择位移模式

在有限元法中，选择结点位移作为基本未知量时称为位移法；选择结点力作为基本未知量时称为力法；取一部分结点力和一部分结点位移作为基本未知量时称为混合法。位移法易于实现计算自动化，所以在有限元法中位移法应用范围较广。

当采用位移法时，物体或结构物离散化之后，就可把单元中的一些物理量如位移、应变和应力等由结点位移来表示。这时可以对单元中位移的分布采用一些能逼近原函数的近似函数予以描述。通常，有限元法中就将位移表示为坐标变量的简单函数。这种函数称为位移模式或位移函数，如

$$\{d\} = \sum_{i=1}^{n} a_i \varphi_i ,$$

式中，a_i 是待定系数，φ_i 是与坐标有关的某种函数。

2) 分析单元的力学性质

根据单元的材料性质、形状、尺寸、结点数目、位置及其含义等，找出单元结点力和结点位移的关系式，这是单元分析中的关键一步。此时需要应用弹性力学中的几何方程和

物理方程来建立力和位移的方程式，从而导出单元刚度矩阵，这是有限元法的基本步骤之一。

3) 计算等效结点力

物体离散化后，假定力是通过结点从一个单元传递到另一个单元。但是，对于实际的连续体，力是从单元的公共边界传递到另一个单元中去的。因此，这种作用在单元边界上的表面力、体积力或集中力都需要等效地移到结点上去，也就是用等效的结点力来替代所有作用在单元上的力。

3. 单元组集

利用结构力的平衡条件和边界条件把各个单元按原来的结构重新连接起来，形成整体的有限元方程

$$Kq = F \tag{5-1}$$

式中：K 是整体结构的刚度矩阵；q 是结点位移列阵；F 是载荷列阵。

4. 求解未知结点位移

解有限元方程式(5-1)得出位移。这里，可以根据方程组的具体特点来选择合适的计算方法。

通过上述分析可以看出，有限元法的基本思想是“一分一合”，“分”是为了进行单元分析，“合”则是为了对整体结构进行综合分析。

5.1.2 有限元分析方法中单元特性的导出方法

前面已经指出，进行有限元分析的基本步骤之一就是要找出所剖分的单元的刚度矩阵、质量矩阵、热刚阵等。一般来说，建立刚度矩阵的方法可以采用：①直接方法；②虚功原理法；③能量变分原理方法。

下面主要叙述直接方法和虚功原理法。

1. 直接方法

直接方法是直接应用物理概念来建立单元的有限元方程和分析单元特性的一种方法，这种方法仅能用于简单形状的单元，如梁单元。但它可以帮助理解有限元法的物理概念。

图 5.1(a)所示是 O_{xy} 平面中的简支梁弯曲简图，EI 为梁的抗弯刚度。现在，以它为例用直接方法建立单元的刚度矩阵。

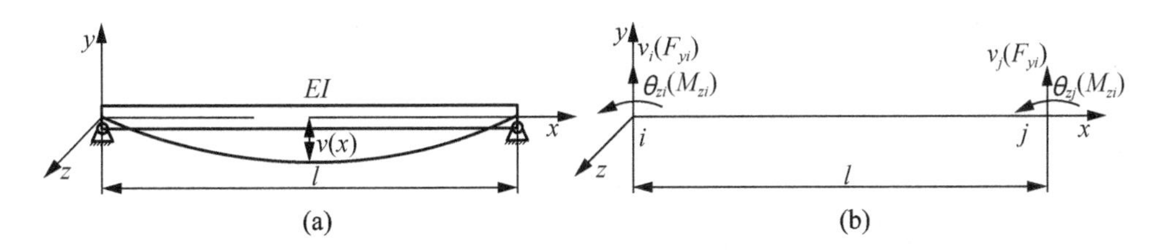

图 5.1　平面简支梁和它的计算模型

梁在横向外载荷(可以是集中力或力矩或分布载荷等)作用下产生弯曲变形，对于平面弯曲问题，每个点(包括支承点)处的位移有两个，即挠度和倾角；相应地也有两个结点力，

即与挠度对应的剪力和与倾角对应的弯矩。规定挠度和剪力向上为正，倾角和弯矩逆时针方向为正。

为使问题简化，把图示的梁看成是一个单元，如图 5.1(b)所示。当左支承点为结点 i，右支承点为结点 j 时，则结点位移和结点力可以分别写成 V_i、θ_{zi}、V_j、θ_{zj} 和 F_{yi}、M_{zi}、F_{yj}、M_{zj}。也可写成矩阵形式：

$$\{q\}=[v_i \quad \theta_{zi} \quad v_j \quad \theta_{zj}]$$

称为单元的结点位移列阵，

$$\{F\}=[F_{yi} \quad M_{zi} \quad F_{yj} \quad M_{zj}]$$

称为单元的结点力列阵；若$\{F\}$为外载荷，则称为载荷列阵。

显然，梁的结点力和结点位移是有联系的。在弹性小位移范围内。这种联系是线性的，可用下式表示：

$$\begin{Bmatrix} F_{yi} \\ M_{zi} \\ F_{yj} \\ M_{zj} \end{Bmatrix}=\begin{bmatrix} k_{11} & k_{12} & k_{13} & k_{14} \\ k_{21} & k_{22} & k_{23} & k_{24} \\ k_{31} & k_{32} & k_{33} & k_{34} \\ k_{41} & k_{42} & k_{43} & k_{44} \end{bmatrix}\begin{Bmatrix} v_i \\ \theta_{zi} \\ v_j \\ \theta_{zj} \end{Bmatrix}$$

或

$$\{F\}=[K]\{q\} \tag{5-2}$$

它代表了单元的载荷与位移之间(或力与变形之间)的联系，称为单元的有限元方程。式(5-2)中[K]称为单元刚阵，它是单元的特性矩阵。从方程中可以看出：

$$F_{yi}=k_{11}u_i+k_{12}\theta_{zi}+k_{13}v_j+k_{14}\theta_{zj}$$

$$M_{zi}=k_{21}v_i+k_{22}\theta_{zi}+k_{23}v_j+k_{24}\theta_{zj}$$

从而可以得出这样的物理概念，即单元刚度矩阵中任一元素 k_{ij} 表示 j 号结点的单位位移对 i 号结点力的贡献。如 [K]中第 1 列各元素就分别代表当在 i 结点处挠度方向产生单位位移 i=1 时，它们对其他各位移(包括 v_i)方向上引起的结点力 F_{yi}，M_{zi}，F_{yj}，M_{zj} 的贡献。由功的互等定理有 $k_{ij}=k_{ji}$，所以单元刚度矩阵是对称的。对于图 5.1 所示的梁单元平面弯曲问题，可以计算出各系数 k_{ij} 的数值。

例如，若假设 $v_i=1,\theta_{zi}=v_j=\theta_{zj}=0$，如图 5.2 所示，由梁的变形公式得

挠度为

$$v_i=\frac{F_{yj}l^3}{EI}-\frac{M_{zi}l^2}{2EI}=1$$

倾角

$$\theta_i=-\frac{F_{yi}l^2}{2EI}+\frac{M_{zi}l}{EI}=0$$

解得

$$F_{yi}=\frac{12EI}{l^3}=k_{11}$$

$$M_{zi}=\frac{6EI}{l^2}=k_{21}$$

再由平衡条件 $F_{yj}=-F_{yi}$ 和 $M_{zj}=-F_{yi}l-M_{zi}$

得

$$F_{yj}=\frac{-12EI}{l^3}=k_{31}$$

$$M_{zj} = \frac{6EI}{l^2} = k_{41}$$

同理，若再假设 $\theta_{zi} = 1$，$v_i = v_j = \theta_{zj} = 0$，如图 5.3 所示，由梁的变形边界条件，又可得：

$$k_{12} = \frac{6EI}{l^2} \quad k_{22} = \frac{4EI}{l} \quad k_{32} = \frac{-6EI}{l^2} \quad k_{42} = \frac{2EI}{l}$$

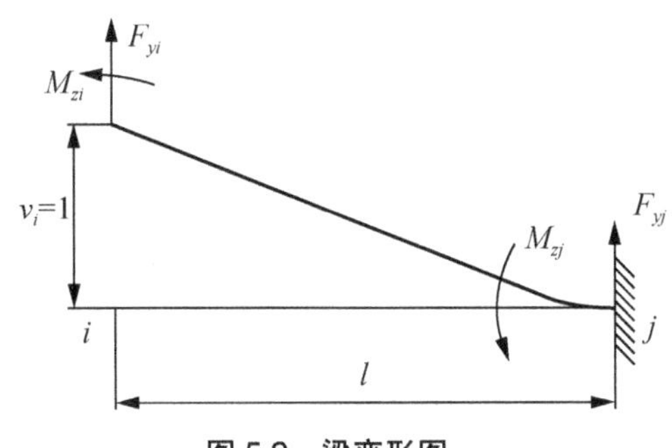

图 5.2　梁变形图一

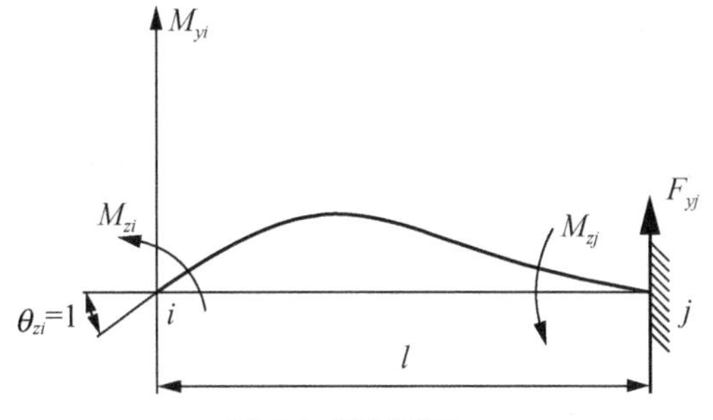

图 5.3 梁变形图二

类似地，还可求出

$$k_{13} = \frac{-12EI}{l^3} \quad k_{23} = \frac{-6EI}{l} \quad k_{33} = \frac{12EI}{l^3} \quad k_{43} = \frac{-6EI}{l^2}$$

$$k_{14} = \frac{6EI}{l^2} \quad k_{24} = \frac{2EI}{l} \quad k_{34} = \frac{-6EI}{l^2} \quad k_{44} = \frac{4EI}{l}$$

所以，平面弯曲梁单元的刚度矩阵或单元特性矩阵为

$$[K] = \frac{EI}{l^3}\begin{bmatrix} 12 & 6l & -12 & 6l \\ 6l & 4l^2 & -6l & 2l^2 \\ -12 & -6l & 12 & -6l \\ 6l & 2l^2 & -6l & 4l^2 \end{bmatrix} \tag{5-3}$$

2. *虚功原理法*

以平面问题中的三角形单元为例，说明其方法步骤。

1) 设定位移函数

设三结点三角形单元内的位移函数为：$\{d(x,y)\} = [u(x,y) \quad v(x,y)]^T$，它是未知的，当单元很小时，单元内一点的位移可以通过结点的位移数值来表示。对图 5.4 所示的三角形，可假设单元内位移为 x，y 的线性函数，即

$$u(x, y) = a_1 + a_2 x + a_3 y$$
$$v(x, y) = a_4 + a_5 x + a_6 y$$

或写成矩阵形式

$$\{d\} = \begin{Bmatrix} u \\ v \end{Bmatrix} = \begin{bmatrix} 1 & x & y & 0 & 0 & 0 \\ 0 & 0 & 0 & 1 & x & y \end{bmatrix}\begin{Bmatrix} a_1 \\ a_2 \\ a_3 \\ a_4 \\ a_5 \\ a_6 \end{Bmatrix} = [S]\{a\} \tag{5-4}$$

$u(x,y)$，$v(x,y)$既然是单元内某点的位移表达式，当然单元的三个结点 i，j，k 上的位移也可用它来表示，所以有

$$u_i = a_1 + a_2 x_i + a_3 y_i$$
$$v_i = a_4 + a_5 x_i + a_6 y_i$$
$$u_j = a_1 + a_2 x_j + a_3 y_j$$
$$v_j = a_4 + a_5 x_j + a_6 y_j$$
$$u_k = a_1 + a_2 x_k + a_3 y_k$$
$$v_k = a_4 + a_5 x_k + a_6 y_k$$

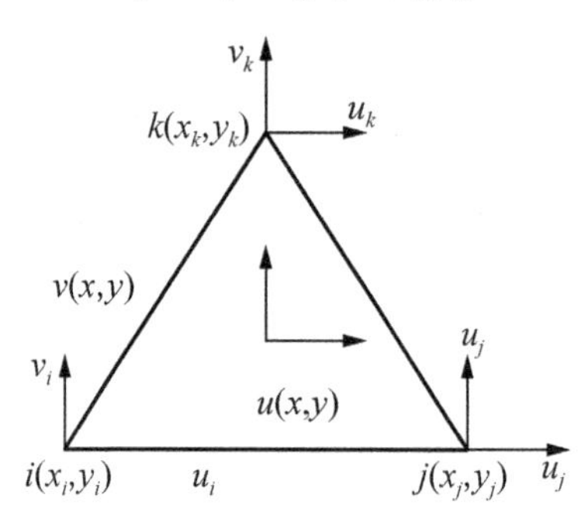

图 5.4　三角形单元

写成矩阵形式为

$$\{q\} = \begin{Bmatrix} u_i \\ v_i \\ u_j \\ v_j \\ u_k \\ v_k \end{Bmatrix} = \begin{bmatrix} 1 & x_i & y_i & 0 & 0 & 0 \\ 0 & 0 & 0 & 1 & x_i & y_i \\ 1 & x_j & y_j & 0 & 0 & 0 \\ 0 & 0 & 0 & 1 & x_j & y_j \\ 1 & x_k & y_k & 0 & 0 & 0 \\ 0 & 0 & 0 & 1 & x_k & y_k \end{bmatrix} \begin{Bmatrix} a_1 \\ a_2 \\ a_3 \\ a_4 \\ a_5 \\ a_6 \end{Bmatrix} = [c]\{a\}$$

为了能用单元结点位移$\{q\}$表示单元内某点位移$\{d\}$，即把 $d\{x,y\}$表达成结点位移插值函数的形式，应从上式中解出$\{a\}=[c]^{-1}\{q\}$。可用矩阵求逆法求出：

$$[c]^{-1} = \frac{1}{2A} \begin{bmatrix} a_i & 0 & a_j & 0 & a_k & 0 \\ b_i & 0 & b_j & 0 & b_k & 0 \\ c_i & 0 & c_j & 0 & c_k & 0 \\ 0 & a_i & 0 & a_j & 0 & a_k \\ 0 & b_i & 0 & b_j & 0 & b_k \\ 0 & c_i & 0 & c_j & 0 & c_k \end{bmatrix}$$

式中，A 是三角形面积：

$$2A = \begin{vmatrix} 1 & x_i & y_i \\ 1 & x_j & y_j \\ 1 & x_k & y_k \end{vmatrix} = (x_i - x_j)(y_k - y_j) - (x_k - x_j)(y_j - y_k)$$

$$\begin{aligned} &a_i = x_j y_k - x_k y_j \quad &a_j = x_k y_i - x_i y_k \quad &a_k = x_i y_j - x_j y_i \\ &b_i = y_j - y_k \quad &b_j = y_k - y_i \quad &b_k = y_i - y_j \\ &c_i = x_k - x_j \quad &c_j = x_i - x_k \quad &c_k = x_j - x_i \end{aligned} \tag{5-5}$$

为不使 A 为负值，图 5.4 中 i，j，k 的顺序必须按逆时针方向标注。

把 $\{a\}=[c]^{-1}\{q\}$ 代入式(5-4)中，得

$$\begin{Bmatrix} u \\ v \end{Bmatrix} = \frac{1}{2A}\begin{bmatrix} 1 & x & y & 0 & 0 & 0 \\ 0 & 0 & 0 & 1 & x & y \end{bmatrix}\begin{bmatrix} a_i & 0 & a_j & 0 & a_k & 0 \\ b_i & 0 & b_j & 0 & b_k & 0 \\ c_i & 0 & c_j & 0 & c_k & 0 \\ 0 & a_i & 0 & a_j & 0 & a_k \\ 0 & b_i & 0 & b_j & 0 & b_k \\ 0 & c_i & 0 & c_j & 0 & c_k \end{bmatrix}\begin{Bmatrix} u_i \\ v_i \\ u_j \\ v_j \\ u_k \\ v_k \end{Bmatrix}$$

相乘后得

$$u(x,y) = \frac{1}{2A}\left[(a_i + b_i x + c_i y)u_i + (a_j + b_j x + c_j y)u_j + (a_k + b_k x + c_k y)u_k\right]$$

$$v(x,y) = \frac{1}{2A}\left[(a_i + b_i x + c_i y)v_i + (a_j + b_j x + c_j y)v_j + (a_k + b_k x + c_k y)v_k\right]$$

或写成

$$\begin{cases} u(x,y) = N_i u_i + N_j u_j + N_k u_k \\ v(x,y) = N_i v_i + N_j v_j + N_k v_k \end{cases} \tag{5-6}$$

可简写为

$$\{d\} = [N]\{q\} \tag{5-6 a}$$

此式即为单元内某点的位移用结点位移插值表示的多项式。称[N]为形状函数，其中

$$\begin{aligned} N_i &= (a_i + b_i x + c_i y)/2A \\ N_j &= (a_j + b_j x + c_j y)/2A \\ N_k &= (a_k + b_k x + c_k y)/2A \end{aligned} \tag{5-6 b}$$

2) 由位移函数求应变

由弹性力学知 $\varepsilon_x = \frac{\partial u}{\partial x}$，$\varepsilon_y = \frac{\partial v}{\partial y}$，$\gamma_{xy} = \frac{\partial u}{\partial y} + \frac{\partial v}{\partial x}$，可得

$$\{\varepsilon\} = \begin{Bmatrix} \dfrac{\partial u}{\partial x} \\ \dfrac{\partial v}{\partial y} \\ \dfrac{\partial u}{\partial y} + \dfrac{\partial v}{\partial x} \end{Bmatrix} = \begin{bmatrix} \dfrac{\partial}{\partial x} & 0 \\ 0 & \dfrac{\partial}{\partial y} \\ \dfrac{\partial}{\partial y} & \dfrac{\partial}{\partial x} \end{bmatrix}\begin{Bmatrix} u \\ v \end{Bmatrix} = \frac{1}{2A}\begin{bmatrix} b_i u_i + b_j u_j + b_k u_k \\ c_i v_i + c_j v_j + c_k v_k \\ c_i v_i + c_j v_j + c_k v_k + b_i u_i + b_j u_j + b_k u_k \end{bmatrix}$$

或写成

$$\{\varepsilon\}=\frac{1}{2A}\begin{bmatrix} b_i & 0 & b_j & 0 & b_k & 0 \\ 0 & c_i & 0 & c_j & 0 & c_k \\ c_i & b_i & c_j & b_j & c_k & b_k \end{bmatrix}\begin{Bmatrix} u_i \\ v_i \\ u_j \\ v_j \\ u_k \\ v_k \end{Bmatrix}=[B]\{q\} \tag{5-7}$$

3) 根据胡克定律，通过应变求应力

对于平面问题，有

$$\{\sigma\}=[D]\{\varepsilon\}=[D][B]\{q\} \tag{5-8}$$

其中的$[D]$，对平面应力问题为

$$[D]=\frac{E}{1-\mu^2}\begin{bmatrix} 1 & \mu & 0 \\ \mu & 1 & 0 \\ 0 & 0 & \dfrac{1-\mu}{2} \end{bmatrix} \tag{5-9}$$

4) 由虚功原理求单元的刚度矩阵

根据虚功原理，当结构受载荷作用处于平衡状态时，在任意给出的结点虚位移下，外力(结点力)$\{F\}$及内力$\{\sigma\}$所做的虚功之和应等于零，即

$$\delta A_F+\delta A_\sigma=0$$

现给单元结点以任意虚位移$\{\delta q\}$：

$$\{\delta q\}=\begin{bmatrix} \delta u_i & \delta v_i & \delta u_j & \delta v_j & \delta u_k & \delta v_k \end{bmatrix}^{\mathrm{T}}$$

则单元内各点将产生相应的虚位移 δu，δv 和虚应变$\delta\varepsilon_x$，$\delta\varepsilon_y$，$\delta\gamma_{xy}$，它们都为坐标 x，y 的函数。可分别按式(5-6 a)和式(5-7)求得

$$\begin{Bmatrix} \delta u \\ \delta v \end{Bmatrix}=[N]\{\delta q\} \tag{5-10}$$

$$\{\delta\varepsilon\}=[B]\{\delta q\} \tag{5-11}$$

求单元结点力的虚功：

$$\delta A_F=\delta u_i F_{xi}+\delta v_i F_{yi}+\delta u_j F_{xj}+\delta v_j F_{yj}+\delta u_k F_{xk}+\delta v_k F_{yk}$$

或

$$\delta A_F=\{\delta q\}^{\mathrm{T}}\{F\} \tag{5-12}$$

再求内力虚功：

$$\delta A_\sigma=-\int_V\left(\delta\varepsilon_x\sigma_x+\delta\varepsilon_y\sigma_y+\delta\gamma_{xy}\tau_{xy}\right)\mathrm{d}V$$

式中，V 为单元体积。上式写成矩阵形式为

$$\delta A_\sigma=-\int_V(\delta\varepsilon)^{\mathrm{T}}\{\sigma\}\mathrm{d}V \tag{5-13}$$

将式(5-11)和式(5-8)代入式(5-13)，得

$$\delta A_\sigma=-\int_V(\delta q)^{\mathrm{T}}[B]^{\mathrm{T}}[D][B]\{q\}\mathrm{d}V$$

式中，$(\delta q)^{\mathrm{T}}$ 和 $\{q\}$ 可视为常值，将其移出积分号之外，即

$$\delta A_{\sigma}=-\{\delta q\}^{\mathrm{T}}\int_{V}[B]^{\mathrm{T}}[D][B]\,\mathrm{d}V\{q\} \tag{5-14}$$

将式(5-12)和式(5-14)代入虚功方程，得

$$\{\delta q\}^{\mathrm{T}}\{F\}=\{\delta q\}^{\mathrm{T}}\int_{V}[B]^{\mathrm{T}}[D][B]\,\mathrm{d}V\{q\}$$

式中，$(\delta q)^{\mathrm{T}}$ 是任意的，可消去，得

$$\{F\}=\int_{V}[B]^{\mathrm{T}}[D][B]\mathrm{d}V\{q\} \tag{5-15}$$

或

$$\{F\}=[K]\{q\} \tag{5-15 a}$$

式中，

$$[K]=\int_{V}[B]^{\mathrm{T}}[D][B]\,\mathrm{d}V \tag{5-15 b}$$

把 $[B]$及 $[D]$代入式(5-15)，得平面应力问题三角形单元刚度矩阵为

$$[K_{rs}]=\frac{Et}{4(1-\mu^{2})A}\begin{bmatrix} b_rb_s+\dfrac{1-\mu}{2}c_rc_s & \mu b_rb_s+\dfrac{1-\mu}{2}c_rb_s \\ \mu c_rb_s+\dfrac{1-\mu}{2}b_rc_s & c_rc_s+\dfrac{1-\mu}{2}b_rb_s \end{bmatrix} \tag{5-16}$$

$$(r=i,j,k;s=i,j,k)$$

5.1.3　有限元法的解题步骤

1. 单元剖分和插值函数的确定

根据构件的几何特性、载荷情况及所要求的变形点，建立由各种单元所组成的计算模型。再按单元的性质和精度要求，写出表示单元内任意点的位移函数 $u(x,y,z)$，$v(x,y,z)$，$w(x,y,z)$或$\{d\}=[S(x,y,z)]\{a\}$。

利用结点处的边界条件，写出以$\{a\}$表示的结点位移

$$\{q\}=[u_1\quad v_1\quad w_1\quad u_2\quad v_2\quad w_2\cdots]^{\mathrm{T}}$$

并写成

$$\{q\}=[C]\{a\}$$

求$[C]^{-1}$及$\{a\}=[C]^{-1}\{q\}$，并带入$\{d\}=[S]\{a\}$，得

$$\{d\}=[S][C]^{-1}\{q\}=[N]\{q\}$$

它是用结点位移表示单元体内任意点位移的插值函数式。

2. 单元特性分析

根据位移插值函数，由弹性力学中给出的应变和位移关系，可计算出应变为

$$\{\varepsilon\}=[B]\{q\}$$

式中，$[B]$是应变矩阵。相应的变为

$$\{\delta\varepsilon\}=[B]\{\delta q\}$$

由物理关系，得应变与应力的关系式为

$$\{\sigma\}=[D]\{\varepsilon\}=[D][B]\{q\}$$

式中，[D]为弹性矩阵。

由虚位移原理 $\int_V \{\delta\varepsilon\}^{\mathrm{T}}\{\sigma\}\mathrm{d}V=\{\delta q\}^{\mathrm{T}}\{F\}$，可得单元的有限元方程，或力与位移之间的关系式为

$$\{F\}=[K]\{q\}$$

式中，[K]是单元特性，即刚度矩阵，并可写成

$$[K]=\int_V [B]^{\mathrm{T}}[D][B]\,\mathrm{d}V$$

3. 单元组集

把各单元按结点组集成与原结构相似的整体结构，得到整体结构的结点与结点位移的关系

$$F=Kq$$

式中：K 是整体结构的刚度矩阵；F 是总的载荷列阵；q 是整体结构所有结点的位移列阵。

组集载荷列阵前，应将非结点载荷离散并转移到相应单元的结点上。转移方法根据力的性质不同分别取不同的算式：$\{F\}=\int_V [N]\{p\}\mathrm{d}V$ (体积力转移)，或 $\{F\}=\int_s [N]\{\overline{F}\}\,\mathrm{d}s$ (表面力转移)，或 $\{F\}=\{p\}[N]$(集中力转移)。

4. 解有限元方程

可采用不同的计算方法解有限元方程，得出各结点的位移。在解题之前，还要对 K 进行边界条件处理。然后再解出结点位移 q。

5. 计算应力

若要求计算应力，则在计算出结点位移$\{q\}$后，通过公式

$$\{\varepsilon\}=[B]\{q\}$$

$$\{\sigma\}=[D]\{\varepsilon\}=[D][B]\{q\}$$

并令 $[R]=[D][B]$ 为应力矩阵，则由式 $\{\sigma\}=[R]\{q\}$ 可求出相应的结点应力。

5.2 机械优化设计方法

现代化的设计工作已不再是凭借经验或直观判断来确定结构方案，也不是像“安全寿命可行设计”方法那样：在满足所提出的要求的前提下，先确定结构方案，再根据安全寿命等准则，对该方案进行强度、刚度等的分析、校核，然后进行修改，以确定结构尺寸。而是借助电子计算机，应用一些精确度较高的力学的数值分析方法(如有限元法等)进行分析计算，并从大量的可行设计方案中寻找出一种最优的设计方案，从而实现用理论设计代替经验设计，用精确计算代替近似计算，用优化设计代替一般的安全寿命的可行性设计。

机械优化设计包括建立优化设计问题的数学模型和选择恰当的优化方法与程序两方面内容。由于机械优化设计是应用数学方法寻求机械设计的最优方案，所以首先要根据实际的机械设计问题建立相应的数学模型，即用数学形式来描述实际设计问题：在建立数学模型时需要应用专业知识确定设计的限制条件和所追求的目标，确立设计变量之间的相互关

系等。机械优化设计问题的数学模型可以是解析式、试验数据或经验公式。虽然它们给出的形式不同，但都反映了设计变量之间的数量关系。数学模型一旦建立，机械优化设计问题就变成一个数学求解问题。应用数学规划方法的理论，根据数学模型的特点，选择适当的优化方法，进而采用计算机作为工具求得最佳设计参数。

5.2.1　机械优化设计问题的数学模型

1. 设计变量

一个设计方案可以用一组基本参数的数值来表示。这些基本参数可以是构件长度、截面尺寸、某些点的坐标值等几何量，也可以是质量、惯性矩、力或力矩等物理量，还可以是应力、变形、固有频率等代表工作性能的导出量。但是，对某个具体的优化设计问题，并不是要求对所有的基本参数都用优化方法进行修改调整。例如，对某个机械结构进行优化设计，一些工艺、结构布置等方面的参数，或者某些工作性能的参数，可以根据已有的经验预先取为定值。这样，对这个设计方案来说，它们就成为设计常数。而除此之外的基本参数，则需要在优化设计过程中不断进行修改、调整，一直处于变化的状态，这些基本参数称为设计变量，又称优化参数。

设计变量的全体实际上是一组变量，可用一个列向量表示

$$\boldsymbol{x}=[x_1 \quad x_2 \quad \cdots \quad x_n]^{\mathrm{T}}$$

称作设计变量向量。向量中分量的次序完全是任意的，可以根据使用的方便任意选取。一旦规定了这样一种向量的组成，则其中任意一个特定的向量都可以是一个“设计”。以 n 个设计变量为坐标组成的实空间称作设计空间。一个“设计”可用设计空间中的一点表示，此点可看成设计变量向量的端点(始点取坐标原点)，称作设计点。

2. 约束条件

设计空间是所有设计方案的集合，但这些设计方案有些是工程上所不能接受的(例如长度取负值等)。如果一个设计满足所有对它提出的要求，就称为可行(或可接受)设计，反之则称为不可行(或不可接受)设计。

一个可行设计必须满足某些设计限制条件，这些限制条件称作约束条件，简称约束。在工程问题中，根据约束的性质可以把它们分成性能约束和侧面约束两大类，针对性能要求而提出的限制条件称作性能约束。例如，选择某些结构必须满足受力的强度、刚度或稳定性等要求。不是针对性能要求，只是对设计变量的取值范围加以限制的约束称作侧面约束。例如，允许选择的尺寸范围就属于侧面约束。侧面约束又称边界约束。

约束又可按其数学表达形式分成等式约束和不等式约束两种类型，等式约束：

$$h(x)=0$$

要求设计点在 n 维设计空间的约束曲面上，不等式约束：

$$g(x)\leqslant 0$$

要求设计点在设计空间中约束曲面 $g(x)=0$ 的一侧(包括曲面本身)。所以，约束是对设计点在设计空间中的活动范围所加的限制。凡满足所有约束条件的设计点，它在设计空间中的活动范围称作可行域，如满足不等式约束：

$$g_j(x)\leqslant 0 \quad (j=1,2,\cdots,m)$$

的设计点活动范围，它是由 m 个约束曲面：

$$g_j(x)=0 \quad (j=1,2,\cdots,m)$$

所形成的 n 维子空间(包括边界)。满足两个或更多个 $g_i(x)=0$ 点的集合称作交集。在三维空间中两个约束的交集是一条空间曲线，三个约束的交集是一个点。在 n 维空间中 r 个不同约束的交集的维数是 $n-r$ 的子空间。等式约束 $h(x)=0$ 可看成同时满足 $h(x)\leqslant 0$ 和 $h(x)\geqslant 0$ 两个不等式的约束，代表 $h(x)=0$ 曲面。

约束函数有的可以表示为显式形式，即反映设计变量之间明显的函数关系。有的只能表示成隐式形式，需要通过有限元法或动力学计算求得。

3. 目标函数

在所有的可行设计中，有些设计比另一些要“好”，如果确实是这样，则“较好”的设计比“较差”的设计必定具备某些更好的性质。倘若这种性质可以表示成设计变量的一个可计算函数，则可以考虑优化这个函数，以得到“更好”的设计。这个用来使设计得以优化的函数称作目标函数。用它可以评价设计方案的好坏，所以它又被称作评价函数，记作 $f(x)$，用以强调它对设计变量的依赖性。目标函数可以是结构质量、体积、功耗、产量、成本或其他性能指标。

建立目标函数是整个优化设计过程中重要的问题。当对某一个性能有特定的要求，而这个要求又很难满足时，若针对这一性能进行优化将会取得满意的效果。但在某些设计问题中，可能存在两个或两个以上需要优化的指标，这将是多目标函数的问题。

目标函数是 n 维变量的函数，它的函数图像只能在 $n+1$ 维空间中描述出来。为了在 n 维设计空间中反映目标函数的变化情况，常采用目标函数等值面的方法。目标函数的等值面，其数学表达式为

$$f(x)=c \quad (c\text{ 为一系列常数}) \tag{5-17}$$

代表一族 n 维超曲面。如在二维设计空间中 $f(x_1, x_2)=c$，代表 x_1–x_2 设计平面上的一族曲线。

4. 优化问题的数学模型

优化问题的数学模型是实际优化设计问题的数学抽象。在明确设计变量、约束条件、目标函数之后，优化设计问题就可以表示成一般数学形式。

求设计变量向量 $\boldsymbol{x}=[\boldsymbol{x}_1 \quad \boldsymbol{x}_2 \quad \cdots \quad \boldsymbol{x}_n]^{\mathrm{T}}$ 使

$$f(x)\to\min$$

且满足约束条件

$$\begin{aligned} h_k(x)&=0 \quad (k=1,2,\cdots,l) \\ g_i(x)&\leqslant 0 \quad (j=1,2,\cdots,m) \end{aligned} \tag{5-18}$$

利用可行域概念，可将数学模型的表达进一步简化。设同时满足

$$g_j(x)\leqslant 0 \quad (j=1,2,\cdots,m)$$

和

$$h_k(x)=0 \quad (k=1,2,\cdots,l)$$

的设计点集合为 R，即 R 为优化问题的可行域，则优化问题的数学模型可简化成

求 x 使
$$\min_{x\in R} f(x) \tag{5-19}$$

在实际优化问题中，对目标函数一般有两种要求形式：目标函数极小化 $f(x)\to\min$ 或

目标函数级大化 $f(x)\to\max$。由于求 $f(x)$ 的极大化与求 $-f(x)$ 极小化等价，所以优化问题的数学表达一般采用目标函数极小化形式。

5.2.2　机械优化设计问题的基本解法

1. 解析解法与数值解法

求解优化问题可以用解析解法，也可以用数值的近似解法。解析解法就是把所研究的对象用数学方程(数学模型)描述出来，然后再用数学解析方法(如微分方法)求出优化解。但是，在很多情况下，优化设计的数学描述比较复杂，因而不便于甚至不可能用解析方法求解；另外，有时对象本身的机理无法用数学方程描述，而只能通过大量试验数据用插值或拟合方法构造一个近似函数式，再来求其优化解，并通过试验来验证；或直接以数学原理为指导，从任取一点出发通过少量试验(探索性的计算)，并根据试验计算结果的比较，逐步改进而求得优化解。这种方法是属于近似的、迭代性质的数值解法。数值解法不仅可用于求解复杂函数的优化解，也可以用于处理没有数学解析表达式的优化设计问题。因此，它是实际问题中常用的方法。但是，对于复杂问题，由于不能把所有参数都完全考虑并表示出来，只能是一个近似的最优化的数学描述。由于它本来就是一种近似，那么，采用近似性质的数值方法对它们进行求解，也就谈不到对问题的精确性有什么影响。

2. 优化准则法与数学规划法

在机械优化设计中，大致可分为两类设计方法。

一类是优化准则法，它是从一个初始设计 x^k 出发(k 不是指数，而是上角标，x^k 是 $x^{(k)}$ 的简写)，着眼于在每次迭代中满足的优化条件，按着迭代公式：

$$x^{k+1}=\boldsymbol{C}^k x^k \quad (\text{其中 } \boldsymbol{C}^k \text{ 为一对角矩阵}) \tag{5-20}$$

来得到一个改进的 x^{k+1}，而无须再考虑目标函数和约束条件的信息状态。

另一类设计方法是数学规划法，它虽然也是从一个初始设计 x^k 出发，对结构进行分析，但是按照如下迭代公式：

$$x^{k+1}=x^k+\Delta x^k \tag{5-21}$$

得到一个改进的设计 x^{k+1}。

在这类方法中，许多算法是沿着某个搜索方向 d^k 以适当步长 a^k 的方式实现对 x^k 的修改，以获得 Δx^k 的值。此时式(5-21)可写成

$$x^{k+1}=x^k+a_k d^k \tag{5-22}$$

而它的搜索方向 d^k 是根据几何概念和数学原理，由目标函数和约束条件的局部信息状态形成的。也有一些算法是采用直接逼近的迭代方式获得 x^k 的修改量 Δx^k 的。

3. 迭代终止条件

由于数值迭代是逐步逼近最优点而获得近似解的，所以要考虑优化问题的收敛性及迭代过程的终止条件。

收敛性是指某种迭代程序产生的序列 $\{x^k(k=0,1,\cdots)\}$ 收敛于

$$\lim_{k\to\infty} x^{k+1}=x^*$$

式中，x^* 为约束最优点。约束最优点不仅与目标函数本身的性质有关，而且还与约束函数的性质有关。

点列$\{x^k\}$收敛的充要条件是：对于任意指定的实数$\varepsilon>0$，都只存在一个与ε有关而与x无关的自然数N，使得当两自然数m，P大于N时，满足

$$\left\|x^m-x^p\right\|\leqslant\varepsilon$$

或

$$\sqrt{\sum_{i=1}^{n}\left(x_i^m-x_i^p\right)^2}\leqslant\varepsilon$$

或

$$\left|x_i^m-x_i^p\right|\leqslant\varepsilon_i=\frac{\varepsilon}{\sqrt{n}}$$

根据这个收敛条件，可以确定迭代终止准则，一般采用以下几种迭代终止准则：

(1) 当相邻两设计点的移动距离已达到充分小时。若用向量模计算它的长度，则

$$\left\|x^{k+1}x^k\right\|\leqslant\varepsilon_1$$

或用x^{k+1}和x^k的坐标轴分量之差表示为

$$\left|x_i^{k+1}-x_i^k\right|\leqslant\varepsilon_2\quad(i=1,2,\cdots,n)$$

(2) 当函数值的下降量已达到充分小时，即

$$\left|f\left(x^{k+1}\right)-f(x^k)\right|\leqslant\varepsilon_3$$

或用其相对值表示为

$$\left|\frac{f\left(x^{k+1}\right)-f\left(x^k\right)}{f\left(x^k\right)}\right|\leqslant\varepsilon_4$$

(3) 当某次迭代点的目标函数梯度已达到充分小时，即

$$\left\|\nabla f\left(x^k\right)\right\|\leqslant\varepsilon_5$$

采用哪种收敛准则，可视具体问题而定。可以取$\varepsilon_i\leqslant10^{-2}\sim10^{-3}$ $(i=1,2,\cdots,5)$

一般地说，采用优化准则法进行设计时，由于对其设计的修改较大，所以迭代的收敛速度较快，迭代次数平均为十多次，且与其结构的大小无关。因此可用于大型、复杂机械的优化设计，特别是需要利用有限元法进行性能约束计算时较为合适。但是，数学规划法在数学方面有一定的理论基础，其计算结果的可信程度较高，精确程度也好些。

【例 5.1】 平面四连杆机构的优化设计。

平面四连杆机构的设计主要是根据运动学的要求，确定其几何尺寸，以实现给定的运动规律。

图 5.5 所示是一个曲柄摇杆机构。图中x_1，x_2，x_3，x_4分别是曲柄AB、连杆BC、摇杆CD和机架AD的长度。ϕ是曲柄输入角，ψ_0是摇杆输出的起始位置角。这里，规定ϕ_0为摇杆的右极限位置角为ψ_0时的曲柄起始位置角，它们可以由x_1，x_2，x_3，x_4确定。通常规定曲柄长度$x_1=1$，而在这里x_4是给定的，并设$x_4=5$，所以只有x_2和x_3是设计变量。

设计时，可在给定最大和最小传动角的前提下，当曲柄从ϕ_0位置转到$\phi_0+90°$时，要求摇杆的输出角最优地实现一个给定的运动规律$f_0(\phi)$。例如，要求

$$\psi=f_0(\phi)=\psi_0+\frac{2}{3\pi}(\phi-\phi_0)^2$$

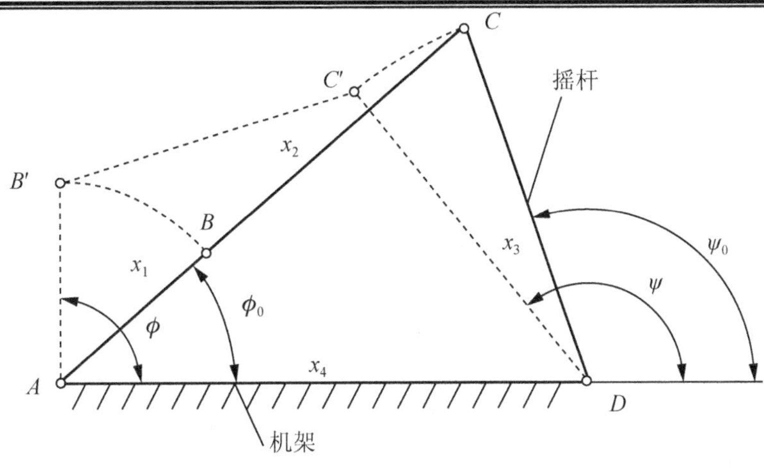

图 5.5　曲柄摇杆机构

对于这样的设计问题，可以取机构的期望输出角 $\psi=f_0(\phi)$和实际输出角 $\psi_j=f_j(\phi)$的平方误差积分准则作为目标函数，使

$$f(x)=\int_{\phi_0}^{\phi_0+\frac{\pi}{2}}\left[\psi-\psi_j\right]^2 \mathrm{d}\phi$$

最小。

当把输入角 ϕ 取 s 个点进行数值计算时，它可以化简为

$$f(x)=f(x_3,x_4)=\sum_{i=0}^{s}\left[\psi_i-\psi_{ji}\right]^2$$

最小。

相应的约束条件有：

(1) 曲柄与机架共线位置时的传动角：

最大传动角：$\gamma_{\max}\leqslant 135°$

最小传动角：$\gamma_{\min}\geqslant 45°$

对本问题可以计算出

$$\gamma_{\max}=\arccos\left[\frac{x_2^2+x_3^2-36}{2x_2x_3}\right]$$

$$\gamma_{\min}=\arccos\left[\frac{x_2^2+x_3^2-16}{2x_2x_3}\right]$$

所以

$$x_2^2+x_3^2-2x_2x_3\cos 135°-36\geqslant 0$$
$$x_2^2+x_3^2-2x_2x_3\cos 45°-16\geqslant 0$$

(2) 曲柄存在条件：

$$x_2\geqslant x_1$$
$$x_3\geqslant x_1$$
$$x_4\geqslant x_1$$
$$x_2+x_3\geqslant x_1+x_4$$
$$x_4-x_1\geqslant x_2-x_3$$

(3) 边界约束：

当 $x_1=1$ 时，若给定 x_4，则可求出 x_2 和 x_3 的边界值。例如，当 $x_4=0.5$ 时，则有曲柄存在条件和边界值限制条件如下：

$$x_2+x_3-6\geqslant 0$$
$$4-x_2+x_3\geqslant 0$$

和

$$1\leqslant x_2\leqslant 7$$
$$1\leqslant x_3\leqslant 7$$

【例 5.2】 单工序加工时，单件生产率的优化。

在机械加工时，工艺人员常把单件生产率最大或单件加工的工时最短作为一个追求的目标。现在说明此优化问题数学模型的建立方法。

设 t_p 是生产准备时间，t_m 是加工时间，t_c 是刀具更换时间。若用 T 表示刀具寿命，则每个工件占用的刀具更换时间为 $t_\mathrm{e}=t_\mathrm{c}\dfrac{t_\mathrm{m}}{T}$ ($\dfrac{t_\mathrm{m}}{T}$ 表示刀具切削刃在其寿命期间内平均可以加工的工件数)。这样，则单件生产时间(分钟/件)：

$$t=t_\mathrm{p}+t_\mathrm{m}+t_\mathrm{e}=t_\mathrm{p}+t_\mathrm{m}+t_\mathrm{c}\frac{t_\mathrm{m}}{T}$$

因而单位时间内生产的工件数，即生产率为

$$q=\frac{1}{t}=\frac{1}{t_\mathrm{p}+t_\mathrm{m}+t_\mathrm{c}\dfrac{t_\mathrm{m}}{T}}$$

刀具寿命 T 和切削速度 v 存在 $vT^n=C$ 的关系，加工时间和切削速度成反比，即有

$$t_\mathrm{m}=\frac{\lambda}{v}\quad(\lambda\text{ 是切削加工常数})$$

则有

$$t=t_\mathrm{p}+\frac{\lambda}{v}+\frac{t_\mathrm{c}\lambda}{C^{\frac{1}{n}}}v^{\frac{1-n}{n}}\tag{5-23}$$

式(5-23)就是本优化问题的目标函数。

在实际加工中，典型的约束条件有

进给速度约束条件：$s_\mathrm{min}\leqslant s\leqslant s_\mathrm{max}$

切削速度约束条件：$v_\mathrm{min}\leqslant v\leqslant v_\mathrm{max}$

表面粗糙度约束条件：$\dfrac{s^2}{8R}\leqslant R_\mathrm{amax}$ (其中 R 是刀尖半径，R_amax 是允许的表面粗糙度)或写成 $s\leqslant\sqrt{8RR_\mathrm{amax}}=s_a$ (s_a 是一个常数值)。把它和进给速度约束结合起来，则有约束

$$s_\mathrm{min}\leqslant s\leqslant\min\left(s_\mathrm{max},s_a\right)$$

功率约束条件：$\dfrac{F_\gamma h^\alpha s^\beta v}{4500}\leqslant P$ (其中 h 是切削深度，F_γ 是切削阻力，P 是电动机功率)。

考虑到约束条件中的变量是 s 和 v，所以宜把目标函数式(5-23)中的变量也用 s 和 v 表

述。这可以通过用$t_m=\frac{\lambda_0}{sv}$，$\lambda_0=\lambda_s$(λ_0是切削加工常数)，$Ts^{\frac{1}{m_0}}v^{\frac{1}{n_0}}=C_0$(其中的$m_0$，$n_0$和$C_0$均是常数)来处理。则得单件的生产时间为

$$t=t_P+\frac{\lambda_0}{sv}+t_c\frac{\lambda_0}{C_0}s^{\frac{1}{m_0}-1}v^{\frac{1}{n_0}-1}=t_P+\frac{\lambda_0}{sv}+t_c\frac{\lambda_0}{C_0}s^m v^n$$

或取下述形式：

$$t=t_P+\frac{\lambda_0}{sv}+\lambda_0 a s^m v^n \text{(其中 } a=\frac{t_0}{C_0}\text{)}$$

可以把它改写成：

$$\frac{t}{\lambda_0}=\frac{t_P}{\lambda_0}+\frac{1}{sv}+as^m v^n$$

由于$\frac{t_P}{\lambda_0}$是常值项，可以从目标函数中略去，则本问题的数学模型可以表述为求 s 和 v，使目标函数(单件加工时间——每一个工件的加工时间的分钟数值)满足

$$f(s,v)=\frac{1}{sv}+as^m v^n \to \min$$

$$v_{\min}\leqslant v\leqslant v_{\max}$$

$$s_{\min}\leqslant s\leqslant \min(s_{\max},s_a)$$

$$\frac{F_\gamma h^\alpha s^\beta v}{4500}\leqslant P$$

5.3　虚拟样机技术

虚拟样机技术(Virtual Prototyping Technology)是当前设计制造领域的一项新技术。它利用软件建立机械系统的三维实体模型和力学模型，分析和评估系统的性能，从而为物理样机的设计和制造提供依据。

5.3.1　虚拟样机技术的基本概念

虚拟样机技术是指在产品设计开发过程中，将分散的零部件设计和分析技术(指在某单一系统中零部件的 CAD 和 FEA 技术)综合在一起，在计算机上建造出产品的整体模型，并针对该产品在投入使用后的各种工况进行仿真分析，预测产品的整体性能，进而改进产品设计、提高产品性能的一种新技术。

随着经济贸易的全球化，要想在竞争日趋激烈的市场上取胜，缩短开发周期，提高产品质量，降低成本以及对市场的灵活反应成为竞争者所追求的目标。谁更早推出产品，谁就占有市场。然而，传统的设计与制造方式很难满足这些要求。

在传统的设计与制造过程中，首先是概念设计和方案论证，然后进行产品设计。在设计完成后，为了验证设计方案，通常要制造样机进行试验，有时这些试验甚至是破坏性的。当通过试验发现缺陷时，又要回头修改设计并再用样机验证。只有通过周而复始的设计—试验—设计过程，产品才能达到要求的性能。这一过程是冗长的，尤其对于结构复杂的系

统，设计周期无法缩短，更不能对市场进行快速反应。样机的单机制造增加成本，在大多数情况下，工程师为了保证产品按时投放市场而缩短甚至省略这一过程，使产品在上市时便有先天不足的毛病。在竞争的市场的背景下，基于物理样机上的设计验证过程严重地制约了产品质量的提高、成本的降低和对市场的占有。

虚拟样机技术是从分析解决产品整体性能及其相关问题的角度出发，解决传统的设计与制造过程中存在弊端的新技术。在该技术中，工程设计人员可以直接利用CAD系统所提供的各零部件的物理信息及其几何信息，在计算机上定义零部件间的连接关系并对机械系统进行虚拟装配，从而获得机械系统的虚拟样机，使用系统仿真软件在各种虚拟环境中真实地模拟系统的运动，并对其在各种工况条件下的运动和受力情况进行仿真分析，观察并试验各组成部件的相互运动情况，它可以在计算机上方便地修改设计缺陷，仿真试验不同的设计方案，对整个系统进行不断改进，直至获得最优设计方案以后，再做出物理样机。

虚拟样机技术可使产品设计人员在各种虚拟环境中真实地模拟产品整体的运动及受力情况，快速分析多种设计方案，进行对物理样机而言难以进行或根本无法进行的试验，直到获得系统的优化设计方案。虚拟样机技术的应用贯穿在整个设计过程当中，它可以用在概念设计和方案论证中。设计师可以把自己的经验与想象结合在计算机内的虚拟样机里，让想象力和创造力充分发挥。当虚拟样机用来代替物理样机验证设计时，设计质量和效率都会得到提高。

5.3.2 虚拟样机技术的形成和发展

虚拟样机技术源于对多体系统动力学的研究。工程中的对象是由大量零部件构成的系统，对它们进行设计优化与性态分析时可以分为两大类。一类称为结构，它们的特征是在正常的工况下构件间没有相对运动，如房屋建筑、桥梁、航空航天器与各种车辆的壳体以及各种零部件的本身。人们关心的是这些结构在受到载荷时的强度、刚度与稳定性。另一类称为机构，其特征是系统在运行过程中这些部件间存在相对运动，如航空航天器、机车与汽车、操作机械臂、机器人等复杂机械系统。此外，在研究宇航员的空间运动、在车辆的事故中考虑乘员的运动以及运动员的动作分析时，人体也可认为是躯干与各肢体间存在相对运动的系统。上述复杂系统的力学模型为多个物体通过运动副连接的系统，称为多体系统。

对于复杂机械系统人们关心的问题大致有三类：一是在不考虑系统运动起因的情况下研究各部件的位置与姿态及其变化速度与加速度的关系，称为系统的运动学分析；二是当系统受到静载荷时，确定在运动副制约下的系统平衡位置以及运动副静反力，这类问题称为系统的静力学分析；三是讨论载荷与系统运动的关系，即动力学问题。研究复杂机械系统在载荷作用下各部件的动力学响应是产品设计中的重要问题。已知外力求系统运动的问题归结为求非线性微分方程的积分，称为动力学正问题。已知系统的运动确定运动副的动反力的问题是系统各部件强度分析的基础，这类问题称为动力学的逆问题。现代机械系统离不开控制技术，产品设计中经常遇到这样的问题，即系统的部分构件受控，当它们按某已知规律运动时，讨论在外载荷作用下系统其他构件如何运动，这类问题称为动力学正逆混合问题。

随着国民经济的发展与国防技术的需要，机械系统的构型越来越复杂，表现为这些系统构型上向多回路与带控制系统方向发展。如高速车辆对操纵系统与悬架系统的构型提出更高的要求，已开始大量采用自动控制环节。机械系统的大型化与高速运行的工况使机械系统的动力学性态变得越来越复杂。如大型的高速机械系统各部件的大范围运动与构件本身振动的耦合，振动非线性性态的表现等。复杂机械系统的运动学、静力学与动力学的性态分析、设计与优化对设计人员提出了更高的要求。

虚拟样机技术是解决复杂系统运动学、动力学的有效手段。它的核心是机械系统运动学、动力学和控制理论，辅助技术手段是三维计算机图形技术和基于图形的用户界面技术。利用虚拟样机技术进行设计时，CAD 中的三维几何造型技术能够使设计师的主要精力放在创造性设计上，把繁琐的绘图工作交给计算机去做，三维造型技术使虚拟样机技术中的机械系统描述问题变得简单，由于 CAD 强大的三维几何编辑修改技术，使机械系统设计的快速修改成为可能，在这基础上，在计算机上的设计、试验、设计的反复过程才有时间上的意义。

综上所述，虚拟样机技术是许多技术的综合。它的核心部分是多体系统运动学与动力学建模理论及其技术实现。作为应用数学的一个分支的数值算法及时地提供了求解这种问题的有效的快速算法。计算机可视化技术及动画技术的发展为这项技术提供了友好的用户界面。CAD/FEA 技术的发展为虚拟样机技术的应用提供了技术环境。

5.3.3 虚拟样机技术的相关技术

机械系统的种类繁多，虚拟样机分析软件在进行机械系统运动学和动力学分析时，还需要融合其他相关技术。为了能够充分发挥不同分析软件的特长，有时可能希望虚拟样机软件可以支持其他机械系统计算机辅助工程(MCAE)软件，或者反过来，虚拟样机软件的输入数据可以由其他的专用软件产生。

图 5.6 给出了虚拟样机技术的相关技术。

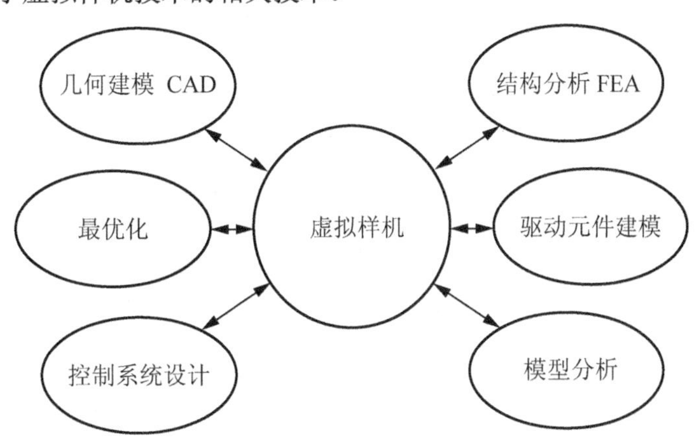

图 5.6 虚拟样机及其相关技术

一个优秀的虚拟样机分析软件除了可以进行机械系统运动学和动力学分析，还应该包含以下技术：

(1) 几何形体的计算机辅助设计(CAD)软件和技术。用于机械系统的几何建模，或者用来展现机械系统的仿真分析结果。

(2) 有限元分析(FEA)软件和技术。可以利用机械系统的运动学和动力学分析结果，确定进行机械系统有限元分析所需的外力和边界条件。或者利用有限元分析对构件应力、应变和强度进行进一步的分析。

(3) 模拟各种作用力的软件编程技术。虚拟样机软件运用开放式的软件编程技术来模拟各种力和动力，例如，电动力、液压气动力、风力等，以适应各种机械系统的要求。

(4) 利用试验装置的试验结果进行某些构件的建模。试验结果经过线性化处理输入机械系统，成为机械系统模型的一个组成部分。

(5) 控制系统设计与分析软件和技术。虚拟样机软件可以运用传统的和现代的控制理论，进行机械系统的运动仿真分析。或者，可以应用其他专用的控制系统分析软件，进行机械系统和控制系统的联合分析。

(6) 优化分析软件和技术。运用虚拟样机分析技术进行机械系统的优化设计和分析，是一个重要应用领域，通过优化分析，确定最佳设计结构和参数值，使机械系统获得最佳的综合性能。

习　　题

1．简述有限元法的基本思路及其数学基础。它的解题方法是解析性的还是数值性的？为什么？

2．有限元分析法的解题精度与单元的位移函数或形状函数的设定有直接关系。请说明它们之间存在什么关系。为使它们合理，应满足哪些条件(通过某一种单元的一种位移函数和形状函数形式进行说明)？

3．单元刚度矩阵在有限元分析法中起什么作用？它的物理意义是什么？

4．优化设计问题求解过程的基本思路是什么？一般步骤如何进行？

5．何谓虚拟样机技术？举例说明计算机仿真的意义。

第 6 章　计算机辅助工艺过程设计

学习目标

本章系统地论述了计算机辅助工艺过程设计(APP)的基本概念和原理。要求了解 CAPP 的研究历史与发展现状；掌握成组技术的基本原理和方法；掌握派生式、生成式 CAPP 系统的基本原理、系统开发方法与步骤，为研究和开发实用型的 CAPP 系统打下基础。

学习要求

1. 了解 CAPP 的基本概念、结构组成、在生产过程中的地位及重要性；
2. 了解成组技术的基本原理和方法，CAPP 的设计步骤及结构组成；
3. 掌握派生式、生成式 CAPP 系统的原理和系统开发方法与步骤；
4. 了解 CAPP 的发展趋势。

引例

计算机辅助工艺过程设计就是利用计算机来制订零件的加工工艺过程，把毛坯加工成图样上所要求的零件。使用 CAPP 系统制订工艺过程可以代替工艺工程师的繁重劳动、提高工艺过程设计质量、缩短生产准备周期，提高生产率、减少工艺过程设计及制造费用、为实现计算机集成制造创造条件。下图是使用开目 CAPP 系统进行工艺过程设计的一个页面。

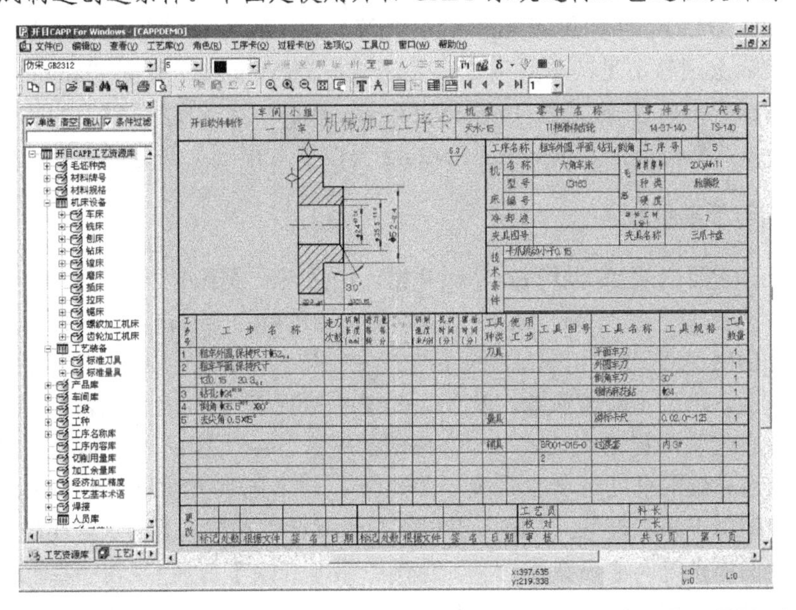

6.1　概　　述

在生产过程中，按一定顺序直接改变生产对象的形状尺寸、物理机械性质，以及决定零件相互位置关系的过程统称为机械制造工艺过程，简称工艺过程。

工艺过程设计是生产过程中信息流的集中点，它是连接产品设计和产品制造的桥梁，是整个生产过程中十分重要的环节。在进行工艺过程设计时要处理大量的信息，要分析和处理与产品及零件本身有关的各种技术信息，如加工对象的结构、材料、工艺性、批量等；要分析和处理与具体企业生产技术及设备条件有关的技术信息，如工厂的技术能力、生产条件、环境、传统习惯等。据统计，工艺过程设计约占全部生产准备时间的40%。

由原材料转变为最终产品的制造过程中的一系列生产技术活动涉及相当广的领域，因此，工艺过程设计所面临的问题极其复杂。工艺过程设计过程是技术、经济、社会诸方面因素的整体优化过程。工艺过程设计中需要大量的决策，这些决策由工艺设计人员根据制造对象的结构和工艺信息、生产环境和条件、科学技术的现状和发展、社会经济的需求等多方面因素，采用多种决策方法来实现。

6.1.1　CAPP 的基本概念

计算机辅助工艺过程设计是通过向计算机输入被加工零件的几何信息(图形)和工艺信息(材料、热处理、批量等)，由计算机自动输出零件的工艺路线和工序内容等工艺文件的过程。简言之，计算机辅助工艺过程设计就是利用计算机来制订零件的加工工艺过程，把毛坯加工成图样上所要求的零件。

计算机辅助工艺过程设计又可以译为计算机辅助工艺过程规划。国际生产工程研究会提出了计算机辅助规划(Computer Aided Planning，CAP)、计算机自动工艺过程设计(Computer Automated Process Planning，CAPP)等名称，可见CAPP一词强调了工艺过程的自动设计。实际上国外常见的一些词汇，如制造规划(Manufacturing Planning)、材料处理(Material Processing)、工艺工程(Process Engineering)、工艺过程设计(或规划)(Process Planning)以及加工路线安排(Machining Routing)等在很大程度上都是指工艺过程设计。

6.1.2　CAPP 的产生与意义

国外的CAPP研究从20世纪60年代开始。1966年，美国普渡大学提出CAPP的研究课题。1969年，挪威开发出AUTOPROS(AUTOmated PROcess planning System)。20世纪60年代后期，IBM 公司开发出AMP的系统。1976年，一个派生式CAPP系统在美国开发成功并公开演示，产生了较大影响。自此，CAPP 的研究工作在世界各国得到广泛重视。1977年，美国普渡大学提出生成式CAPP系统的概念。1981年法国研制出GARI系统，这是一个以规则为基础的批处理专家系统。1982年，日本东京大学研制出TOM系统，该系统把产生式规则用于知识表达，采用人工智能技术进行工艺过程设计，它还能前接CAD系统，后接数控编程系统，输出数控指令。这两个系统开始了智能CAPP系统的研究。

我国的CAPP研究工作起步较晚，开始于20世纪70年代末，1983年《机械制造》上发表了“TOJICAP系统”以后，逐渐得到了各高校、研究单位和工厂的重视。1988年，在南京召开了第一届 CAPP 研讨会，CAPP 的研究论文开始大量发表，研制开发了一些各种类型的 CAPP 系统并在企业投入使用。

计算机辅助工艺过程设计无论是对单件、小批量生产还是大批大量生产都有重要意义，主要表现在：

(1) 可以代替工艺工程师的繁重劳动。CAPP 可以代替大量的工艺工程师繁重的重复劳动，将工艺设计人员从繁重和重复的劳动中解放出来，转而从事新产品及新工艺开发等创造性工作。另外，利用人工智能技术，如专家系统等，还可以减少工艺过程设计上所需要的某些人工决策，降低对工艺人员技能的要求。还有助于对工艺设计人员的宝贵经验进行总结和继承。

(2) 提高工艺过程设计质量。计算机辅助工艺过程设计可以编制出一致性好、精确的工艺过程。在人工编制工艺过程时，由于受到个人经历和知识的限制，在同样生产条件下，可能会编制出不同的工艺过程，影响了生产组织工作。同时，计算机能按程序要求编制出详尽的工艺过程，精确性好，减少了人为因素影响，有利于工艺过程设计最优化和标准化。

(3) 缩短生产准备周期，提高生产率。人工设计工艺过程繁琐、费时、速度慢，不能适应多品种生产、产品更新换代、市场变化等要求。计算机辅助工艺过程设计能大大缩短生产准备周期，从而缩短了产品开发周期，提高了对市场变化的响应速度和竞争能力。

(4) 减少工艺过程设计费用及制造费用。CAPP 技术可以大大减少工艺工程师的劳动，缩短产品开发周期，提高生产率，减少在制品数量，使生产制造费用、产品成本大为缩减。

表 6-1 所示为在一个零件的成本中各项费用所占的比例。从表中可以看出，当采用了计算机辅助工艺过程设计后，各项费用都得到不同程度的减少。

表 6-1　采用计算机辅助工艺过程设计的效益

费用组成	占总费用的比例	采用 CAPP 后减少的比例数	采用 CAPP 后占总费用的比例数
工艺过程设计	8%	58%	3.36%
材　　料	23%	4%	22.08%
工　　时	28%	10%	25.20%
刀　　具	7%	12%	6.16%
返修品和废品	4%	10%	3.60%
管理、利润等	30%	—	39.60%

(5) 为实现计算机集成制造系统(CIMS)创造条件。CIMS 是在网络、数据库支持下，由 CAD、CAM 和计算机管理信息系统(MIS)所组成的综合体，它是当前先进制造系统发展的方向之一。随着机械制造业向 CIMS 或智能制造系统(IMS)的发展，CAD、CAPP 和 CAM 以及它们之间的集成是 CIMS 的信息集成主体和关键技术。CAPP 的输入是零件的几何信息、材料信息、工艺信息等，输出主要有零件的工艺过程和工序内容，是 CAM 所需的各种信息。随着 CIMS 的深入研究和应用，人们已认识到 CAPP 是 CAD 和 CAM 之间的桥梁，设计信息只能通过工艺过程设计才能形成制造信息。因此，在 CIMS 中，CAPP 是一个关键技术，占有很重要的地位并在更高、更新的意义上受到广泛的重视。

6.1.3 CAPP 的设计步骤与结构组成

CAPP 技术包括计算机技术、工艺理论、成组技术、零件信息的描述和获取、工艺设计决策技术、工艺知识的获取及表示、NC 加工指令的自动生成及加工过程动态仿真等多种基础技术。计算机辅助工艺过程设计的步骤大致如下：

(1) 产品图样信息输入。首先了解整个产品的原理和所加工零件在整个产品中的作用，分析零件的尺寸公差及技术要求，以及其结构工艺性。在此基础上应用零件信息描述系统，输入零件的几何信息和工艺信息。

在集成制造系统中，由于 CAD/CAPP/CAM 在信息和功能上是集成的，零件的几何信息和工艺信息可由 CAD 直接输入。

(2) 工艺路线和工序内容拟定。主要有定位基准和夹紧方案选择、加工方法选择和加工顺序安排等，这几项工作紧密相关，应统筹考虑。一般来说，先考虑粗、精定位基准和夹紧方案的选择，再进行加工方法的选择，最后进行加工顺序安排。应该指出，零件工艺路线和工序内容的拟定是 CAPP 中最关键和最困难的工作，工作量也比较大，目前多采用人工智能、模糊数学等决策方法求解。该项工作进行前应确定毛坯类型。

(3) 加工设备和工艺装备的确定。根据所拟定的零件工艺过程从制造资源库中查询各工序所用的加工设备(如机床)、夹具、刀具及辅助工具等。如果是通用的，而库中又没有，可通知有关部门采购；如果是专用的，则应提出设计任务书，交有关部门安排研制。

(4) 工艺参数计算。主要有切削用量、加工余量、工序尺寸及其公差和时间定额等项。在加工余量、工序尺寸及其公差的计算中可能由于基准不重合问题而涉及求解工艺尺寸链，目前已可用计算机来求解尺寸链。这一阶段可最后生成零件毛坯图。

(5) 工艺文件的输出。工艺文件可按工厂要求用表格形式输出，在工序卡片上应有工序简图，图形可根据零件信息描述系统的输入信息绘制，也可从计算机辅助设计中获得，工序简图可以是局部的，只要能表示出该工序所加工的部位即可。在集成制造系统中，工艺文件不一定要输出可读文档，可将信息直接输入计算机辅助制造系统中，也可用数据形式输出备查。

计算机辅助工艺过程设计系统的构成与其开发环境、产品对象、规模大小等因素有关。图 6.1 所示为 CAPP 系统的基本构成，其主要构成模块如下：

(1) 控制模块。协调各模块运行，实现人机之间的信息交流，控制零件信息获取方式。

(2) 零件信息获取模块。零件信息输入可以有下列三种方式：人机交互输入、从 CAD 系统直接获取或来自集成环境下数据库中统一的产品数据模型。

(3) 工艺过程设计模块。进行加工工艺过程的决策，生成工艺过程卡。

(4) 工序决策模块。进行工序设计，生成工序卡。

(5) 工步决策模块。划分工步及提供形成数控指令所需的刀位文件。

(6) 工艺文件生成模块。生成规定格式的工艺文件。

(7) 数控加工指令生成模块。根据工序内容、刀位文件，所选用的数控机床自动编制用于控制数控机床的数控加工指令。

(8) 输出模块。可输出工艺过程卡、工序卡和工序图和数控加工程序单等各类文档，并可利用编辑工具对现有文件进行修改后得到所需的工艺文件。

(9) 加工过程动态仿真模块。可检查工艺过程和数控指令的正确性。

上述的 CAPP 系统结构是一个比较完整的、广义的 CAPP 系统。实际上，并不一定所有的 CAPP 系统都必须包括上述全部内容，例如传统概念的 CAPP 不包括数控指令生成和加工过程仿真，实际系统组成可以根据实际生产的需要而调整。但它们的共同点应使 CAPP 系统的结构满足层次化、模块化的要求，具有开放性，便于不断扩充和维护。

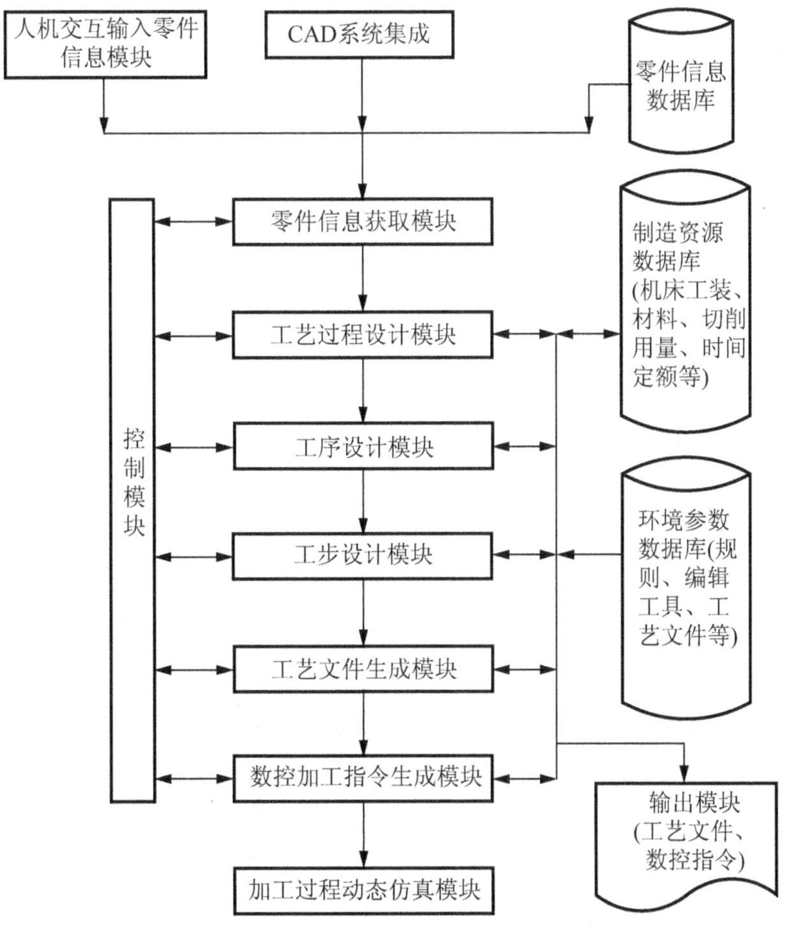

图 6.1　CAPP 的系统构成

6.2　成组技术概论

成组技术(Group Technology，GT)是适应产品多样化时代的要求，在 20 世纪 50 年代“成组加工”的基础上迅速发展起来的一项综合性的现代工程技术，是改变传统的多品种、中小批量生产落后面貌的一项战略性技术。

无论国内还是国外，小批量生产均占大多数。国际生产工程研究协会(CIRP)曾对美国、欧洲和日本各工业部门的生产类型进行过调查统计，其结果是：单件生产的零件品种数约占生产零件品种总数的 35%；小批量生产的零件品种数约占 50%；大批量生产(指一万件至几万件)约占 10%；而大量生产(指十万件至几十万件)只占 5%左右。从产值分布上来看，单件、小批量生产所占的比重约 60%，而大批、大量生产所占的比重为 40%。

长时期以来，多品种、小批量生产始终保持着传统的生产方式。生产中普遍地采用通用设备和通用的工艺装备。它们可以适用加工对象的变化，但加工效率极低。由于零件种类繁多，且经常变换，而每种零件的工艺路线又各不相同，结果在生产中工件在各机床之间错综复杂的往返穿梭，大大延长了工件的运输路线，使计划、调度工作变得复杂。工件常常由于等待调度、机床、更换工装而长时期的在车间内堆放。

据国外统计，在小批量生产中，如果把工件在车间中停留的总时间作为 100%，那么工件真正在机床上的时间仅占其中的 5%；而运输和等待所消耗的时间则占 95%。在这 5%工件在机床上的时间中，实际加工时间(切削、磨削等机动时间)又只占 30%；而其余的 70%则消耗在装卸、定位、测量和换刀等辅助操作上。也就是说，工件在车间内停留的总时间中，真正在机床上进行加工的时间只占 1.5%，辅助时间占 3.5%。

因此，要缩短小批量生产的生产周期，从工件在车间时间消耗的分配上分析，可以采用以下三种方法：

(1) 采用先进刀具和合理的切削参数，提高切削效率。但这仅在 1.5 %的时间内起作用，对于提高整个小批量生产水平方面，并不起很大的作用。

(2) 改进工艺装备和实现单机自动化，减少加工过程中的工件装卸、定位、测量、换刀等辅助时间。但是这只能缩短占工件在车间内停留总时间的 3.5%的那部分时间。对于提高小批量生产总的生产水平，作用也不会太大。而且对传统方式的小批量生产，还要从经济效果方面考虑这样做是否合理。

(3) 减少工件的运输和等待时间。工件在车间内消耗在工序之间的运输和等待的时间占总时间的 95%，努力减少这一部分时间，对于多品种、小批量生产的生产水平，无疑是潜力最大和效果最为显著的方面。

为了实现上述目标，多年来人们曾在技术和管理等多方面进行了许多研究工作，但大都收效不大。而在不少企业的实施过程中获得卓著成效，并被世界各国公认为对改进多品种、小批量生产的落后面貌具有战略意义的，则是成组技术。成组技术为不断提高多品种、小批量生产的生产水平开辟了一条正确和有效的途径。在实施成组技术的基础上，使多品种、小批量生产有可能采用先进的生产方式、制造技术和管理方法，进而实现生产过程的自动化，收到大批量生产的效益。

6.2.1 零件的相似性

成组技术是建立在零件统计学上的，它的基础是零件的相似性。

不同的机械类产品，尽管其用途和功能各不相同，然而每种产品中所包含的零件类型存在着一定的规律。德国阿亨工业大学于 1960～1961 年曾在机床、发电机、矿山机械、轧钢设备、仪器仪表、纺织机械、水力机械和军械等 26 个不同性质的企业中选取了 45000 种零件，进行分析、研究。结果表明，任何一种机械类产品中的组成零件都可以分为以下三类：

(1) 复杂件或特殊件(A 类)。这一类零件在产品中数量少，约占零件总数的 5%～10%，但结构复杂，产值高。不同产品中，这类零件之间差别很大，因而再用性低。如机床床身、主轴箱、溜板、飞机和发电机中的一些大件等均属此类。

(2) 相似件(B 类)。这一类零件在产品中的种数多、数量大，约占零件总数的 70%，其特点是相似程度高，多为中等复杂程度零件。如轴、套、端盖、支座、盖板、齿轮等。

(3) 简单件或标准件(C 类)，这类零件结构简单，再用性高，多为低值件，一般由专业化工厂组织大批量生产，如螺钉、螺母、垫圈等。

上述结果说明，尽管各种机械产品的功能、结构各不相同，但是，各种产品的组成零件却有一定的规律出现。同时还说明，在各种机械产品的组成零件中，占大多数(70%左右)的是相似件。在这一大类中，虽然每一种类型的零件之间(如一种轴与另一种轴、一种齿轮与另一种齿轮等)并不相同而它们在功能结构和加工工艺方面却存在着大量的相似特征。成组技术的任务和目标就是充分利用多品种、小批量生产中加工对象的这些特征，采取适当的组织和技术措施，大幅度提高多品种、小批量生产的生产水平。

成组技术一般这样定义：将许多各不相同，但又具有相似信息的事物，按照一定的准则分类成组，使若干种事物能够采用统一的解决方法，以达到节省精力、时间和费用的目的。长久以来，人们从经验中认识到，把相似的事物集中起来加以处理，可以减少重复性劳动和提高效率。这一类的例子几乎在各种工作和生活领域到处可见。所以，成组技术并不是一种全新的概念。然而，在具体的工作中自觉地建立和应用这一概念，并使之科学化、系统化和形成一整套具有完整体系而又行之有效的技术，则是近几十年来新的发展。

成组技术的普遍原理可以用于各种工作领域。凡是存在着相似性的地方，都可以应用成组技术。我们主要讲成组技术在机械制造领域的应用。在机械制造企业的生产系统范围内研究成组技术时，成组技术可定义为：将企业生产的多种产品、部件和零件，按照一定的相似性准则分类编组，并以这些组为基础组织生产的各个环节，从而实现产品设计、制造工艺和生产管理的合理化。这个概念可以用图 6.2 表示。

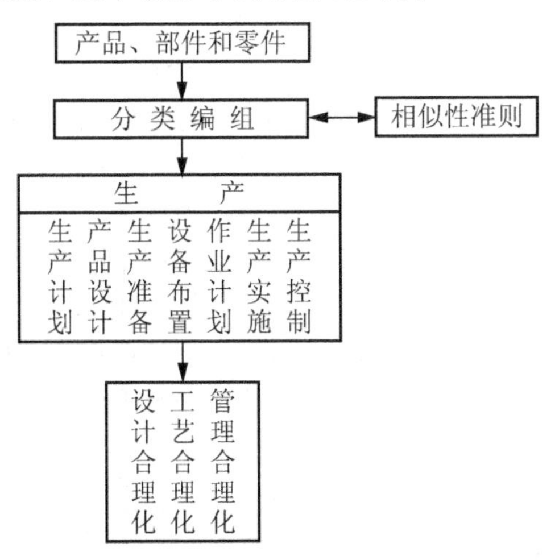

图 6.2　机械制造成组技术的概念

在多品种、小批量生产的机械制造企业中，在品种众多的零件之间，存在着大量的相似性。利用这种相似性，就可以把本来看起来各不相同，杂乱无章的多种生产对象组织起来，科学地形成若干个零件组(族)，并在此基础上，采取适当措施，提高生产水平。

所谓零件的相似性是指零件所具有的各种特征的相似。在零件诸多的特征中，人们主要考虑在结构、材料和工艺这三个方面的特征。这三方面的特征就决定着零件之间在结构、材料和工艺上的相似性，如图 6.3 所示。零件的结构、材料相似性与工艺相似性之间密切相关。结构相似性和材料相似性决定着工艺相似性。例如，零件的基本形状、形状要素、精度要求和材料，常常决定应采用的加工方法和机床类型，零件的最大外廓尺寸则决定着应采用的机床规格等。

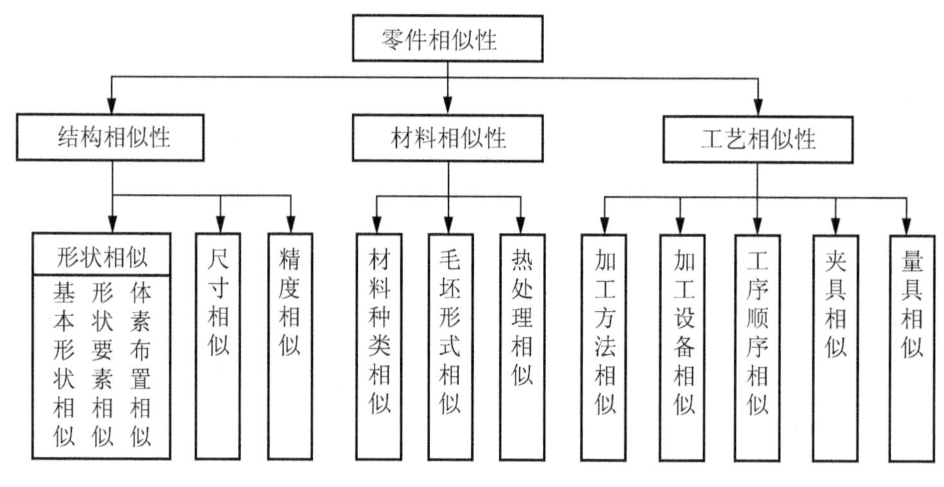

图 6.3　零件的相似性

零件的相似性是零件分组的依据。从企业生产的需要出发，可侧重按照零件某些方面的相似性分类成组。

6.2.2　零件的分类编码和分类编码系统

零件分类编码是对零件相似性进行识别的一个手段，也是成组技术的基本方法。零件分类编码系统是用字符(数字、字母或符号)对零件各种特征或属性进行描述、识别的一套特定规则。根据分类编码系统制定的规则，用字符标志和描述零件就是对零件进行编码。代表零件特征或属性的每一字符称为特征码。经过编码，零件的特征被标志成相应的特征码，这些特征码的有序组合便产生了零件的代码。所以一个零件的代码，不仅代表一种零件的某些特征，同时也代表若干种与之非常相似的其他零件的相应特征。

在构造零件分类编码系统前，需要对零件的特征和属性作全面研究。编码系统选择哪些有关的特征取决于建立此分类编码系统的目的，例如，对面向设计检索的零件编码系统零件的公差并不重要，但对面向制造工艺的零件编码系统却十分重要。

1. 零件分类编码系统的结构

通常，零件的几何形状、尺寸、结构及其技术条件通过工程图样可以详细、完整地表达清楚，同时也提供了从制造到装配的基本信息。然而对许多决策过程，过多的信息反而使决策困难。零件的编码却可以构造一个零件模型而无须细节。当构造一个编码系统时，下述因素需要优先考虑：

(1) 零件的大类，如回转体、非回转体、箱体等；

(2) 编码内容应表示的详细程度；

(3) 编码系统的结构：链式、树式或混合式；

(4) 每一码位选用的字符。

根据各码位之间的关系，零件的分类编码系统可以分为链式、树式和混合式三种结构，如图 6.4 所示。三种结构形式的特点如表 6-2 所示。

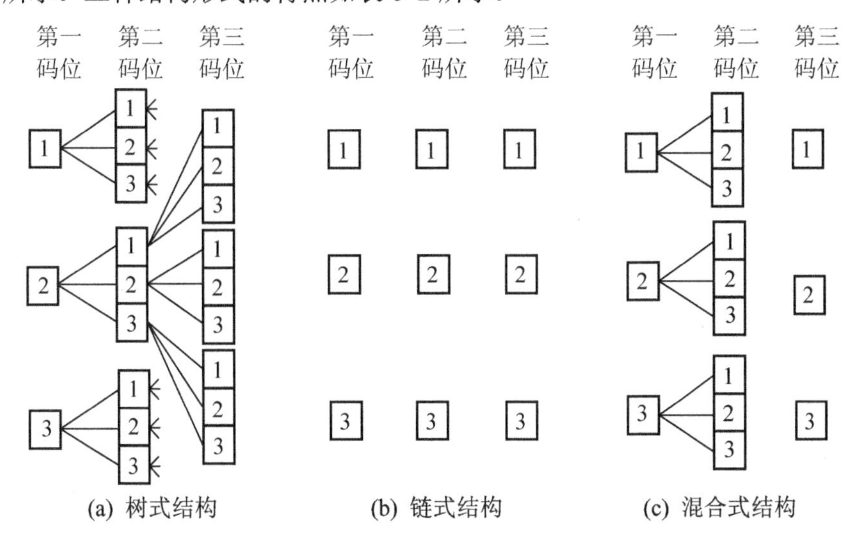

图 6.4　码位之间的结构形式

表 6-2　三种结构形式特点比较

结构形式	码位关系	信息容量	特　点
树　式	隶　属	大	识别、使用不方便，适用于零件设计检索
链　式	并　列	小	识别、使用方便，适用于零件特征分类
混合式	隶属、并列	中	介于两者之间

1) 树式结构

码位之间是递阶隶属关系，即除第一码位内的特征码外，其后各码位特征含义都要根据前一位码确定，因此形成树状分枝。树状结构在码位数相同时能包含大量的分类环节，但结构复杂，编码和识别代码均不方便。设树式结构的码位数量为 N_1，每个码位内的特征项数为 M，则树式结构信息容量 C_s 为

$$C_s = \sum_{k=1}^{N_1} M^k$$

2) 链式结构

各码位的特征或属性具有独立含义，与前位码或后位码无关。链式结构在相同的码位数时，所包含的特征信息量即分类环节总数比树式结构少，但结构简单，编码和识别代码比较方便。设分类编码系统中链式结构的码位数量为 N_2 每个码位内的特征项数为 M，则链式结构分类环节总数，即信息容量 C_l 为

$$C_l = MN_2$$

3) 混合式结构

系统中部分码位为链式、部分为树式，故称混合式结构，它利用了链式结构和树式结构两者的优点。现有的编码系统大部分为混合式结构。混合式结构的分类环节总数 C_h 为 C_s 与 C_l 之和：

$$C_{\mathrm{h}}=\sum_{k=1}^{N_1}M^k+MN_2$$

每一码位中的特征项数与选用的字符有关，表 6-3 所示各类字符所能容纳的最多项数。

表 6-3 各类字符所能容纳的最多项数

字符形式	项　数	代　码
二 进 制	2	(0,1)
八 进 制	8	(0,1,2,…,7)
十 进 制	10	(0,1,2,…,9)
十六进制	16	(0,1,2,…,9,A,B,…,F)
字　母	26	(A,B,C,D,…,X,Y,Z)

由于十进制简单并为人们所熟悉，所以分类系统中大都采用十进制。

【例 6.1】 有一分类编码系统，其结构为混合式，码位共 9 位，前 3 位为树式结构，后 6 位为链式结构，均用十进制表示各特征项，求此编码系统所包含的信息容量。

解：此编码系统为混合式结构，故其信息容量为

$$C_{\mathrm{h}}=\sum_{k=1}^{N_1}M^k+MN_2$$

树式结构部分　　$N_1=3$　　$M=10$

链式结构部分　　$N_2=6$　　$M=10$

故

$$C_{\mathrm{h}}=10^1+10^2+10^3+10\times 6=10+100+1000+60=1170$$

此分类编码系统包含的分类环节总数，即所含信息容量为 1170。

2. 零件分类编码系统

由于零件分类编码系统是实施成组技术的重要工具，世界上很多国家都非常重视这方面的研究和发展工作，针对不同的需要，研制和发展了各种各样的零件分类编码系统：有用于机械加工零件的，也有用于铸件和锻件的分类编码系统；有用于机械零件设计或加工的单一功能的分类编码系统，也有用于零件设计、工艺和管理的多功能的零件分类编码系统；有公开的分类编码系统、也有不公开(有专利)的分类编码系统。目前大多数系统主要用于设计、检索和零件标准化以及零件的统计分析。

当今世界上约有 3100 余种 GT 分类编码系统，但其中开发较早比较典型、同时影响也较大的是德国的奥匹茨系统。以后各国开发的零件分类编码系统大都吸取了其中的优点。本文仅简单介绍奥匹茨系统和我国制定的 JLBM-1 零件分类编码系统。

1) 德国奥匹茨(Opitz)零件分类编码系统

奥匹茨零件分类编码系统是 20 世纪 60 年代由德国阿亨工业大学机床与生产工程实验室在奥匹茨教授主持并指导下，得到德国机床制造商协会的支持，所制定的通用零件分类编码系统(又称 VDW 系统)。奥匹茨零件分类编码系统由 9 位十进制数字代码组成，前 5 位(1～5 码位)称为主码，用数字 0～9 分别表示零件的特征。此编码系统的总体结构如图 6.5 所示。

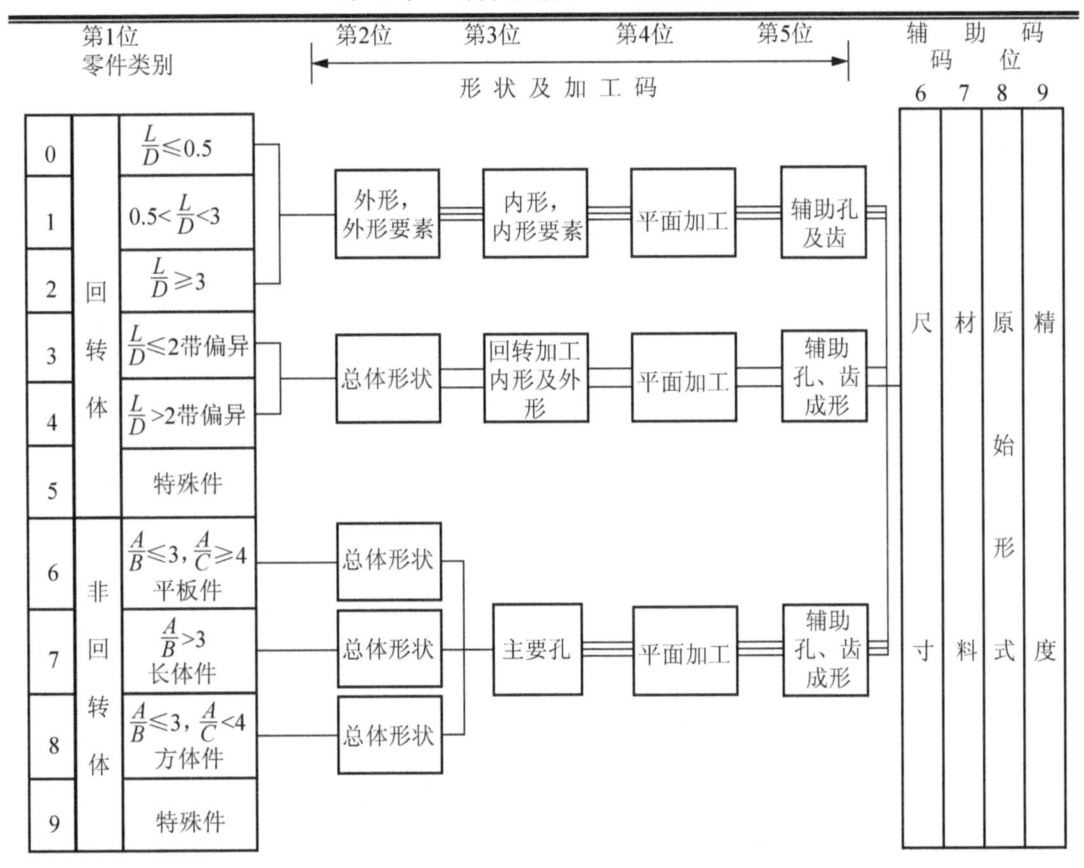

图 6.5　奥匹茨零件分类编码系统的总体结构

奥匹茨系统的第 1 位码表示零件的类别，根据零件的总体形状和尺寸比例，将一切零件分为回转体和非回转体两大类。回转体零件指主要外表面由回转面构成的零件(包括数个绕不同的平行轴线的回转面构成的零件)。除回转体零件外一切零件均属于非回转体零件(又称不规则零件)。回转体零件按不同长度直径比分为盘、短轴、长轴等，如图 6.6 所示。此外，对轴心线偏异的回转体零件如曲轴等，非圆型材制成的无偏心零件，如六方螺钉、螺母等，都列入带偏异的回转体零件类中。按长径比(L/D)的不同分为短形偏异回转件和长形偏异回转件两类。回转体零件按不同长度、宽度和高度的尺寸比分为板、条(长条)、块(方块)等，其分类可参考图 6.7。

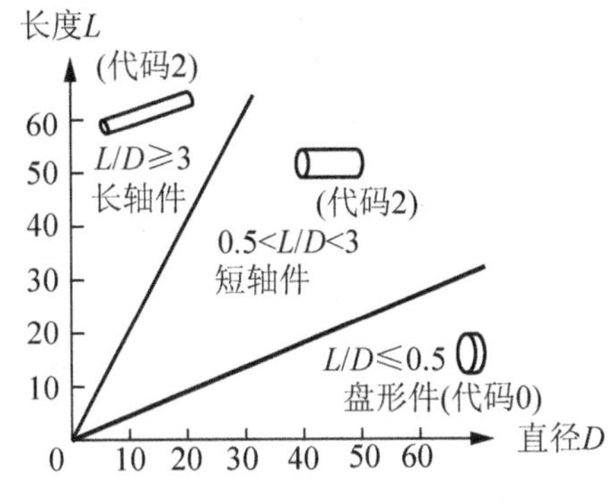

图 6.6　回转类零件按长径比分类

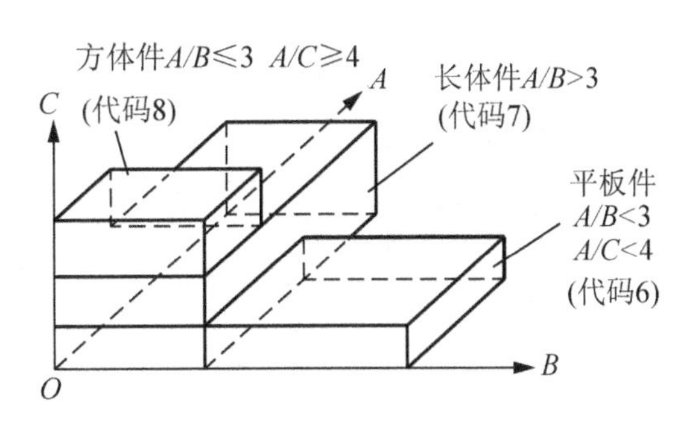

图 6.7　非回转类零件按长、宽、高分类

第 1 码位中的 5 和 9 代表特殊的回转体和非回转体零件，对不能归属于 0～4 以及 6～8 的零件均可归于此两类中。这两类零件如何编码，系统没有规定，留给用户根据自己零件特点自行决定其特征码含义。图 6.8 所示是第 1 码位是 0，1 和 2 时，它们相应的前 5 个码位的含义，奥匹茨系统的辅助码对于所有类型的零件均采用图 6.9 所示的码位值规定。

<table>
<tr><th colspan="3">第1位</th><th colspan="3">第2位</th><th colspan="2">第3位</th><th>第4位</th><th colspan="2">第5位</th></tr>
<tr><td>项</td><td colspan="2">零件类别</td><td colspan="3">外形，外形要素</td><td colspan="2">内形，内形要素</td><td>平面加工</td><td colspan="2">辅助孔及齿</td></tr>
<tr><td>0</td><td rowspan="3">回转件</td><td>$\frac{L}{D}\leqslant 0.5$</td><td colspan="3">光滑，无形状要素</td><td colspan="2">无通孔
无盲孔</td><td>无平面加工</td><td rowspan="5">无齿</td><td>无辅助孔</td></tr>
<tr><td>1</td><td>$0.5<\frac{L}{D}<3$</td><td rowspan="3">单向台阶</td><td colspan="2">无形状要素</td><td rowspan="3">光滑或单向台阶</td><td>无形状要素</td><td>外部的：平面和/或单向弯曲的面</td><td>轴向孔，无节距关系</td></tr>
<tr><td>2</td><td>$\frac{L}{D}\geqslant 3$</td><td rowspan="2">或光滑</td><td>带螺纹</td><td>带螺纹</td><td>外部的平面，沿圆周相互成分度关系</td><td>轴向孔，有无节距关系</td></tr>
<tr><td>3</td><td colspan="2"></td><td>带功能槽</td><td>带功能槽</td><td>外部的：槽和/或缝</td><td>径向孔，无节距关系</td></tr>
<tr><td>4</td><td colspan="2"></td><td colspan="2" rowspan="3">多向台阶(多次增大)</td><td>无形状要素</td><td rowspan="3">多向台阶(多次增大)</td><td>无形状要素</td><td>外部的：花键和/或多边形</td><td>轴向和/或径向和/或其他方向的孔，有节距关系</td></tr>
<tr><td>5</td><td colspan="2"></td><td>带螺纹</td><td>带螺纹</td><td>外部的：平面和/或缝和/或槽，</td><td rowspan="5">有齿</td><td>圆柱齿轮的齿</td></tr>
<tr><td>6</td><td colspan="2"></td><td>带功能槽</td><td>带功能槽</td><td>内部的：平面和/或槽</td><td>锥齿轮的齿</td></tr>
<tr><td>7</td><td colspan="2"></td><td colspan="3">功能锥度</td><td colspan="2">功能锥度</td><td>内部的：花键和/或多边形</td><td>无辅助孔，成形，齿</td></tr>
<tr><td>8</td><td colspan="2"></td><td colspan="3">传动螺纹</td><td colspan="2">传动螺纹</td><td>外部及内部的：花键和/或缝和/或槽</td><td>其他齿</td></tr>
<tr><td>9</td><td colspan="2"></td><td colspan="3">其他(>10个功能直径)</td><td colspan="2">其他(>10个功能直径)</td><td>其他</td><td>其他</td></tr>
</table>

图 6.8　奥匹茨系统第 0，1，2 类零件形状码

<table>
<tr><th colspan="3">第6位</th><th>第7位</th><th>第8位</th><th>第9位</th></tr>
<tr><td rowspan="2">项</td><td colspan="2">直径“D”或边长“A”</td><td rowspan="2">材料</td><td rowspan="2">原始形式</td><td rowspan="2">精度所在形状码位</td></tr>
<tr><td>毫米</td><td>英寸</td></tr>
<tr><td>0</td><td>≤20</td><td>≤0.8</td><td>灰 铸 铁</td><td>圆棒，黑色</td><td>没有指定精度</td></tr>
<tr><td>1</td><td>>20≤50</td><td>>0.8≤2.0</td><td>球墨铸铁及可锻铸铁</td><td>圆棒，拉光</td><td>2</td></tr>
<tr><td>2</td><td>>50≤100</td><td>>2.0≤4.0</td><td>钢≤26.5吨/英寸^2 ($42kg/mm^2$)不热处理</td><td>三角形，方形，六角形及其他棒料</td><td>3</td></tr>
<tr><td>3</td><td>>100≤160</td><td>>4.0≤6.5</td><td>钢>26.5吨/英寸2($42kg/mm^2$) 可热处理的低碳钢及表面硬化钢，不热处理</td><td>管　子</td><td>4</td></tr>
<tr><td>4</td><td>>160≤250</td><td>>6.5≤10.0</td><td>项2及3的钢，热处理</td><td>L形、U形、T形之类的型材</td><td>5</td></tr>
<tr><td>5</td><td>>250≤400</td><td>>10.0≤16.0</td><td>合金钢(不热处理)</td><td>薄 板 料</td><td>2及3</td></tr>
<tr><td>6</td><td>>400≤600</td><td>>16.0≤25.0</td><td>合金钢(热处理)</td><td>中板及厚板</td><td>2及4</td></tr>
<tr><td>7</td><td>>600≤1000</td><td>>25.0≤40.0</td><td>有色金属</td><td>铸，锻件</td><td>2及5</td></tr>
<tr><td>8</td><td>>1000≤2000</td><td>>40.0≤80.0</td><td>轻合金</td><td>焊 接 件</td><td>3及4</td></tr>
<tr><td>9</td><td>>2000</td><td>>80.0</td><td>其他材料</td><td>粗加工过的零件</td><td>(2+3+4+5)</td></tr>
</table>

图 6.9　奥匹茨系统辅助码

另外，一个完整的零件分类编码系统除一套码位代码的详细表格外，为了便于使用和保证在使用中的一致性，还要对代码的含义作定义和解释，使用户对零件进行编码时方便可行。因篇幅所限，其他码位的编码规定和编码术语的定义说明请参考有关文献。

【例 6.2】 对图 6.10 所示中的端盖和盖板用奥匹茨分类编码系统进行编码，写出该零件的代码，并解释。

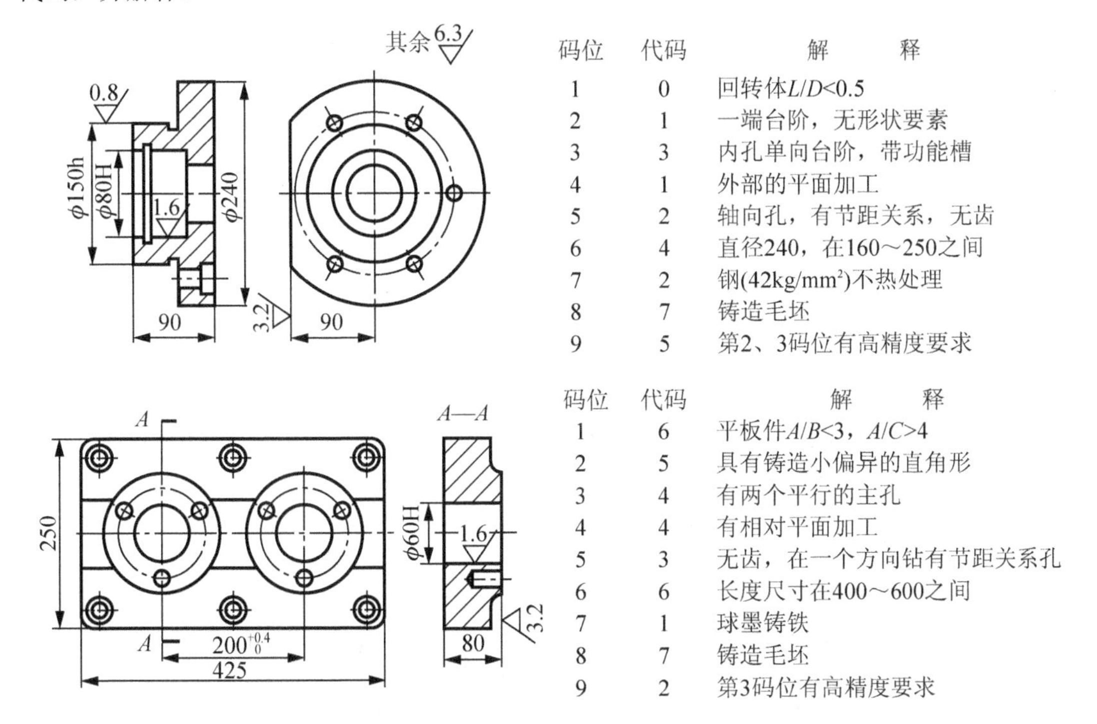

码位	代码	解　　释
1	0	回转体L/D<0.5
2	1	一端台阶，无形状要素
3	3	内孔单向台阶，带功能槽
4	1	外部的平面加工
5	2	轴向孔，有节距关系，无齿
6	4	直径240，在160～250之间
7	2	钢(42kg/mm^2)不热处理
8	7	铸造毛坯
9	5	第2、3码位有高精度要求

码位	代码	解　　释
1	6	平板件A/B<3，A/C>4
2	5	具有铸造小偏异的直角形
3	4	有两个平行的主孔
4	4	有相对平面加工
5	3	无齿，在一个方向钻有节距关系孔
6	6	长度尺寸在400～600之间
7	1	球墨铸铁
8	7	铸造毛坯
9	2	第3码位有高精度要求

图 6.10　奥匹茨系统编码举例

解：根据零件图，参考有关文献，按奥匹茨分类编码系统的编码规则进行编码，其结果如右。

2) JLBM-1 分类编码系统

JLBM-1 系统是我国机械工业部门为在机械制造中推行成组技术而开发的一种零件分类编码系统。这一系统经过先后四次的修订于 1984 年正式作为我国原机械工业部的技术指导资料。该编码系统力求能满足机械行业中各种不同产品零件的分类之用，是一个适用于机械制造厂在设计、工艺、制造和生产管理部门应用成组技术的多用途分类编码系统。制订该系统的基本原则如下：

(1) JLBM-1 系统是作为机械加工工厂在推行成组技术进行零件分类编码时的一种指导性技术文件。各企业既可以采用 JLBM-1 系统，也可以参照 JLBM-1 系统制订出适合于本企业情况的专用编码系统。

(2) 该系统主要针对中等及其以上规模多品种中小批量生产的机械加工企业(车间)。

(3) 考虑了各机械工业的共性内容，力求简单明白，有规律性，便于各机械加工企业、部门在使用时理解和记忆，在编制零件编码系统时，减少从头开始的过程，从而少走弯路，有利于全国各机械行业零件分类编码系统的制订与使用。

(4) 采用主、辅分段的混合式结构，用 15 个码位表示，每个码位包含 10 个特征项。由名称矩阵、形状与加工和辅助部分组成。它提供了零件的功能、几何形状、形状要素、尺寸、材料、毛坯、热处理、精度和一部分加工信息。该系统第 1、2 位码构成一个功能名称矩阵，反映了零件的功能和主要形状，列入名称类别的零件都是各行企业具有共性的常用零件，便于通过名称作设计检索和分类。但是，企业或工厂在应用本系统前，必须对本企业的零件名称作标准化处理，并有明确的解释。第 3～9 位码表示零件的主要几何形状和加工特征。第 10～15 位码为辅助码，表示零件的材料、毛坯、尺寸和精度等。图 6.11 是 JLBM-1 系统的总体结构图。该分类编码系统各码位代码的详细分类表和使用系统时术语的定义说明请参考有关文献。

零件号	零件简图	Opitz系统分类代码								
		1	2	3	4	5	6	7	8	9
1		2	4	0	2	3	1	3	7	1
2		2	1	0	0	3	1	3	0	1
3	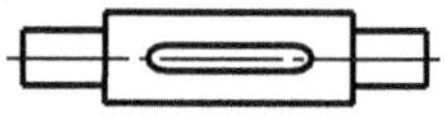	2	4	0	3	0	1	3	7	1
4	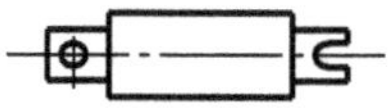	2	4	0	3	3	1	3	7	1
5	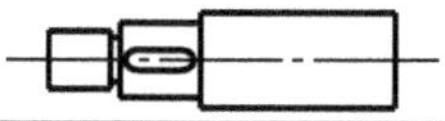	2	3	0	5	0	1	3	0	1
6		2	6	0	0	0	1	3	0	1

图 6.11　待分组的小轴类零件及其编码

6.2.3　零件的分类成组方法

目前，将零件分类成组的方法通常有三种：目测法、生产流程分析法和零件分类编码法。其中，应用较为广泛的是零件分类编码法。本文仅介绍零件分类编码法。

分类编码系统只是将零件集合中某些特征或属性作为分组的标准，但实际分组时的困难是相似零件具有相同特征时，如何制订各特征相似性的尺度。如以零件全部编码相同作依据进行分组，其结果可能是零件组数极多，而分入每组内的零件种类极少。因为要求零件编码完全相同，即组内零件不是相似而几何完全相同了。在实际生产中出现编码完全相同的零件，其概率也很小。另一方面，这种相似性的尺度也不能太宽，否则可能造成同一组内零件种数太多，而零件间差异太大，无法达到某种应用目的。因此可见，相似性尺度的制订，要考虑应用的目标，即分何种组或族、用于何种环境以及实际分组后的结果。在零件分类编码法中，目前常用特征码位法和码域法用以确定分组的相似性尺度。

1. 特征码位法

实际生产中，根据分组的应用目的，通常只要求零件全部编码中只有若干特征码属性相似即可。例如用 Opitz 系统将轴类零件划分工艺组时，考虑到第 1、2、6、7 四位代码最重要。即以此四位码作为分组的尺度。图 6.11 所示为待分组的轴类零件及其编码。由图可见六种零件可分为两组。第一组其特征码位为{2613}，第二组其特征码位为{2313}。因此零件号 1、3、4、6 为一组，而零件号 2、5 为另一组。第一组内虽然零件号 1、3、4 的第 2 位码是 4，但能加工 6 时肯定能加工 4，因为 6 的工艺过程包含了 4。也许有人怀疑该类零件分为两组的必要性，这是因为第一组零件皆为双向阶梯外圆柱面小轴，而第二组零件为单向阶梯为圆柱面短轴，前者需要调头加工外圆，后者无需调头。如果分组的目的不同，如将零件分成管理组时，也许就是一个组了。

特征码位法分组，因仅用部分代码作分组依据，只考虑主要问题而忽略次要问题，因此是一种较粗放的分组方法。究竟取哪几个码位作为分类尺码，经常凭人的主观经验决定取舍，这些问题是此种分组方法的主要缺点。

2. *码域法*

用码域法分组即指适当放宽每一码位相似特征的范围，实际上是对特征码位法的改进。因其有利于计算机处理，所以现在应用较广。

分类编码系统从数学角度看是一个二维矩阵，因此，按码域法制定的分组相似性尺码是一个分组用的相似性特征矩阵。图 6.12 所示是 Opitz 分类编码系统为适应某种分组需要而制定的分组特征矩阵码域。图中所示矩阵，每列代表分类代码的码位，每行代表分类编码的特征，矩阵涂成黑色元素的集合就是码域。此码域的决定可以经过调查研究或作统计分析得出，也可以结合专家的经验给出。以此特征矩阵码域为标准，与每个零件的编码相比较，可以确定符合此特征矩阵码域的零件组。以上的工作均可编一计算机程序用计算机辅助完成。

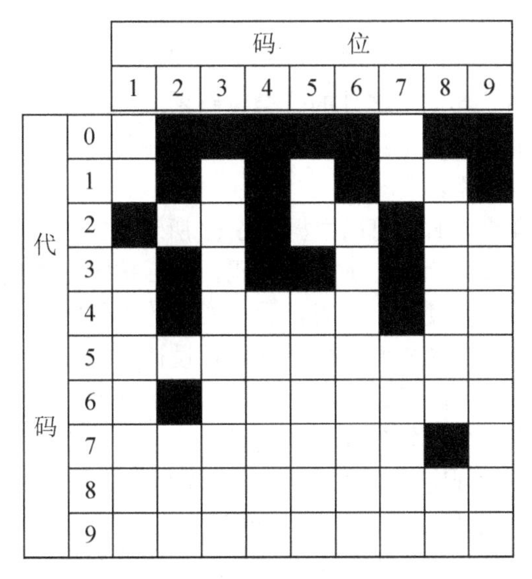

图 6.12　Opitz 系统分组特征矩阵码域

不论是特征码位法还是码域法，均在一定程度上受到人的经验和主观因素的影响，缺乏足够的科学依据，但使用时较方便。

6.2.4 成组技术的应用和经济效益

目前，发展了的成组技术是应用系统工程学的观点，把中小批量生产中的设计、制造和管理等方面作为一个生产系统整体，统一协调生产活动的各方面，全面实施成组技术，以取得最优的综合经济效益。以下将从产品设计、制造及生产管理等方面简述成组技术的应用及其经济效果。

1. *成组技术在产品设计中的应用*

产品设计是后继生产活动的重要前提和依据。在产品总成本中，虽然设计费用一般只占不到 1/4，但在设计阶段将对产品的性能要求、零件的形状、尺寸、精度等作出综合决定。这对今后的加工和装配有着极为重要的影响。所以，产品设计是影响总成本的决定性因素。在设计部门首先实施成组技术有着重要的意义。

目前在设计工作中一方面集中了大批设计人员设计产品，但仍然不能满足新产品更新换代的需要；而另一方面却又把使用过的产品图样放在档案室里不用，设计新产品时又重新设计一套图样。设计人员很难从过去已生产的产品图样中，找到通用件或相似件，因而不能重复使用结构设计合理，并经过实践考验的一般性非标准零件。产生这种现象的原因，一方面是由于产品品种繁多，设计人员不可能记住所有零件的具体细节；然而最根本的原因，在于目前使用的零件图样编号方法，不便于设计人员的检索。虽然每个零件都有一个编号，但它并不包含零件的特征和功能的含义，相同形状的零件在不同产品中的编号是不同的，毫无规律可循。所以设计人员宁可重新设计新的零件图，也不愿意浪费时间去查找旧图样。因此，设计人员要花费大量时间去设计和原来差别不大，甚至一样的新零件。

用成组技术指导产品设计代替传统的设计方法，可以使设计合理化，扩大和深化设计标准化工作。在深刻认识零件结构和功能的基础上，根据拟定的设计相似性标准可将设计零件分类成组形成设计组，针对设计组可以制定不同程度的标准化的设计规范，以备设计检索。采用成组技术后由于建立了零件的分类编码系统，通过分类而使相同代码的零件归并成组，或使用分组特征矩阵，把结构形状相似的零件归并成组。并把这些图样按成组技术编码的方法存档，以备检索。

在为新产品进行图样设计时，可以根据图 6.13 所示的方法，首先把拟设计的零件结构形状和尺寸大小的构思，转化为相应的分类代码，然后按照这些代码去检索零件图，看是否有同样的零件图样可以重复使用，或者是否有类似的零件图样，可以进行局部修改后使用。只有在找不到可以利于的图样时，才重新进行设计。据统计，按照这种基于成组技术的零件分离编码系统进行新产品设计，约有 75%以上的新产品零件图可以重复利用原有老产品的图样，仅有 25%左右的新零件需要重新设计。

由于有关设计信息最大限度地重复使用，这就节约了时间，加快了设计速度。据统计，当设计一种新产品时，往往有 3/4 以上的零件设计可参考借鉴或直接引用原有的产品图样，从而减少新设计的零件，这样不仅大大减少了设计工作的劳动量，缩短了设计周期，使设计人员从一般重复性劳动中解放出来，从而有更多的时间和精力去从事产品性能的改进与提高以及关键性零部件的设计等创造性劳动。此外，由于新产品中的大部分零件图样可以重复使用或仅有较小的改动就可以重复使用原有的零件图样，这样就减少了新的零件品种，相对地扩大了原有零件品种的生产件数，也就扩大了同规格零件的批量，为今后零件的加工和生产管理提供了有利条件，同时也便于实现产品零件、部件的标准化和通用化，降低生产成本。也可以减少工艺准备工作和降低制造费用。

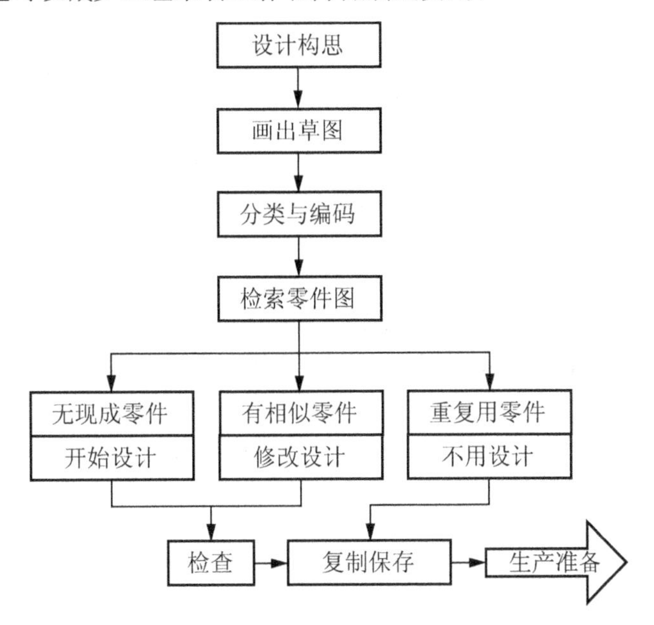

图 6.13　按成组技术进行产品设计的过程

由于用成组技术指导设计，赋予各类零件以更大的相似性，这就为在制造管理方面实施成组技术奠定了良好的基础，使之取得更好的效果。此外，由于新产品具有继承性，使多年来累积并经过考验的有关设计和制造的经验再次应用，这有利于保证产品质量的稳定。

成组技术在设计工作中的应用，大致可分为下列三个方面：

(1) 根据零件分类编码系统，检索现有的零件图样，使现有的零件图样能得到最大限度的重复使用，或只经少量修改即可使用；

(2) 根据零件重复使用的频数，进行同类零件的结构和尺寸的标准化和规格化；

(3) 提供有助于设计人员使用的标准化设计资料。

以成组技术指导的设计合理化和标准化工作将为实现计算机辅助设计(CAD)奠定良好的基础。

2. 成组技术在制造工艺中的应用

成组技术在制造工艺方面最先得到广泛应用。开始是用于成组工序，即把加工方法、装夹方式和机床调整相近的零件归结为零件组，设计出适应于全组零件加工的成组工序。成组工序允许采用同一设备和工艺装备，以及相同或相近的机床调整加工全组零件，这样，只要能按零件组安排生产调度计划，就可以大大减少由于零件品种更换所需要的机床调整时间。此外，由于零件组内诸零件的装夹方式和尺寸相近，可设计出应用于成组工序的公用夹具——成组夹具。只要进行少量的调整或更换某些元件，成组夹具就可适应于全组零件的工序装夹。成组技术也可应用于零件加工的全工艺过程。为此，应将零件按工艺过程相似性分类以形成加工零件组，然后针对加工零件组设计成组工艺过程。成组工艺过程是成组工序的集合，能保证按标准化的工艺路线采用同一组机床加工全部加工零件组的诸零件。应指出，设计成组工艺过程、成组工序和成组夹具都应以成组年产量为依据，因此，成组加工允许采用先进的生产工艺技术。

1) 成组工艺的设计方法

目前在成组工艺设计方面，虽然有各种方法，但是归纳起来，主要有复合零件法和复合路线法。

复合零件法(又称样件法)，顾名思义是利用一种所谓的复合零件来设计成组工艺的方法。对回转体零件可以采用复合零件法编制标准工艺过程。复合零件是指拥有同族零件的全部待加工表面要素的零件，由于本族内其他零件所具有的待加工表面要素都比复合零件少，因此按复合零件编制的标准工艺过程，既能加工复合零件本身，也必然能加工同族的其他零件，只要删去该标准工艺过程中不为其他零件所具有的表面要素和工序工步即可。由于复合零件的上述特点，所以复合零件可以是零件族中某个具体的零件，也可以是虚拟的假想零件，尤以假想零件的情况为多。

由于非回转体零件的几何形状不对称、不规则，其装夹方式远较回转体零件复杂，复合零件原理不可能用于非回转体零件。因此，常采用复合路线法编制非回转体零件的标准工艺过程，虽然复合路线法不及复合零件法来得直观，但是两者的实质是一样的。

复合路线法是在零件分类成组的基础上，分析同组零件的工艺过程，从中选出以同组零件中最复杂的工艺过程为基础，也即最长的工艺路线为代表，再将此代表路线与组内其他零件的工艺过程相比较，凡组内其他零件需要而最复杂工艺过程所没有的工序分别添上，最后形成能满足全组零件加工要求的成组工艺过程。

2) 成组夹具设计

成组夹具是在成组技术原理指导下，为执行成组工艺而设计的夹具。与专用夹具相比，成组夹具的设计不是针对某一零件的某个工序而是针对一组零件的某个工序，即成组夹具要适应零件组内所有零件在某一工序的加工。

成组夹具在结构上由两大部分组成：基础部分和可调整部分。基础部分是成组夹具的通用部分，在使用中固定不变，通常包括夹具体、夹紧传动装置和操作机构等。此部分结构主要依据零件组内各零件的轮廓尺寸、夹紧方实际加工要求等因素确定。可调整部分通常包括定位元件、夹紧元件和刀具引导元件等。更换工件品种时，只需对该部分进行调整或更换元件，即可进行新的加工。成组夹具的调整方法可归纳为四种形式，即更换式、调节式、综合式和组合式。

(1) 更换式。采用更换夹具可调整部分元件的方法，来实现组内不同零件的定位、夹紧、对刀或导向。采用这种方法的优点是适用范围广、使用方便可靠，且易于获得较高的精度。缺点是夹具所需更换元件数量较多，会使夹具制造费用增加，并给保管工作带来不便。此法多用于夹具上精度要求较高的定位和导向元件。

(2) 调节式。借助于改变夹具上可调元件位置的方法来实现组内不同零件的装夹和导向。采用调节方法所需元件数量少，制造成本低，但调整需花费一定时间，且夹具精度受调整精度的影响。此外，活动的调整元件有时会降低夹具的刚度。调节法多用于加工精度要求不高和切削力较小的场合。

(3) 综合式。在实际中应用较多的是上述两种方法的综合，即在同一套成组夹具中，既采用更换元件的方法，又采用调节的方法。

(4) 组合式。将一组零件的有关定位或导向元件同时组合在一个夹具体上，以适应不同零件加工的需要。一个零件加工只使用其中的一套元件，占据一个相应的位置。组合式成组夹具由于避免了元件的更换与调节，节省了夹具调整时间。此种成组夹具通常只适用于零件组内零件总数较少而数量又较大的情况。

成组夹具的设计方法与专用夹具大体相同，主要区别在于成组夹具的使用对象不是一个零件而是一组零件。因此设计时需对一组零件的图样、工艺要求和加工条件进行全面分析，以确定最优的工件装夹方案和夹具调整形式。成组夹具的可调整部分是成组夹具设计中的重点和难点，设计者应按选定的调整方式设计或选用可换件、可调件及相应的调整机构，并在满足同组零件装夹和加工要求的前提下，力求使夹具结构简单、紧凑、调整使用方便。为使调整工作迅速、准确，可采用专门的调整校正试件。

以成组技术指导的工艺设计合理化和标准化为基础，可以进一步实现计算机辅助工艺过程设计和计算机辅助成组夹具设计。

3. 成组技术在生产组织管理中的应用

如前所述，为取得综合的经济效益，应在生产相同中全面实施成组技术，即形成成组生产系统。工厂生产组织管理机构是生产的规划、指挥和控制的机构，工厂实施成组技术，若不按照成组技术的基本原理更新工作方法和调整机构，就很难设想各部门能协调一致，以期达到既定的目标。

成组加工要求将零件按工艺相似性分类形成加工组，加工同一加工组有其相应的一组机床设备。因此，成组生产系统要求按模块化原理组织生产，即采用成组生产单元的生产组织形式。在一个生产单元内由一组工人操作一组设备，生产一个或若干个相近的加工组，在此生产单元内可完成诸零件全部或部分的生产任务。因此可以认为，成组生产单元是以加工组为加工对象的产品专业化或工艺专业化(如热处理、磨削成组生产单元等)的生产基层单位。在生产单元内，一般仅加工划分于本单元的加工组，其零件品种数不是很多的，这样可以简化生产管理工作，并利于实行生产责任制。此外，由于简化了物料和信息流程，便于采用现代化管理手段，提高管理效率。

实施成组技术要求更新生产管理工作方式和内容。例如，生产管理部门在计划安排上应设法把相似零件集中在一起，并在生产调度中保证实现成组加工。若仍采用一般工业上常用的控制成品率和零件库存量的方式组织生产，则达不到减少库存量、加速资金周转和缩短生产周期的目标，即不能获得实施成组技术所期望达到的效果。据报道，采用成组生产单元组织生产可减少在制品数量约 60%，缩短生产周期 40%～70%。

现代化工厂为了管理和控制生产过程需要收集、分析和处理大量信息，并使信息迅速流通和反馈到有关工作机构和部门。借助于计算机以及支持它的管理应用软件，可提高工厂生产管理的水平和效率。可以认为成组技术是计算机辅助管理系统技术基础之一。这是因为运用成组技术基本原理将大量信息分类成组，并使之规格化、标准化，这将有助于建立结构合理的生产系统公用数据库，可大量压缩信息的储存量；由于不再是分别针对一个工程问题和任务设计程序，可使程序设计优化。此外，由于采用编码系统，则可借助于计算机使信息得以迅速检索、分析和处理。所以，随着成组技术推广实施和计算机的广泛应用，必将加速多品种、中小批生产中计算机辅助管理系统的建立。

综上所述，成组技术的核心是充分利用生产活动中有关事物的相似性。从更广泛的意义来说，它的应用可概括为以下三种主要方式。

(1) 事务的集中处理。把具有一定相似性和重复性的事务集中起来进行处理，由此可避免总是频繁地由一种事务转换到与之无联系或很少联系的另一种事务时所必须花费的时间。要求摈弃“单打一”的工作方式。

(2) 事务的标准化、规范化。把具有一定相似性和重复性的事务汇集起来并使之标准化、规范化，这样可以有时间来集中精力解决在各种事务中属于个性的问题，从而可避免重复性的劳动。要求对具有相似性的一组事务提出统一的最优解决方案。

(3) 信息的重复使用。把具有一定相似性和重复性的有关事物的信息进行合理化处理，使之更有效地存储和重复使用这些信息。要求摈弃“一切从头开始”的工作方式。

4. *成组技术的技术经济效益*

在多品种、中小批量生产企业中，实施成组技术所能获得的技术经济效益是多方面的。图 6.14 定性地说明了实施成组技术在产品设计、生产准备、加工和管理等领域内得到的综合技术经济效益。

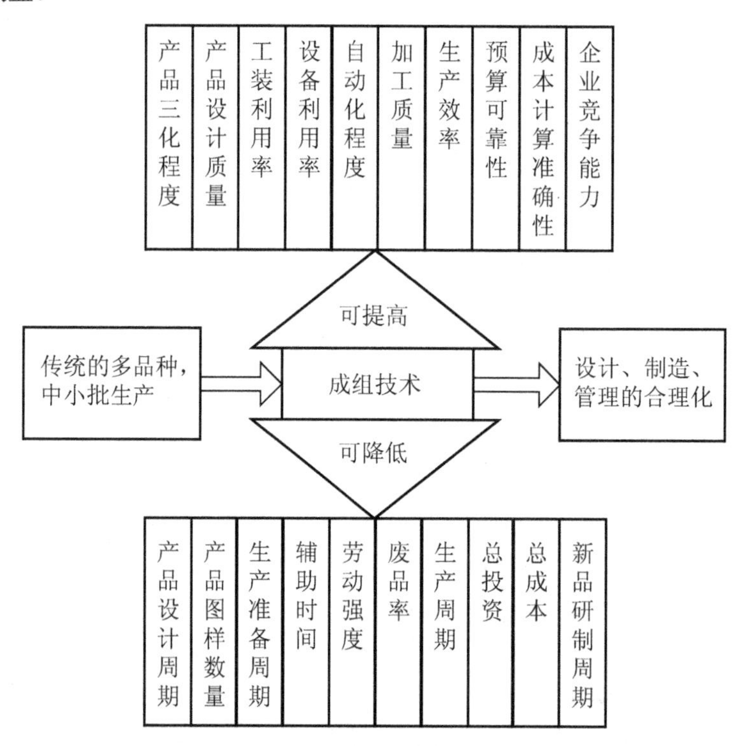

图 6.14　实施成组技术的技术经济效益

(1) 提高劳动生产率。由于成组技术是采用成组地处理相似零件组在生产领域中的各种问题，因而可以节省大量的时间，从而提高劳动生产率。如成组加工时，采用成组设备或成组工艺装备，可使调整时间缩短 69%。又由于形成较大的成组生产批量，有可能采用大批生产的高效设备，可以使辅助时间和加工时间缩短。德国科隆(KHD)公司对五缸和六缸发动机曲轴采用成组加工，使生产率提高 300%。

(2) 保证产品质量。采用成组技术后，由于消除了相似零件工艺上不必要的多样性，零件加工组选择了合理的工艺方案，使零件加工质量稳定、可靠；生产工人编制在生产单元或流水线上，工序专业化程度提高，可以提高工人的劳动熟练程度；在成组生产单元内从组长到工人对零件质量全面负责，增强了生产责任心；采用自动化程度高的设备和工艺装备，减少人为因素对加工质量的影响，使废品率下降；减少零件的磕、碰、划伤。以上种种因素都促使零件废品率降低，产品质量得以提高，如某公司采用成组技术前，废品率为 12.4%。而采用成组技术后，减少了 95%，废品率为 0.62%。

(3) 缩短生产技术准备周期。推行成组技术最先得益的项目是改进设计。借助于分类编码系统，新产品的大部分零件可以沿用原有图样，减少了设计工作量，从而缩短设计周期。由于设计上提高了新、老产品的继承性，因而必然带来工艺设计与制造上的继承性。从而大大简化新产品的技术准备工作，缩短了生产技术准备周期。英国赫伯特公司采用成组技术后，新产品技术准备周期由原来的 12～18 个月缩短到平均 6 个月，是原来周期的 1/2～1/3。

(4) 减少零件运输工作量、实现物料流合理化。由于成组零件封闭在相应的生产单元或流水线上，所以大大缩短了输送路线，不必全车间旅行。

(5) 减少在制品数量和库存费用。成组零件在生产单元或流水线上加工时，零件不必像传统生产方式那样按批量做工序间的顺序流动，原则上可以逐件或几件传送。这样可减少在制品的数量，因而可相应地减少库存零件的费用。通常在制品费用可以下降 60%。

(6) 有利于管理科学化。实施成组技术后，改变了原来多品种、中小批生产企业的杂乱、分散和落后状况。减少因设计、工艺、工装不必要的重复性和多样化带来管理上的困难。先进的生产组织形式简化了生产管理工作。产品零件编码后为使用计算机管理生产打下基础。管理上使用计算机可用来编制生产作业计划、检索生产计划信息、统计工时、管理仓库、设备投资的核算、成本和销售的估算等。

表 6-4 定量地说明国外成组技术的应用效果，表中数据是在收集大量实例的基础上归纳而得到的。

表 6-4 国外应用成组技术的综合效益 (%)

序 号	获益项目	平均变化量	序 号	获益项目	平均变化量
1	新零件设计数	−52	10	生产周期	−70
2	图样总数量	−10	11	延期交货	−80
3	新绘制图样数	−30	12	企业管理时间	−60
4	生产准备时间	−69	13	运行费用	−47
5	生产准备费用	−40	14	零件成本	−43
6	工人劳动生产率	+33	15	生产面积	−20
7	废品率	−45	16	固定资产	−40
8	原材料库存量	−40	17	流动资金	−80
9	在制品费用	−62	—	—	—

表 6-5 是根据国内若干工厂实施成组技术后，在主要项目上所得经济效益归纳而得。虽然与国外相应项目相比较获益稍低，但也已取得明显的效果。

表 6-5　国内应用成组技术的综合效益　(%)

序　号	获益项目	平均变化量	序　号	获益项目	平均变化量
1	工艺准备周期	−33	5	废品率损失	−36
2	生产周期	−30	6	在制品投资	−28
3	劳动生产率	+30	7	运输路线	−66
4	管理人员	−34	—	—	—

最后应当指出，上述数据只能表示出已取得的部分可计算的经济效果，成组技术所取得的技术经济效果不可能完全包括在内，更不包括成组技术的社会效益。成组技术能提高企业在产品多样化时代的适应性和竞争能力，是无法用简单的数字来说明的。由此，成组技术的综合效益还有待于成组技术深入发展，并做出全面的科学评估。当前，成组技术已是制造业生产组织和生产技术的一块基石，还将继续发挥它的作用。

6.3　零件信息的描述与输入

6.3.1　零件信息描述的要求和内容

1. 零件信息描述的要求

零件信息描述的准确性、科学性和完整性将直接影响所设计的工艺过程的质量、可靠性和效率。因此对零件的信息描述提出以下要求：

(1) 信息描述要准确、完整，所谓完整是指要能够满足在进行计算机辅助工艺过程设计时所用，不是指要描述全部信息。

(2) 信息描述要易于被计算机接受和处理，界面友好，使用方便，效率高。

(3) 信息描述要易于被工程技术人员理解和掌握，便于操作人员运用。

(4) 信息描述要考虑计算机辅助设计、计算机辅助制造、计算机辅助检测等多方面的要求，以便能够信息共享和进行系统集成。

2. 零件信息描述的内容

零件信息描述的内容主要包括两个方面。

1) 几何信息

几何信息是指零件的几何形状和尺寸，如表面形状、表面间的相互位置、尺寸及其公差，实际上是工程图上的图形。

几何信息是零件信息中最基本信息，对一些简单形状零件可以从零件的三维整体形状进行描述。对于复杂形状的零件，则可将其分解为若干形体，对每个形体的整体形状进行描述，并描述各个形体之间的位置关系；也可将复杂形体的零件分解为若干组合型面，对每个型面进行描述，同时描述各型面之间的位置关系，即可得到零件的整体几何形状和尺寸。在此基础上，描述尺寸公差和形状位置公差。

由于零件的种类繁多、形状各异，为了便于零件几何形状的描述，多利用成组技术的相似性原理，将零件分为若干类，通常分为回转体零件和非回转体零件两大类。

2) 工艺信息

工艺信息指零件材料、毛坯特征、加工精度、表面粗糙度、热处理、表面处理、配合和啮合关系等及相应的技术要求，这些信息都是制订工艺过程时必需的，又称非几何信息。

在计算机辅助工艺过程设计时，只有几何信息和工艺信息同时具备，才能进行工作。此外，由于工艺过程设计与生产规模、生产条件有密切关系，零件信息描述中尚应有每一产品中该零件的件数、生产批量、节拍等生产管理信息。

在已经发表的计算机辅助工艺过程设计系统中，有许多种零件信息描述方法，如零件分类编码描述法、零件形状要素描述法、体素拼合描述法、平面轮廓扫描描述法、坐标描述法、关联矩阵描述法、拓扑描述法等。其中，基于成组技术的零件分类编码描述法和零件形状要素描述法是在 CAPP 系统中用的较多的两种方法。本书主要介绍这两种方法。

6.3.2　零件分类编码描述法

零件的分类是根据特征属性的异同将零件划分为不同的零件组，编码是用顺序排列的字符对零件的信息进行标志和描述。

1. 成组代码描述法

零件的分类编码与成组技术是密切相关的，借助于成组技术的分类编码系统可使零件得到成组代码，该代码能反映出零件的名称、功能、结构、形状、工艺等信息。利用成组代码来描述零件，可以从宏观上描述而不涉及这个零件的细节。它最大的优点就是简单，用几个数字就能把零件的主要特征勾画出来，这也符合人们的某些习惯，成组代码可以粗略地描述一个零件而不涉及其细节。用成组代码描述零件的缺点是粗糙，由成组技术的知识可以知道，一个零件有一个代码(某一个编码系统的)，那么反过来，一个代码能否唯一的确定一个零件呢？不能。零件代码和零件是一对多的关系。所以用零件代码描述零件时，只能描述一个零件的基本特征。为了解决成组代码信息描述粗糙的问题，在现有 CAPP 系统中，常用到的方法是：成组代码+补充输入(人机交互方式)。当零件代码输入计算机后，CAPP 系统首先根据零件代码判断该零件能否处理，如果能处理，再进一步通过人机交互的方式要求用户输入所需要的零件信息。计算机可以用提问的方式，如计算机提问“请输入零件的直径、上偏差、下偏差”或“请输入表面粗糙度”等；也可以列出一个表格供用户填入有关的零件信息；还可以用菜单的形式供用户选择。

计算机需要补充输入的信息，根据零件的复杂程度多少不等。例如一个零件的奥匹茨系统零件代码是：200000200，只需要补充输入直径、上偏差、下偏差、表面粗糙度和长度即可。而较复杂一些的零件如：210010200，则需要补充输入两个外径、一个内径和它们的长度信息，还有辅助孔信息，以及热处理方式和硬度等信息。

2. 柔性编码描述法

奥匹茨零件分类编码系统和 JLBM-1 分类编码系统等都属于刚性分类编码系统，其缺点是：

(1) 不能完整、详细地描述零件结构特征和工艺特征；

(2) 存在高位代码掩盖低位代码的问题；

(3) 描述存在着多义性；

(4) 不能满足生产系统中不同层次、不同方面的需要。

刚性分类编码系统也有其明显的优点：

(1) 系统结构较简单，便于记忆和分类；

(2) 便于检索和辨识。

刚性分类编码系统所存在的缺点，用传统的分类编码系统的概念和理论是无法解决的。所以，柔性分类编码系统的概念和理论也就应运而生了。柔性分类编码系统的概念是相对于传统的刚性分类编码系统的概念提出来的，它是指分类编码系统横向码位长度可以根据描述对象的复杂程度而变化。

柔性分类编码系统既要克服刚性分类编码系统的缺点，又要继承刚性分类编码系统的优点，所以，零件的柔性分类编码系统的结构模型为

柔性编码系统＝固定码＋柔性码

固定码用于描述零件的综合信息，如类别、总体尺寸、材料等，与传统的刚性编码系统相似。固定码要充分体现传统成组编码系统的简单明了、便于检索和识别的优点，因此宜选用码位不太长的传统分类编码系统；柔性码主要用于描述零件各部分的详细信息，如型面的尺寸、精度、形位公差等。柔性码要能充分地描述零件的详细信息，又不引起信息冗余。固定码主要用于零件分类、检索和描述零件的整体信息，基本上起传统编码的作用；柔性码则详细地描述零件各部分的结构特征和工艺信息，用于加工、检测等环节。因此，在设计固定码时，力求简单明了，突出反映零件分类信息、零件整体结构和零件综合信息，如材料、毛坯、热处理等；在设计柔性编码时，要面向形状特征，详细地描述零件及其形状要素。

在传统的分类编码系统中，我国的 JLBM-1 系统是比较理想的系统，功能较强且易于使用，所以固定编码可选用该系统作为参考系统。

在设计柔性编码系统时，由于形状及加工码将在柔性部分予以详细描述，所以，可以去掉 JLBM-1 系统中的第三码位和第九码位，把主要尺寸码提于前端并加上尺寸比这一项，这样对主要尺寸的描述就比较全面。JLBM-1 对材料的描述较粗糙，只描述了材料类型，没有描述材料牌号，因此应该补充材料牌号码位，使材料类型和材料牌号构成树状结构关系。考虑到零件搬运和装卸因素，应增加反映零件重量的码位。

目前，柔性分类编码系统尚在研究之中，没有形成标准。

3. 专用代码描述法

COFORM(COding FOR Marching，加工用编码系统)是美国普渡大学专为 APPAS 系统开发的一种专用编码系统。COFORM 只描述个别的加工表面(孔、槽及一般表面)。而不描述整个零件的几何形状，对于整个零件，可以通过把它分解成几个表面的方法进行描述。它根据选择合适的加工方法及有关参数(切削速度、进给量和切削深度)时所需要的那些属性来描述每一个表面。COFORM 并不对每一个特征进行编码，对于某些特征(直径、长度、公差等)只登记其数值，它是将代码和数值混合在一起的一种零件描述系统。它分别用 40 个参数、31 个参数和 32 个参数描述孔、槽和一般平面的详细要求，例如表 6-6 所示是描述孔的 40 个参数的含义。尽管 COFORM 是十分详尽的，但它并不包含描述非加工形状特征的内容。

表 6-6　COFORM 对孔的描述

属性(1)—表面或孔的识别号(ID)，ID 号由用户赋值， 取值范围 1～99999 属性(2)—程序入口待编码表面的类型 1=圆孔 2=平面或其他表面 3=槽 4=对称的车削表面 5=轮齿 6=花键 7=非圆孔 8=其他 9=信息结尾 属性(3)—属性(3)取决于属性(2)下列各值的意义只当 属性(2)=1 时有效 1=简单圆柱孔 2=锥孔，台阶 3=带螺纹的圆柱孔 4=带螺纹的锥孔 5=带键槽的圆柱孔 6=带键槽的非圆柱孔 7=带键槽的螺纹孔 8=表面定位用的孔 9=其他孔定位用的孔 属性(4)—与所描述的孔有关的直径数或定位表面数 属性(5)—材料类型 1=灰铸铁 2=可锻铸铁 3=钢 4=钢锻件 属性(6)—材料硬度(BHN) 属性(7)—孔的尺寸—直径 属性(8)—直径公差—正差 属性(9)—直径公差—负差 属性(10)—表面粗糙度—(侧边)—CLA 属性(11)—直径的长度 属性(12)—长度公差±x 属性(13)—表面的方向余弦	属性(14)—直线度 属性(15)—圆度 属性(16)—平行度 属性(17)—垂直度 属性(18)—倾斜度 属性(19)—同轴度 属性(20)—对称度 属性(21)—位置度 属性(22)—面轮廓度 属性(23)—线轮廓度 属性(24)—铸造孔标志 属性(25)—铸造孔最大余量 属性(26)—原始表面条件标志 属性(27)—倒角码 0=无倒角 1=倒角 2=内倒圆半径 3=外倒圆半径 属性(28)—倒角角度或半径尺寸 若属性(28)=1，35°≤角度≤80° 属性(29)—倒角或倒圆长度(最大值) 属性(30)—倒角长度公差 属性(31)—螺纹牙数/英寸(非丝锥加工时为 0) 属性(32)—螺纹公差 属性(33)—螺纹制度 1=统一标准或美国标准 2=其他 属性(34)—底孔标志 属性(35)—底孔值 属性(36)—表面粗糙度(底部)—CLA 属性(37)—间断切削标志 属性(38)—基准表面号 属性(39)—入口表面标志 属性(40)—同一工具所加工的孔的数 如果属性(40)为负值，则表示需要求 出每一个孔的最少加工时间

4. 标准代号描述法

按照 GB/T 272—1993《滚动轴承代号方法》的规定：滚动轴承代号由基本代号、前置代号和后置代号构成。基本代号表示轴承的基本类型、结构和尺寸，是轴承代号的基础；

前置代号和后置代号是轴承在结构形状、尺寸、公差、技术要求等方面有改变时，在其基本代号左右添加的补充代号。轴承代号的构成、表示方法及排列顺序如表 6-7 所示。

表 6-7 滚动轴承代号表示方法

<table>
<tr><th colspan="12">轴承代号</th></tr>
<tr><th>前段</th><th colspan="3">中　段</th><th colspan="8">后　段</th></tr>
<tr><th rowspan="2">前置代号</th><th colspan="3" rowspan="2">基本代号</th><th colspan="8">后置代号(组)</th></tr>
<tr><th>1</th><th>2</th><th>3</th><th>4</th><th>5</th><th>6</th><th>7</th><th>8</th></tr>
<tr><td rowspan="2">成套轴承分部体</td><td rowspan="2">类型代号</td><td>尺寸系列代号</td><td>内径代号</td><td rowspan="2">内部结构</td><td rowspan="2">密封与防尘套圈变形</td><td rowspan="2">保持架及其材料</td><td rowspan="2">轴承材料</td><td rowspan="2">公差等级</td><td rowspan="2">游隙</td><td rowspan="2">配置</td><td rowspan="2">其他</td></tr>
<tr><td colspan="2">配合安装特征尺寸表示</td></tr>
</table>

由此可见根据国家标准制定的滚动轴承代号本身就包含有工艺过程设计所需要的多项信息数据。它既包含对整个滚动轴承的装配要求，又包含对轴承中单个零件的加工要求；既包含零件的几何信息，如零件的结构形状、基本尺寸等，又包含零件的工艺信息，如精度、游隙、材料、热处理等。同时，滚动轴承的精度等级、表面粗糙度、产品技术条件、工序间技术条件等都能以轴承代号中的类型代码、精度代码为检索关键字，从国家标准中检索得到。由此对于这一类零件完全可以采用零件标准代号描述法进行零件描述，输入零件代号就可以从数据库中检索到工艺过程设计所需要的各种信息。

6.3.3 零件形状要素描述法

采用分类编码法描述零件，即使采用较长码位的分类编码系统，也只能达到“分类”的目的。对于一个零件究竟由多少表面组成，各个表面的尺寸及位置是多少，它们的精度要求又如何，分类编码系统都无法解决。而进行工艺过程设计时，又要求输入这些详细的数据。

形状要素又称表面元素或型面要素。任何机器零件都是由一个或若干个形状要素按一定的关系组合而成，这些形状要素可以是圆柱面、圆锥面、螺纹面等。例如，光滑钻套由一个外圆柱表面、一个内圆柱表面和两个端面组成；台阶钻套由两个外圆柱表面、一个内圆柱表面和三个端面组成。每一种形状要素用一组特征参数描述，并对应一组加工方法。将组成零件的各形状要素逐个地按一定顺序输入到计算机中，在计算机内构成零件的原型，就可以描述出整个零件。形状要素描述的关键之一是形状要素的设计，在设计时要考虑以下几点：

(1) 形状要素的种类要能覆盖欲描述零件的要求，同时数量要尽量少，形状要素要有典型性。

(2) 为了有效地对零件进行描述，许多形状要素描述系统采用特征分层结构，将形状要素分成基本形状要素和组合形状要素(或称复合形状要素)，也有将形状要素分成主形状要素和辅助形状要素。基本形状要素就是零件的基本单元，是组成零件不可再分的元素，组合形状要素由基本形状要素组合而成。主形状要素是指一些常常出现的主要形状单元，如圆柱面、平面等，而辅助形状要素是附加在主形状要素上构成零件的表面，如带倒角的轴就是由外圆柱面(主表面要素)和倒角(辅助表面要素)组合而成。形状要素可以是单一几何表面，也可以是组合表面。

(3) 形状要素的划分应同时考虑零件的几何结构特征和工艺特征等诸多因素，而不是单纯几何结构的划分，要考虑产品零件的特点。

(4) 形状要素的描述可以采用编码、语言、数学等多种形式，视具体情况而定，以能准确、完整、方便为原则，不拘于强调某一种形式。

设计形状要素描述法的 CAPP 系统时，首先要确定本系统的适应范围。无所不包的、不论什么类型的零件都适应的 CAPP 系统是不存在的。只是有些系统的范围较宽，有些系统范围较窄。确定 CAPP 系统的适应范围后，就着手统计分析该范围内的零件由哪些形状要素组成，设计形状要素和它们的数据结构。形状要素的具体划分没有标准，由系统的开发者根据系统适用范围确定。因此，各系统差异可能较大。

如某个零件形状要素描述系统通过对回转类零件在机械加工中常见的零件表面进行分析，选择回转类零件形状要素的一个子集，描述部分回转类零件。该子集定义了五种主表面元素和八种辅助表面元素，它们是：

主表面元素：圆柱(Cylinder)；圆锥(Cone)；螺纹(Thread)；圆柱齿轮(Gear)；花键(Spline)。

辅助表面元素：端面(Face)；倒角(Chamfer)；辅助孔(Hole)；均布孔(Divide Hole)；平面(Plane)；环形槽(Groove)；键槽(Slot)；中心孔(Center Hole)。

一个回转类零件可以由以上的五种主表面元素按轴线顺序组成，而在每个主表面元素上可以有若干个辅助表面元素。

使用零件形状要素法描述零件的优点是可以比较完整、准确地输入一个零件的信息，缺点是效率低、输入时间长。虽然在零件信息输入时可以通过菜单等方式提高输入速度，但是随着零件复杂程度的增加，输入时间的增长可能会达到不可接受的地步。

6.4　派生式 CAPP 系统的原理和设计

CAPP 系统的研制在世界各国都已取得相当数量的成果。已经使用和正在研制的 CAPP 系统是多种多样的，其分类方法有许多种。按自动化程度可分为：自动化型、半自动化型和人—机交互型；按设计对象(机械零件)的种类可分为：回转体类零件、平板形类零件、箱体类零件或其他复杂零件等几种；按工艺过程性质可分为：典型或成组工艺过程类、专用工艺过程类等。但从工艺过程的设计方法上，从系统生成工艺过程的工作原理上，最基本的只有派生式和生成式两种。派生式 CAPP 系统像在图书馆中查书一样，为类似的零件检索出标准工艺过程。而标准工艺过程则是由工艺人员事先编好存入计算机中的。当一个新零件需要设计工艺过程时，就调出一个标准的工艺过程，然后由工艺员进行修改以满足该零件的特定要求。成组技术是派生式 CAPP 系统的基础。生成式 CAPP 系统则被认为是更先进的也是更难开发的。在生成式 CAPP 系统中，新零件的工艺过程是计算机按照进行各种工艺设计决策的算法和逻辑步骤，进行一系列的逻辑判断和决策，自动的、从无到有的设计出零件的工艺过程。

6.4.1 派生式 CAPP 系统原理

派生式 CAPP 系统(Variant or Retrieve)的基本原理是利用零件的相似性，相似的零件有相似的工艺过程。一个新零件的工艺过程是通过检索出现有的相似零件族(组)的标准工艺过程并加以筛选或编辑而成，并由此得到“派生”这个名称。派生式 CAPP 系统又称修订式、检索式、样件式、变异式等。

相似零件的集合称为零件族。一个零件族使用的工艺过程称为标准工艺过程，标准工艺过程一般以它的族号作为关键字而存放在数据库或数据文件中，它所包含的内容是根据企业的标准或习惯来确定的，但它至少应该包括一个能基本满足该零件族所使用的加工工艺过程和有关工序。在使用派生式 CAPP 系统时，首先检索到一个标准工艺过程，然后经过筛选或编辑，以适应于一个特定的新零件。

标准工艺过程的检索一般是采用成组技术中用码域法分组的方法。一个零件族用一个零件族特征矩阵表示，这个特征矩阵包括该零件族中所有可能的零件矩阵。

6.4.2 派生式 CAPP 系统的开发设计过程

开发设计一个派生式 CAPP 系统一般包括以下工作：

(1) 选择或开发零件分类编码系统。最好能选用已有的比较成熟的通用系统，如 OPITZ、JLBM-1、KK 系统等。如果已有的系统不能满足本企业的要求，可以对已有的系统作局部修改，也可以选用适合本企业产品特点的专用分类编码系统或开发一个新的分类编码系统。

(2) 对现有的零件进行编码。这里所说的现有零件可以是整个工厂的、也可以是一个车间甚至是某一部分零件。一般来说，先从部分零件开始，先从容易做的开始。

(3) 划分零件族，建立零件族特征矩阵。划分零件族是以零件的相似性为基础，确切地说，是以它们的制造工艺特征为基础，把工艺过程相似的零件归并成同一个零件族。由于零件族的定义不严密，所以没有严格的规则可以用来划分零件族。用户必须自己定义自己的零件族。划分零件族的方法是采用成组技术中零件分组的方法，一般有目测法、生产流程分析法和零件分类编码法，其中生产流程分析法是用的较多的方法。当零件族划分完成后，将同族零件的编码进行复合即可得到零件族特征矩阵。

(4) 编制零件族标准工艺过程。为每一个零件族编制一份标准工艺过程。标准工艺过程应包含本族所有零件的工艺过程，但又不是族内某一具体零件的工艺过程。编制零件族的标准工艺过程一般采用成组技术中编制成组工艺的方法。

对回转体零件可以采用复合零件法编制标准工艺过程。复合零件是指拥有同族零件的全部待加工表面要素的零件，由于本族内其他零件所具有的待加工表面要素都比复合零件少，因此按复合零件编制的标准工艺过程，既能加工复合零件本身，也必然能加工同族的其他零件，只要删去该标准工艺过程中不为其他零件所具有的表面要素和工序工步即可。由于复合零件的上述特点，因此复合零件可以是零件族中某个具体的零件，也可以是虚拟的假想零件，尤以假想零件的情况为多。

由于非回转体零件的几何形状不对称、不规则，其装夹方式远较回转体零件复杂，复合零件原理不可能用于非回转体零件。因此，常采用复合路线法编制非回转体零件的标准工艺过程。复合路线法是以同族零件中最复杂的工艺过程为基础，与族内其他零件的工艺过程相比较，凡族内其他零件所需要而最复杂工艺过程所没有的工序分别添上，最后形成能满足全族零件加工要求的标准工艺过程。

(5) 建立工艺数据库或数据文件。把标准工艺过程和工艺设计中用到的有关数据、技术资料和技术规范存入数据库或数据文件。

(6) CAPP 系统软件的设计和调试。确定 CAPP 系统的总体结构；确定零件信息的输入方式；确定对标准工艺过程的检索、筛选和编辑等方法；确定工艺文件的输出形式。设计系统主程序和各种功能子程序，经调试和试运行，发现和纠正在设计中的错误和不足之处后，即可交付现场使用。

开发一个派生式 CAPP 系统是一个工作量很大的过程。有资料报道称，需要 18～24 个人年(软件开发中常用单位)的工作量。

6.4.3　派生式 CAPP 系统的使用

派生式 CAPP 系统设计的使用步骤如下：

(1) 按照选定的零件分类编码系统，给待设计工艺过程的新零件编码；

(2) 将零件代码输入计算机，以评定新零件是否在该系统所含有的零件族内；

(3) 如果新零件包括在已有的零件族内，则检索出该族零件的标准工艺过程；如果新零件不包括在已有的零件族内，则计算机将此情况报告用户；

(4) 计算机根据输入的代码和已确定的逻辑，对标准工艺过程进行筛选；

(5) 用户对已选出的标准工艺过程进行编辑，增加、删除或修改；

(6) 将设计好的工艺过程存储起来，并按指定格式打印输出工艺规程；

(7) 输出工序图。

图 6.15 是派生式 CAPP 系统使用的流程图。工艺规程的表头信息和零件信息的补充输入应在适当的时候完成。表头信息是指零件名称、零件图号、材料、编制者姓名、设计日期等。

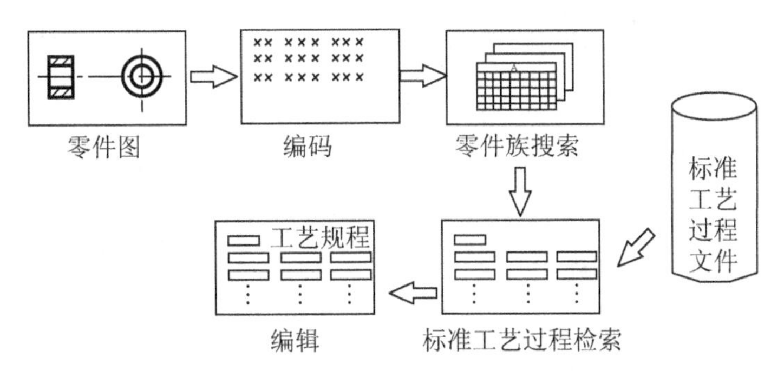

图 6.15　派生式 CAPP 系统的使用流程图

6.4.4　典型的派生式 CAPP 系统

1. CAM-I 的 CAPP 系统

CAM-I 的工艺过程自动设计系统(CAPP)是所有工艺过程设计系统中使用最广泛的一个系统。它是 Moconnell Douglas 自动化公司(McAuto)按照与 CAM-I 签订的合同而开发的一个派生式 CAPP 系统。CAPP 系统在 1976 年首次当众公开表演并交付给它的各资助成员使用。

CAM-I 的 CAPP 系统(见图 6.16)是用 ANSI 标准 FORTRAN 语言开发的一个数据库管理系统，它为派生式 CAPP 系统的数据库结构、标准工艺过程的检索逻辑和工艺文件的交互编辑功能提供了一种结构。CAPP 系统使用的零件分类编码系统是由用户补充的，允许用户在标准工艺过程的搜索中使用已有的分类编码系统，但最多允许使用 36 位用数字或字母表示的零件代码。这个特点仅需要用户在该系统的执行过程中作极少量的修改。用户为使用方便而改编的零件分类编码系统一般情况下都是适用的。例如 Lockheed Georgia 公司在他们的 CAPP 系统中使用修改过的奥匹兹代码(Opitz Code)已获得成功的结果。系统的输出格式也是由用户补充的。CAPP 这一类系统容易开发，使用方便，所能处理的零件范围取决于零件分类编码系统的能力。

2. TOJICAP 系统

TOJICAP 系统是我国开发的第一个 CAPP 系统。该系统是用于回转类零件的工艺过程设计的派生式 CAPP 系统。系统采用 JCBM 分类编码系统和 JLBM 分类编码系统，用 BASIC 语言在微型 IBM-PC 上运行。该系统具有特征矩阵文件、标准工艺文件、名称文件(机床、刀具名称和工序、工步名称)、工艺数据文件和加工关系矩阵文件等。系统采用模块化设计，有初始化模块、样件法生成模块、切削参数计算模块、修改和打印模块及人机交互模块等。

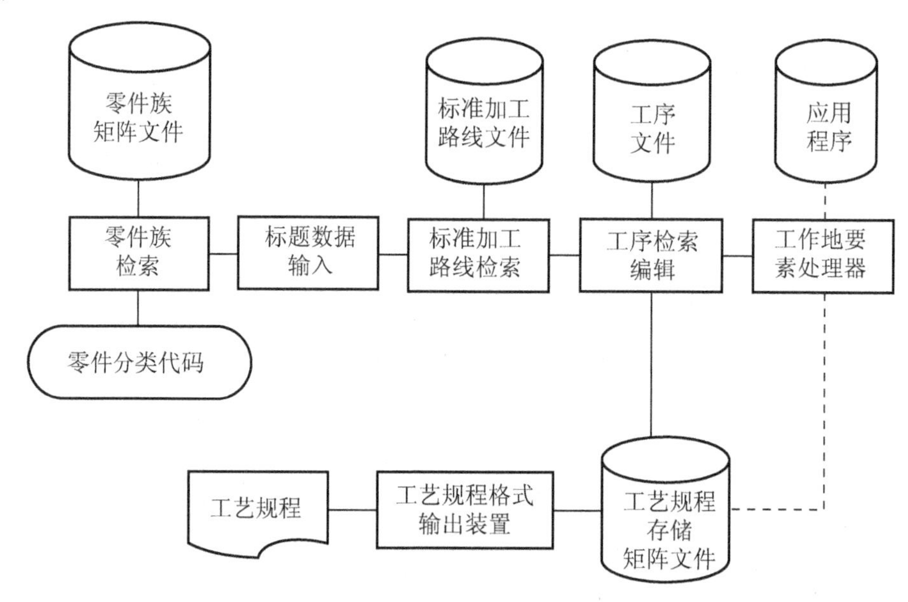

图 6.16　CAM-I 的 CAPP 系统

6.5　生成式 CAPP 系统原理和设计

生成式(Generative)CAPP 系统是第二种类型的 CAPP 系统。生成式 CAPP 系统的基本原理和派生式系统不同，它不是以对标准工艺过程的检索和修改为基础，而是由计算机软件系统，根据输入的零件信息，依靠系统中的加工能力知识库和工艺数据库中的加工工艺信息以及各种工艺设计决策逻辑、规则，模仿工艺人员进行工艺过程的设计方法，在没有人工干预的条件下，自动进行各种决策和计算，如选择零件表面的加工方法、安排零件工艺路线、选择机床、刀具、夹具、计算切削参数、加工时间和加工成本以及对工艺过程进行优化等，自动设计出零件的工艺过程，人们称这种系统为生成式 CAPP 系统。生成式 CAPP 系统又称创成式 CAPP 系统。

6.5.1 生成式 CAPP 系统原理

从理论上讲，生成式 CAPP 系统是一个完备而易于使用的系统。此系统带有包含在软件中的工艺过程设计用的全部决策逻辑和规则，拥有工艺过程设计所需要的全部信息。但是与派生式系统相比，生成式系统的研究更不成熟，到目前为止，还没有一个生成式 CAPP 系统能包含所有的工艺过程设计决策逻辑，也没有一个系统能完全自动化。也就是说，由于工艺过程设计的复杂性，要实现完全的生成式 CAPP 系统目前还有困难，这种功能齐全、自动化程度很高的生成式系统目前还没有开发出来，甚至在短时期内也不一定能实现。因此，生成式系统的含义，在大多数系统中已通融为一个不大完整的概念，即只要系统中不存在事先编好的标准工艺过程，而且包括重要的决策逻辑，或者只有一部分决策逻辑就可以认为属于这一类系统。这种系统在原理上比较理想，自动化程度高，并能实现工艺过程的优化。它具有下列特点：

(1) 通过决策逻辑、专家系统、制造数据库自动生成新零件的工艺过程，运行时一般不需要人的技术性干预，是一种比较理想而有前途的方法。

(2) 适应范围广，回转体和非回转体零件的工艺过程设计都能胜任，具有较高的柔性。

(3) 便于和 CAD、CAM 系统的集成。便于和自动化加工设备相连接，能为其提供详细完整的控制信息，有利于集成。

(4) 由于工艺过程设计的复杂性和智能性，自动化程度很高、功能齐全的生成式系统目前尚难实现。

6.5.2 设计生成式 CAPP 系统的准备阶段

设计一个生成式 CAPP 系统的工作可以分为准备阶段和实现阶段。准备阶段即详细的技术方案设计以及工程数据和知识的准备，实现阶段则包括软件系统结构的设计以及程序设计和调试。准备阶段可以说是基础性工作阶段，需要大量的调查研究和仔细的分析归纳、具体工作大体包括下述内容：

(1) 确定系统的对象范围。虽然生成式 CAPP 系统可以不采用按一定的零件分类编码系统建立零件族的方法，但成组技术的原则还是应该考虑，必须有明确的设计对象类别，即系统必须有一个明确的、限定的使用范围。例如，要明确本系统将适用于回转类零件还是非回转类零件，箱体类零件还是杆叉类零件等。因为不同的零件类别具有不同的表面类型，不同的表面类型一般采用不同的加工方法，甚至相同的表面类型在不同行业中也可能需要采用不同的加工方法。因此，明确设计对象类别可以说是开发生成式 CAPP 系统的首要工作。

(2) 对零件进行工艺分析。对确定的设计对象类别进行工艺性分析，即该类零件由哪些基本表面组成，各种表面可以用哪些加工方法来完成。

(3) 设计零件信息描述方法。根据确定的零件类别设计或选择适用的零件描述和信息输入方法，一般多采用零件形状要素描述、体素拼合描述等方法和 CAD 系统的集成方法也在研究和发展中。

(4) 确定在工艺过程设计中各项任务的决策方法。这一步是生成式 CAPP 系统设计的核心工作，主要是各种工艺设计决策逻辑的模型化和算法化，一般多采用数学模型决策、逻辑推理决策和智能思维决策等。

(5) 建立工艺数据库。准备和整理各种加工方法的加工能力范围、加工经济精度(包括尺寸、位置和形状)和表面粗糙度等数据，建立加工方法、切削用量库等数据库，这些数据在各种制造工程手册中可以查到。根据企业的具体情况，收集与具体企业有关的资料，建立刀具库、机床库等数据库。目前，生成式 CAPP 系统设计的研究还很不充分，需要作大量的工作。

6.5.3 生成式 CAPP 系统的设计方法

工艺过程设计的涉及面很广，它既包括各种选择性工作，也包括计划(排序)性工作，还包括各种数值计算以及文字编辑和制表工作。从决策逻辑看，它既包括逻辑推理决策、也包括数学模型决策和创造性的智能思维决策等。工序尺寸计算、切削用量选择、时间定额计算、生产费用计算等主要依靠数学模型的建立和求解的方法属于数学模型决策外，其他都属于逻辑推理决策。这种性质的决策，只能依靠建立决策模型来实现。而且，这些决策除了需要依靠大量的制造工程数据外，还需要“专家”的丰富实践经验和处理问题的技术水平和技巧。目前对生成式 CAPP 系统的研究还不够完善，再加上工艺过程设计的复杂性，设计生成式 CAPP 系统还没有一个统一的、标准的方法，以下只能简单地介绍各阶段工作的大体内容和方法。

1. 零件表面加工方法的选择

机器零件的结构形状虽然多种多样，但都是由一些最基本的几何表面(外圆、孔、平面等)组成的。机器零件的加工过程，就是获得这些几何表面的过程，因此零件表面加工方法的选择是工艺过程设计的基础。同一种表面，可选用不同的加工方法加工，而每一种加工方法所能达到的加工精度和表面粗糙度以及生产率和加工成本又是各不相同的。零件的每一个表面根据其精度和表面粗糙度的不同，一般都要经过几次加工才能达到它的要求，因此，加工方法的选择实际上是零件上每个表面的加工方法序列的选择。一个表面的加工方法系列可表示为

$$S=\{P_1,f_1,P_2,f_2,\cdots,P_n,f\}$$

即从毛坯形状开始，首先采用加工方法 P_1 加工出中间形状 f_1，然后用加工方法 P_2 加工出中间形状 f_2，…，最后直到采用加工方法 P_n 加工出合格的表面 f 为止。

在派生式 CAPP 系统中，工艺过程的设计只是简单地通过编码匹配，从数据库中检索得到，不存在设计的方向问题。而在生成式 CAPP 系统中确定加工方法序列时可以采用正向设计，也可以采用反向设计。所谓正向设计指的是从毛坯的形状开始，逐步选择合适的加工方法 P_1，P_2，…，P_n 直至能加工出符合零件图样要求的表面为止。反向设计则采用的

相反的设计过程，即从零件图样的要求开始，首先选择出最终的加工方法 P_n，并根据 P_n 的要求选择预加工 P_{n-1}，…，P_1，直至选择出无须预加工的加工方法 P_1 为止。这时选用加工序列的过程，实际上相当于零件表面的反向“填充”过程。假设有一个图样要求的零件表面，目标是把它填充为一个未加工的毛坯形状，每选择一次加工都可以看作一个填充过程，钻孔加工可以看作填充一个孔，铰孔加工可以认为是在孔壁上填充一层薄壁等，直到最终获得毛坯为止。正向设计和反向设计看起来可能是相似的，但是，它们对系统的程序设计有较大的影响。对于正向设计，在选择一种加工方法以前，除知道表面的当前状态外，还必须了解表面的后继状态，因为每一次加工的后继状态都是选择下一次加工方法的当前状态。例如，对于螺纹孔加工，当选择钻孔加工时，还必须知道以后要加工螺纹，选择的钻头就要满足螺纹的加工，否则下一步加工方法的选择将无法进行。反向设计消除了这些制约条件问题，因为它从最终的，图样要求的表面开始，这是前期已明确的，选择各种加工方法以满足表面的要求。而且用填充过程所产生的中间表面，即选择的加工方法所需要的预加工要求也是容易确定的，它是一种加工方法所能接受的最坏的初始状态，例如，精车、磨削所需的最小切削余量厚度等。任何能适用于中间表面的加工都可以选作预加工。在正向设计中，为了保证加工结果，不管采用几次加工，目标表面总要保持。而反向设计从最终要求开始，逐步选择预加工方法，得到一个新的状态，将它作为一个新的要求，再选择预加工方法，直到某一个状态不需要预加工为止，这时的状态是零件的毛坯。显然，反向设计方法比正向设计方法更符合实际工艺设计的传统，在程序中也更容易实现，所以为大多数生成式 CAPP 系统所采用。

加工方法选择时应考虑的因素是很多的，粗略概括起来，可以用函数的形式表示如下：

$$P = f(Bf, D, T, Sf, M, Q, C_p, M_c)$$

式中：P 为所选择的加工方法；Bf 为零件表面形状；D 为尺寸；T 为公差及精度要求；Sf 为表面粗糙度要求；M 为件材料；Q 为生产批量；C_p 为生产费用；M_c 为可使用的机床设备。

这个公式仅仅是定性公式，而且包括的因素未必全面(如通常应考虑的优化条件并没有列入)。但它可以为决策逻辑的设计提供方便，在决策过程中可以根据公式中列入的因素，利用工艺数据库中关于各种加工方法的加工能力范围和加工经济精度、表面粗糙度等数据进行匹配。选择加工方法时，按反向设计法，应先从数据库或数据文件中确定最终的加工方法 P_n，同时确定预加工要求，然后再选前一次的加工方法，等等。

零件表面加工方法的选择也可以根据零件表面的最终要求，从数据库或数据文件中直接选择出该表面元素的加工方法序列——加工链。各种零件的基本表面加工链可以从各种制造工程手册中查到，并装入工艺数据库。

2. 工艺路线的安排

加工路线的安排，即各加工工序的划分和先后顺序的确定，是工艺过程设计中的重要环节，要考虑的因素很多，处理的方法在生产实践中也很灵活，决策逻辑的研究也很不成熟。工艺路线安排中要考虑的因素是很多的，粗略概括起来，可以表示成下列的函数形式：

$$S = f(P, Bf, D, T, Sf, M_c, T_y, Q, C_p)$$

式中：S 为零件的工艺路线；P 为所选择加工方法的集合；Bf 为零件各表面的几何形状；D 为尺寸；T 为公差及精度要求；Sf 为表面粗糙度要求；M_c 为使用机床设备的集合；T_y 为工艺因素；Q 为生产批量；C_p 为生产费用。

这里，用工艺因素 T_y 代表加工阶段的划分、基准加工及热处理和其他辅助工序的性质和要求。其他符号代表的意义都是很显然的。不过，尽管应考虑的因素可以概括成上述表达式或其他的形式，但要总结出通用的决策模型还是很困难的，只能按具体的生产环境和特定的设计对象设计相应的决策模型。

工艺路线安排的过程具有分级、分阶段性质，并可看成是分级、分阶段的约束驱动过程，即分级、分阶段地考虑几何形状、技术要求、工艺方法和以经济性或生产率为指标的优化目标等约束因素，使各工序之间能排出合理的顺序。工艺路线安排的决策过程如下：

(1) 生成工艺路线的主干。按主要表面的加工序列排出工艺路线的“主干”，分出粗加工、半精加工和精加工的加工阶段；

(2) 对工艺路线的“主干”进行约束。按各种几何、技术条件、工艺因素和优化目标进行约束；

(3) 根据加工阶段，插入基准的加工和修整；

(4) 工艺路线的扩充。在工艺路线“主干”的基础之上插入辅助表面的加工序列；

(5) 插入热处理工序和辅助工序。

3. 工序设计

对于机械加工工序来说，工序设计的内容包括：加工机床设备的选择；工艺装备(刀具、夹具、量具等)的选择；工步内容和次序的安排；加工余量的确定；工序尺寸的计算及公差的确定；切削用量的确定；时间定额的计算；工序图的生成和绘制；加工费用的估算；工艺文件的编辑和输出。

在开发具体的 CAPP 系统时，工序设计的内容可根据实际的需要，包括上述内容的一部分、大部分或全部。可以看出，这些任务是多样的、复杂的。它包括需要逻辑决策的选择性任务，也包括一些可以依靠计算公式或数学模型的计算工作。此外，还有工序图生成，工艺文件的编辑和输出等任务。

6.5.4 工艺过程设计中的决策方法

工艺过程设计是一项复杂的多层次、多任务的决策过程，有大量的条件与决策的判定问题，且工艺决策涉及的面较广，影响工艺决策的因素也比较多，实际应用中的不确定性也比较大。生成式 CAPP 系统研究的中心问题是工艺过程设计中各类问题的决策规律和方法，探索如何应用计算机对这些问题进行求解。可用于工艺过程设计中的决策方法有许多种，一般可把它们分为：数学模型决策、逻辑推理决策和智能思维决策三类。工艺过程设计中的有些问题宜采用某种决策方法，而有的则需要几种决策方法的混合使用。

1. 数学模型决策

数学模型决策是以建立数学模型并求解作为主要的决策方式。在工艺过程设计中，以数值计算为主的问题多采用这一方式求解，如工艺尺寸链的计算、切削参数的计算、材料消耗和时间定额的计算等。但也有一些工艺设计问题，如定位夹紧方案的确定其影响是多因素的，复杂而又困难，采用模糊数学的不确定推理方式来求解不失为一种有效方法。

数学模型是根据事物中的特征或数量依存关系，采用形式化数学语言描述出来的一种数学结构。它是对客观事物经过抽象、提炼、删除与关系无本质联系的属性而获得的，是一种纯关系结构。从广义上来说，一切数学概念、数学理论体系、各种数学公式、方程式以及由公式系列构成的算法系统等都可称为数学模型。诸如实数、向量、集合、群、环、域、范畴、线性空间、拓扑空间等，都是以各自相应的现实原形(实体)为背景而抽象出来的最基本概念，可称为原始数学模型。从狭义上来说，数学模型是指描述那些反映特定事物的数学关系结构，是反映物理的、工程的、社会的、经济的等各种客观现象中各主要因素内在联系的一种数学形态。计算机辅助工艺过程设计所涉及的数学决策，其数学模型多是为了解决工程上的实用问题，具有很强的针对性。一般，数学模型可分为三类：

(1) 系统性数学模型。这类模型所对应的实体对象及其关系具有确定性，可以是连续型数学模型或离散型数学模型，可用函数、方程、矩阵、行列式、线性方程组、网络图等经典数学方法描述。

(2) 随机性数学模型。这类模型所对应的实体对象及其关系具有随机性，要用概率论、数理统计学等方法进行描述和求解。

(3) 模糊性数学模型。这类模型所对应的实体对象及其关系具有模糊性，可用模糊集合理论与模糊逻辑等来进行描述和求解。

诚然，实体对象是复杂多变的，其数学模型可能是兼有系统性、随机性和模糊性的多元数学模型，可视具体情况而定。有时，同一实体对象可采用不同的数学模型来描述和求解，可择优处理之。

2. 逻辑推理决策

在工艺过程设计中，诸如各种表面加工方法的选择、工序工步排序、刀具选择、机床选择等问题，都可以采用确定性的逻辑推理来决策。常用的逻辑推理决策有决策树和决策表两种形式，但其原理相同，只是表现形式不同，可视其适应场合选择，并可互相转换。

1) 决策树

决策树又称判定树，它是用树状结构来描述和处理“条件”和“动作”之间的关系和方法。如图 6.17 所示，决策树是一种由结点和分支(边)构成的图。结点有根结点、中间结点和终结点之分，它表示一次测试或一个动作，最后拟采取的动作一般放在终结点上。根结点无前趋结点，中间结点有单一的前趋结点和一个以上的后继结点，终结点无后继结点。分支(边)连接两次测试和动作，表达一个条件是否满足；满足时动作沿分支向前传送，实现逻辑与(AND)关系；不满足时则转向另一分支以实现逻辑或(OR)关系。有根结点到终结点的一条路径表示一条决策规则。视决策规则简繁程度不同，从根结点到终结点的路径长短和结构层次复杂程度也不同，有的路径很短，只有一个中间结点，有的路径很长，要经过若干个中间结点。

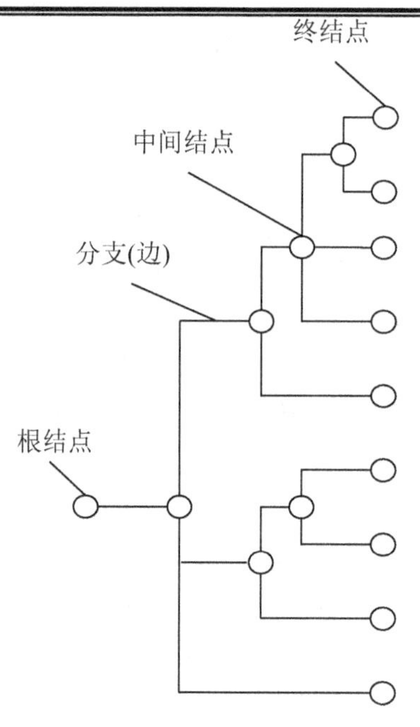

图 6.17　决策树的结构

图 6.18 所示为孔、沟槽、内螺纹的加工方法选择所用的决策树，其中孔加工方法选择要考虑孔径、位置度和孔径公差等因素，所选用的加工方法各有不同，比较复杂，而沟槽和内螺纹的加工方法选择，相对要简单的多。当然，如果仔细考虑沟槽的形状和大小，内螺纹的类型、尺寸和精度，它们的加工方法选择也是很复杂的，这里只是一种简单举例。

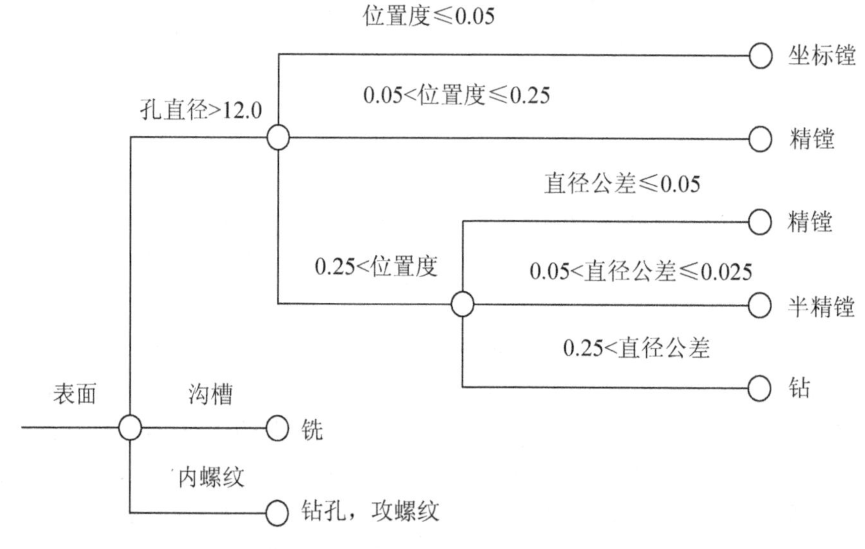

图 6.18　加工方法选择用的决策树

2) 决策表

决策表又称判定表，它是用表格结构来描述和处理“条件”和“动作”之间的关系和方法的。如图 6.19 所示，决策表是用符号描述事件之间逻辑关系的一种表格，它用横竖两条双线或粗线将表格划分为四个区域，其中左上方区列出所有条件，左下方区列出根据条件组合可能出现的所有动作；竖双线右侧为一个矩阵，其中上方为条件(可能)组合，下方为对应的动作，即采取的决策，因此，矩阵的每一列可看成一条决策规则。

		条件组合 A	B	C	…
条件	C1	T	T	F	
	C2	F	T	T	
	C3	F	F		
	⋮				
动作	A1	×	1		
	A2		2	×	
	⋮				

图 6.19　决策表的结构

孔	T	T	T	T	T	F	F
直径>12.0	T	T	T	T	T		
位置度≤0.05	T	F	F	F	F		
0.05<位置度≤0.25	F	T	F	F	F		
0.25<位置度	F	F	T	T	T		
直径公差≤0.05			T	F	F		
0.05<直径公差≤0.25			F	T	F		
0.25<直径公差			F	F	T		
沟槽	F	F	F	F	F	T	F
内螺纹	F	F	F	F	F	F	T
钻	1	1	1	1	×		1
半精镗	2	2	2	2			
精镗	3	3	3				
坐标镗	4						
铣						×	
攻螺纹							2

图 6.20　加工方法选择用的限定条件决策表

图 6.20 所示为加工方法选择用的限定条件决策表，与图 6.18 所示决策树是同一个例子。

3. 智能思维决策

工艺过程设计中，有些问题的决策往往依赖于工艺人员的经验和智能思维能力，因此需要应用人工智能。智能是运用知识解决问题的能力，学习、推理和联想三大功能是智能的重要因素。人工智能(Artificial Intelligence，AI)是计算机科学中涉及设计智能计算机系统的一个分支，这些系统呈现出与人类的智能行为如理解语言、学习、推理联想和解决问题等有关的特性。智能思维决策主要在智能式 CAPP 系统中使用。

6.5.5　典型的生成式 CAPP 系统

1. APPAS 系统

APPAS(Automated Process Planning And Selection)系统是美国普渡大学的 R. A. Wysk 等开发的，它的设计对象是采用加工中心或镗铣类机床上加工的箱体类零件。它是一种学术研究性的系统。

APPAS 系统是一个面向零件表面元素的生成式 CAPP 系统。用户把某个表面元素的详细要求输入后，APPAS 系统能输出加工此表面的详细工艺过程，其中包括加工步骤，所选择的刀具以及切削参数等。待加工表面如果有 N 个表面元素，待用户逐个输入各个表面各自的详细要求后，计算机将按用户的输入次序，打印输出这 N 个表面的详细工艺过程。

APPAS 系统适于的表面元素有孔、槽、平面 3 类，而可供选择的加工方法有 13 种，如表 6-8 所示。

表 6-8 APPAS 系统的加工方法

钻孔(用麻花钻)	中心钻钻孔
钻孔(用扁钻)	铣孔
镗孔	攻螺纹
铰孔	扩孔
套料(Trepanning)	端铣
枪钻钻孔	圆周铣
挤光	—

APPAS 选择加工方法的过程是一个匹配过程，即某表面元素的各种技术要求集合 S_k 能与某种加工方法的加工能力集合 P_k 相匹配，则此种加工方法便能用于加工该表面。APPAS 系统所用表面元素技术要求集合以及加工方法加工能力集合的表达方式如表 6-9 所示。APPAS 系统用 COFORM 专用编码系统描述零件，分别使用 40 个参数、31 个参数和 32 个参数描述孔、槽和平面的详细要求。APPAS 系统描述表面元素是相当详细的。但是，在多数情况下，产品设计图对零件表面元素的要求并没有像 APPAS 系统规定的那样多。例如，对表面形位误差的设计要求，有时只提出少数几项，有时不单独提出要求，很少提出全部项目的要求。为了解决输入时的繁琐问题，系统开发了一个用于 COFORM 编码系统的符号代码解释系统。按它所规定的符号代码描述表面元素并输入系统后，它便将这些代码转换成 APPAS 所要求的输入值，输入代码中所没有包括的项目，则按默认值转换。例如，孔的圆度误差，如果设计图上没有标明，解释系统便将默认为 5.0mm，这样大的圆度误差值，所能选择的哪种加工方法都能达到。图 6.21 是 APPAS 系统的决策流程图，图 6.22 是 SIMHOL 子程序流程图。在 APPAS 的基础上，普渡大学后来还扩展成一个新系统，称作 CADCAM。该系统增加了与 CAD 系统的接口，增加了图像显示及交互编辑功能，并改用判定表形式表达其决策过程。

表 6-9 孔加工方法加工能力数据示例

项目	麻花钻	扁钻	镗	中心钻	铣孔
刀具最小直径 D/mm	1.5	19	9.5	3	3
刀具最大直径 D/mm	50	100	254	19	76
最大深度 L/D (深度/孔径)	12.0	4.0	9.0	1.0	1.5
负公差/mm	$0.007D^{0.5}$	$0.004D^{0.5}+0.064$	0.0076	0.0254	$0.004D^{0.5}+0.064$
正公差/mm	$0.007D^{0.5}+0.076$	$0.005D^{0.5}+0.076$	0.0076	0.127	$0.005D^{0.5}+0.076$
直线度/mm	$0.0005(L/D)^3+0.051$	$0.0003(L/D)^3+0.051$	0.0076	0.051	$0.002(L/D)^3+0.025$
圆度/mm	0.1	0.1	0.0076	0.076	0.1
平行度/mm	$0.0010(L/D)^3+0.076$	$0.0006^3+0.076$	0.013	0.051	$0.002(L/D)^3+0.038$
位置度/mm	±0.2	±0.2	±0.0025	±0.05	±0.15
表面粗糙度 R_a/μm	2.56	2.56	0.20	1.52	1.6

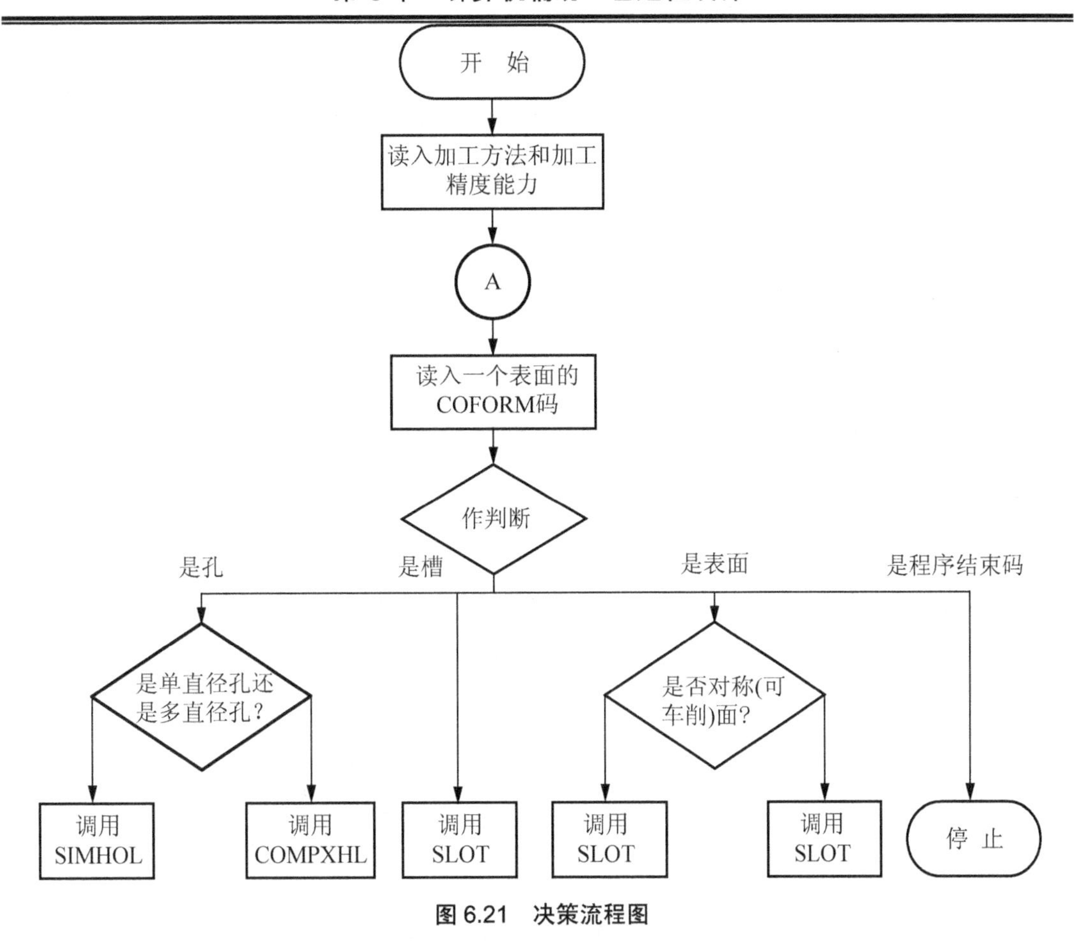

图 6.21　决策流程图

2. CPPP 系统

CPPP(Computerized Production Process Planning)系统是在美国陆军的部分资助下，又联合工艺研究中心开发的。它能为圆柱形零件设计工艺过程。CPPP 系统具有生成工艺总表和详细工序卡的能力。工序卡包含注有全部尺寸和公差的零件草图，还规定了机床、切削顺序、基准表面、夹紧表面、刀具以及切削参数。

CPPP 的工作原理利用了复合零件的概念。通过建立能处理每一特征的一种工艺决策模型的办法，使它能设计该零件族所有零件的工艺过程。CPPP 用一种类似英语的专用语言来描述工艺模型，用户只需稍加训练即可使用。对于每一个零件族都必须开发一个工艺模型。

加工方法选择和排序是按照工艺模型进行的。把选择结果、排序结果与零件表面及工序数据(机床、刀具、工艺装备等)结合起来，从而形成一个工序矩阵。同一工序中各表面的加工顺序，所用机床及工具都利用工序矩阵的信息进行选择。每次走刀均可在 CRT 上显示出来，以便进行检查。CPPP 也允许使用交互方式进行操作。CPPP 系统最适用于零件族不多，但每族零件之间大不相同的场合。

无论是派生式还是生成式都是进行工艺过程设计的方法，也都存在不同的不足之处。实际应用中，大量采用的是混合式(Combinative)CAPP 系统，即把派生式和生成式这两种方法有机地结合在一起，这种系统有时又称半生成式(Semi-Generative)。目前，混合式 CAPP 系统多是在工艺路线设计上采用派生式的方法，而在工序设计上采用生成式的方法。

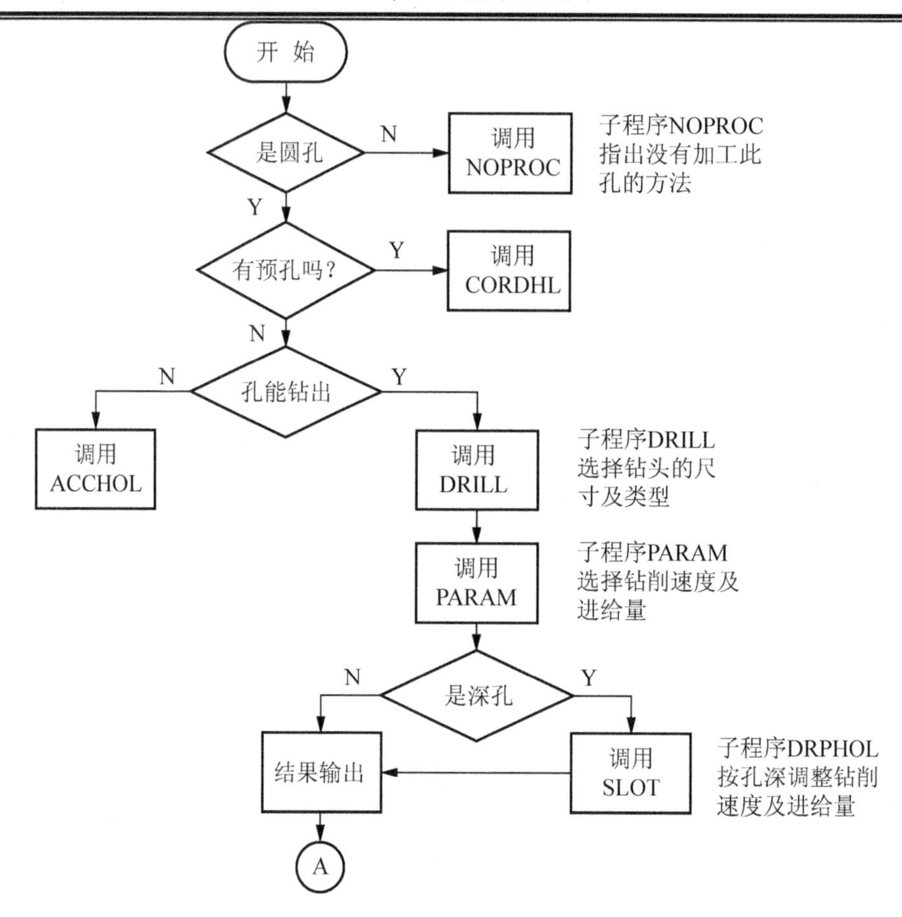

图 6.22　SIMHOL 子程序流程图

人工智能是一门研究如何用人工的方法和技术，即用各种自动机器或智能机器(主要指计算机或智能机)模仿、延伸和扩展人的智能，实现某些“机器思维”或脑力劳动自动化的新的技术学科。专家系统是一个具有大量专门知识与经验的软件系统，它应用人工智能技术，根据一个或多个人类专家提供的专业领域的知识、经验进行推理和判断，模拟人类专家作决策的方法，解决那些现实世界中需要由专家决策的复杂问题。

目前，人们已经开始将人工智能、专家系统知识应用于 CAPP 的研究和开发，由此所形成的 CAPP 系统称为智能式 CAPP 系统。与生成式 CAPP 系统相比，虽然二者都能自动进行工艺过程设计，但生成式 CAPP 系统是以确定性的逻辑推理算法来进行决策，而智能式 CAPP 系统则是采用智能思维决策，以知识和知识的应用为特征的 CAPP 专家系统。

6.6　CAPP 技术的发展

CAPP 系统的主要应用已从金属切削方面逐渐向其他方面扩展，如装配、热处理、锻造、冲压、焊接、检验、机器人运动规划等。CAPP 技术在非机械制造领域的应用也有发展，如一些单位开展了服装 CAPP 系统、耐火材料 CAPP 系统、砂轮 CAPP 系统等的研究。

随着 CAD、CAM、CAPP 单元技术的逐渐成熟，同时又由于 CIMS 和 IMS 技术的提出与发展，CAPP 正朝着集成化、智能化、网络化、工具化、实用化方向发展，在设计技术上采用分布式和面向对象技术。当前研究开发 CAPP 系统的热点主要在以下几个方面：

(1) 产品数字模型的生成与获取；

(2) CAPP 的体系结构及 CAPP 智能开发工具系统的研究；

(3) 基于分布型人工智能技术的分布型智能式 CAPP 系统；

(4) 人工神经网络技术在智能式 CAPP 系统中的应用；

(5) 并行工程模式下的 CAPP 系统；

(6) 虚拟制造中的 CAPP 系统；

(7) 基于网络制造的 CAPP 系统；

(8) 面向企业的实用化 CAPP 系统；

(9) CAPP 系统与自动化生产调度系统的集成。

习　　题

1．成组技术的原理和实质是什么？通过何种手段取得实际效益？

2．零件分类和编码系统的概念是什么？

3．什么是零件分类编码系统的结构原理？其中包括：总体方案、字符、码位长度、码位关系、信息容量(分类环节总数)等。

4．Opitz 系统的总体结构是什么样？并说明其功能和特点。

5．JLBM-1 系统的功能、特点是什么？与 Opitz 系统有何区别？

6．设一分类编码系统有六个码位，每一码位有六项特征，码位前三位为树式结构，后三位为链式结构，要求绘出结构示意图并计算此系统的分类环节总数。

7．叙述成组技术的基本思想，在产品设计、工艺设计及加工过程中如何应用成组技术？

8．实施 GT 能给工厂在哪些方面取得经济效益？

9．试述派生式、生成式 CAPP 系统原理和工作过程，其关键技术有哪些？

10．CAPP 系统的工艺决策方法有哪几种？试各举一例。

第 7 章　计算机辅助数控加工

学习目标

通过本章的学习，使学生掌握数控加工编程的概念和计算机辅助编程的一般原理，了解数控编程的方法、内容和步骤；了解数控语言自动编程技术；学习掌握图形交互式自动编程方法及其信息处理方法；了解数控检验方法和仿真形式。

学习要求

1. 掌握数控加工编程的概念；学习数控编程的方法和步骤；
2. 理解计算机辅助编程的一般原理；
3. 了解数控语言自动编程技术；
4. 学习掌握图形交互式自动编程方法；
5. 了解数控程序的检验方法和仿真形式。

引例

整体叶轮(见下图)作为航空、航天、机械、化工等行业的透平机械中的关键零件应用越来越广泛。与传统的分体式叶轮结构相比较，整体叶轮将叶片和轮毂设计成一个整体，在提高了零件性能的同时，也增加了零件加工的难度。整体叶轮的加工一直是机械加工中长期困扰工程技术人员的难题。一个叶片的加工失败，将导致整个零件的报废，因此导致目前生产中整体叶轮的成品率较低。为了加工出合格的叶轮，人们想出了很多的办法。由最初的铸造成形后修光，到后来的石蜡精密铸造，还有电火花加工、电解加工等方法。但是这些方法不是加工效率低下，就是精度或产品机械性能不佳，直到数控加工技术应用到叶轮加工中，这些问题才得到根本解决。

整体叶轮

坐标数控加工以其灵活、高效、零件表面质量高和生产周期短等优点而成为整体叶轮加工常用的方法。数控加工程序是数控机床运动与工作过程控制的依据，故数控编程是数控加工的重要内容。为解决编程工作的繁、难度，提高编程效率，减少和避免数控加工程序的错误，计算机辅助数控编程技术与时俱进，得以不断发展与更新。

7.1　计算机辅助数控加工基础

使用数控机床加工时需编制零件加工程序。正确的加工程序不仅应保证加工出符合图样要求的合格零件，同时应使数控机床功能得到合理应用与充分发挥，使数控机床能安全、可靠、高效地工作。数控加工程序的编制过程是一个比较复杂的工艺决策过程。

7.1.1　数控编程的内容与步骤

数控加工程序的编制主要内容包括分析零件图样，进行工艺处理，确定工艺过程；数值计算，计算刀具中心运动轨迹，获得刀位数据；编制零件加工程序；制备控制介质；校核程序及首件试切。数控编程一般分为以下几个步骤(见图 7.1)。

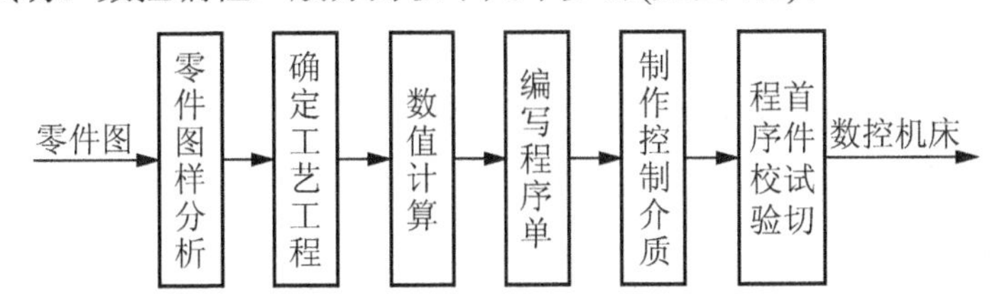

图 7.1　数控编程的步骤

1. 分析零件图样，进行工艺处理

编程人员首先需对零件的图样及技术要求进行详细的分析，明确加工内容及要求。然后，确定加工方案、加工工艺过程、加工路线、设计工夹具、选择刀具以及合理的切削用量等。工艺处理涉及的问题很多，数控编程人员要注意以下几点：

(1) 确定加工方案。应考虑数控机床使用的合理性及经济性，并充分发挥数控机床的功能。

(2) 工夹具的设计和选择。在数控加工中，应特别注意减少辅助时间，使用夹具要加快零件的定位和夹紧过程，夹具的结构大多比较简单。使用组合夹具有很大的优越性，生产准备周期短，标准件可以反复使用，经济效果好。另外，夹具本身应该便于在机床上安装，便于协调零件和机床坐标系的尺寸关系。

(3) 选择的合理走刀路线。合理的选择走刀路线对于数控加工是很重要的。应根据下面的要求选择走刀路线：①保证零件加工精度及表面粗糙度；②取最佳路线，即尽量缩短走刀路线，减少空行程，提高生产率，并保证安全可靠；③有利于数值计算，减少程序段和编程工作量。

(4) 选择正确的对刀点。数控编程时，正确地选择对刀点是很重要的。对刀点就是在数控加工时，刀具相对工件运动的起点，又称程序原点。对刀点选择原则如下：①选择对刀的位置(即程序的起点)应使编程简单；②对刀点在机床上容易找正，方便加工；③加工过程便于检查；④引起的加工误差小。

为了提高零件的加工精度，对刀点应尽量选在零件的设计基准或工艺基准上。对于以孔定位的零件。可以取孔的中心作为对刀点。对刀点不仅仅是程序的起点，而且往往又是程序的终点。故在生产中，要考虑对刀的重复精度。对刀时，应使对刀点与刀位点重合。所谓刀位点，是指刀具的定位基准点。对立铣刀来说是球头刀的球心；对于车刀是刀尖；对于钻头是钻尖；为了提高对刀精度可采用千分表或对刀仪进行找正对刀。

(5) 合理选择刀具。根据工件的材料性能、机床的加工能力、数控加工工序的类型、切削参数以及其他与加工有关的因素来选择刀具。对刀具的总要求是：安装调整方便、刚性好、精度高、耐用度好等。

(6) 确定合理的切削用量。

2. 数值计算

根据零件的几何形状，确定走刀路线，计算出刀具运动的轨迹，得到刀位数据。数控系统一般都具有直线与圆弧插补功能。对于由直线、圆弧组成的较简单的平面零件，只需计算出零件轮廓的相邻几何元素的交点或切点的坐标值，得出各几何元素的起点、终点、圆弧的圆心坐标值。若数控系统无刀补功能，还应计算刀具运动的中心轨迹。对于复杂的零件其计算也较为复杂，例如，对非圆曲线(如渐开线、阿基米德螺旋线等)，需要用直线段或圆弧段逼近，计算出曲线各结点的坐标值；对于自由曲线、自由曲面，组合曲面的计算更为复杂。

数控编程中误差处理是数值计算的重要组成部分，数控编程误差由三部分组成：

(1) 逼近误差。用近似的方法逼近零件轮廓时产生的误差，又称首次逼近误差，它出现在用直线段或圆弧段直接逼近轮廓的情况及由样条函数拟合曲线时，又称拟合误差。

(2) 插补误差。用样条函数拟合零件轮廓后，进行加工时，必须用直线或圆弧段作二次逼近，此时产生的误差又称插补误差。其误差根据零件的加工精度要求确定。

(3) 圆整误差。编程中数据处理、脉冲当量转换、小数圆整时产生的误差。对误差的处理应采用合理的方法，否则会产生较大的累积误差，从而导致编程误差增大。

3. 编写零件加工程序

在完成上述工艺处理及数值计算后即可编写零件加工程序，按照机床数控系统使用的指令代码及程序格式要求，编写或生成零件加工程序，并进行初步人工检查、编辑与修改。

4. 制备控制介质及输入程序

过去，大多数控机床程序的输入是通过穿孔纸带或磁带等控制介质实现的。现在往往通过控制面板直接输入，或采用网络通信的方法将程序输送到数控系统中。

5. 程序检验及首件试切

准备好的程序必须经校验和试切削后才能正式投入使用。过去，程序校验的方法是以笔代替刀具，坐标纸代替工件进行空运转画图，检查机床运动轨迹与动作的正确性。现在，在具有图形显示屏幕的数控机床上，用显示走刀轨迹或模拟加工过程的方法进行检查更为方便。对于复杂的零件，则需使用石蜡、木件进行试切。当发现错误后，及时修改程序单或采取尺寸补偿等措施。随着计算机科学的不断发展，先进的数控加工仿真系统如雨后春笋，为数控程序校验提供了多种准确而有效的途径。

7.1.2　数控编程的标准与代码

为了数控机床的设计、制造、维护、使用以及推广的方便，经过多年的不断实践与发展，在数控编程中所使用的输入代码、坐标位移指令、坐标系统命名、加工指令、辅助指令、主运动和进给速度指令、刀具指令及程序格式等都已制定了一系列的标准。但是，各生产厂家使用的代码、指令等不完全相同，编程时必须遵照机床编程手册中的具体规定。下面对数控加工中使用的有关标准及代码加以介绍。

1. 数控机床坐标系命名

为了保证数控机床的正确运动，避免工作不一致性，简化编程和便于培训编程人员，统一规定了数控机床坐标轴的代码及其运动的正、负方向。JB/T 3051—1999《数控机床坐标和运动方向的命名》，对数控机床的坐标、各运动方向作了明确规定。数控机床的坐标轴命名规定如下：机床的直线运动采用为笛卡儿直角坐标系，其坐标命名为 *X*、*Y*、*Z*，使用右手定律判定方向，如图 7.2 所示。右手的大拇指、食指和中指互相垂直时，则拇指的方向为 *X* 轴的正向，食指为 *Y* 轴的正向，中指为 *Z* 轴的正向。以 *X*、*Y*、*Z* 坐标轴线或以与 *X*、*Y*、*Z* 坐标轴平行的轴线为中心的旋转运动，分别称为 *A*、*B*、*C*。*A*、*B*、*C* 的正方向按右手螺旋定律确定，见图 7.2。

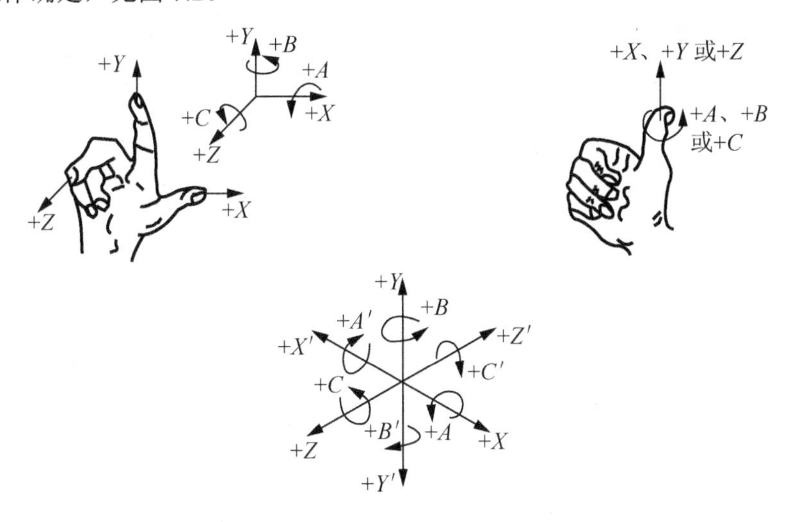

图 7.2　数控机床坐标系的命名

(1) *Z* 坐标的运动。传递切削力的主轴规定为 *Z* 坐标轴。对于铣床、镗床和攻螺纹机床来说，转动刀具的轴称为主轴。而车床、磨床等则以转动工件的轴称为主轴。若机床上有几个主轴，则选其中一个与工件装夹基面垂直的轴为主轴。当机床没有主轴时，则选垂直于工件装夹面的轴为主轴(如刨床)。

(2) *X* 坐标的运动。*X* 坐标是水平的，它平行于工件的装夹面。对于工件旋转的机床(如车床、磨床等)，取平行于横向滑座的方向(工件的径向)为 *X* 坐标，故安装在横刀架上的刀具离开工件旋转轴方向为 *X* 正方向。对于刀具旋转的机床(如铣床、镗床)当 *Z* 轴为水平时，沿刀具主轴向工件的方向看，向右方向为 *X* 轴正方向；当 *Z* 轴为垂直时，对单立柱机床，面向刀具主轴向立柱看，向右方向为 *X* 轴正方向。

(3) *Y* 坐标轴运动。*Y* 坐标轴垂直于 *X* 及 *Z* 坐标。按右手直角笛卡儿坐标系统判定其正方向。以上都是取增大工件和刀具远离工件的方向为正方向，例如，钻、镗加工，切入工件的方向为 *Z* 坐标的负方向。

为编程方便，无论数控机床的具体结构是工件不动刀具移动，还是刀具不动工件移动，确定坐标系时，一律按照刀具相对于工件运动的情况。当实际刀具不动工件移动时，工件(相对于刀具)运动的直角坐标相应为 X'、Y'、Z'。但由于二者是相对运动，尽管实际上是工件运动，仍以刀具相对运动 *X*、*Y*、*Z* 进行编程，结果是一样的。

除了 *X*、*Y*、*Z* 方向的直线运动外，还有其他的与之平行的直线运动，可分别命名为 *U*、*V*、*W* 坐标轴，称为第二坐标系。若再有与之平行的直线运动，可用 *P*、*Q*、*R* 表示。若在旋转运动 *A*、*B*、*C* 之外，还有其他旋转运动，则可用 *D*、*E*、*F* 表示。具体机床坐标如图 7.3 所示。

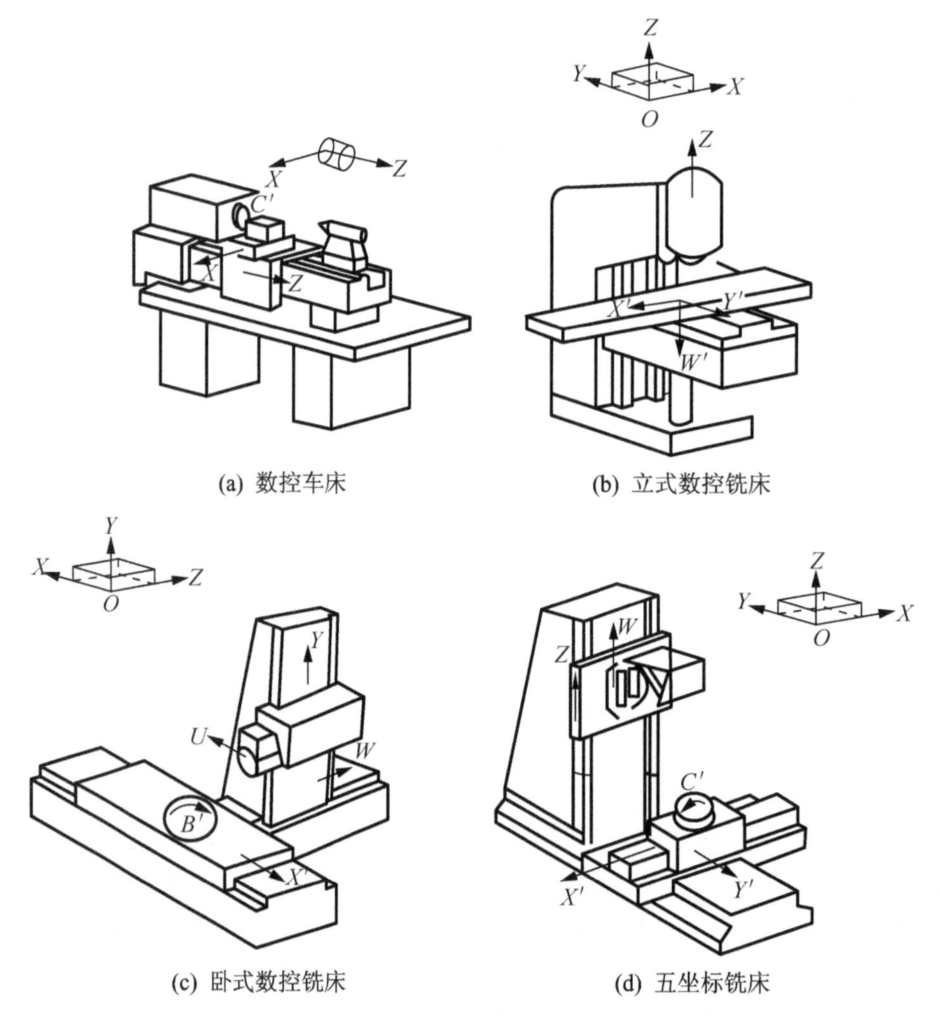

图 7.3 数控机床的坐标轴及其运动方向

2. 绝对坐标与增量坐标

运动轨迹的坐标点以固定坐标原点计量，称作绝对坐标。如图 7.4(a)所示，*A*、*B* 点坐标皆以固定坐标原点 *O* 计量，其坐标值为 *XA*=30，*YA*=40，*XB*=90，*YB*=95。运动轨迹的终点坐标值，以其起点计量的坐标称作增量坐标系(或相对坐标系)。常用代码表中的第二坐标系 *U*、*V*、*W* 表示。*U*、*V*、*W* 分别与 *X*、*Y*、*Z* 平行且同向。图 7.4(b)中 *B* 点是以起点 *A* 为原点建立的 *U*、*V* 坐标来计量的，终点 *B* 的增量坐标为：*UB*=60，*VB*=55。

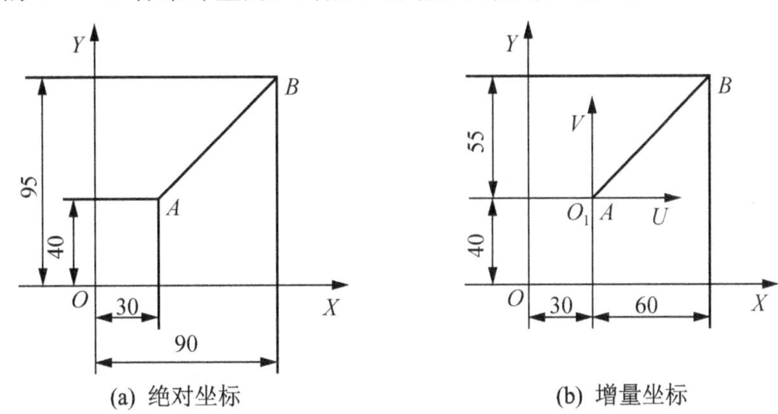

(a) 绝对坐标　　(b) 增量坐标

图 7.4　绝对坐标与增量坐标

7.1.3　数控编程的指令代码

在数控编程中，使用准备功能指令(G 代码)、辅助功能指令(M 代码)及 F、S、T 指令代码描述加工工艺过程和数控系统的运动特征，如数控机床的启停、冷却液开关等辅助功能以及进给速度、主轴转速等。

1. 准备功能 G

G 指令是由字母“G”和其后两位数字组成，从 G00～G99。该指令主要是命令数控机床进行何种运动，为控制系统的插补运算做好准备。所以一般它们都位于程序段中坐标数字指令的前面。G 指令分为模态指令(又称续效指令)和非模态指令。模态指令表示该指令一经在一个程序段中指定，直到出现同组的另一个 G 指令时才失效。非模态指令只在它所在的程序段有效，下一段程序需要时必须重写。常用的 G 指令有：

(1) 坐标快速定位(G00)与插补(G01、G02 和 G03)指令。这是一组模态指令，同时只能一个有效，默认为 G00。

① G00 或 G0——快速定位指令：它命令刀具以点位控制方式从刀具所在点快速移动到下一个目标位置。如 G0 X0. Y0. Z100.使刀具快速移动到(0,0,100)的位置。它只是快速定位，而无运动轨迹要求。

② G01 或 G1——直线插补指令：使机床进行两坐标(或三坐标)联动的运动，在各个平面内切削出任意斜率的直线。如 G01 X10. Y20. Z20.使刀具从当前位置移动到(10,20,20)的位置。

③ G02 或 G2、G03 或 G3——圆弧插补指令：G02 为顺时针圆弧插补指令，G03 为逆

时针圆弧插补指令。圆弧的顺、逆方向可按图7.5中给出的方向进行判断。使用圆弧插补指令之前必须应用平面选择指令指定圆弧插补的平面。如G02 X20. Y20. I10. J0.，其中*X*、*Y*为圆弧的终点坐标，*I*、*J*为圆心相对于圆弧起点(由上一条指令给出)的增量坐标。

(2) G17、G18、G19——坐标平面选择指令。G17指定零件进行*XY*平面上的加工，G18、G19分别为*ZX*、*YZ*平面上的加工，如图7.5所示。在进行圆弧插补、刀具补偿时必须使用这些指令。这是一组模态指令，默认为G17。

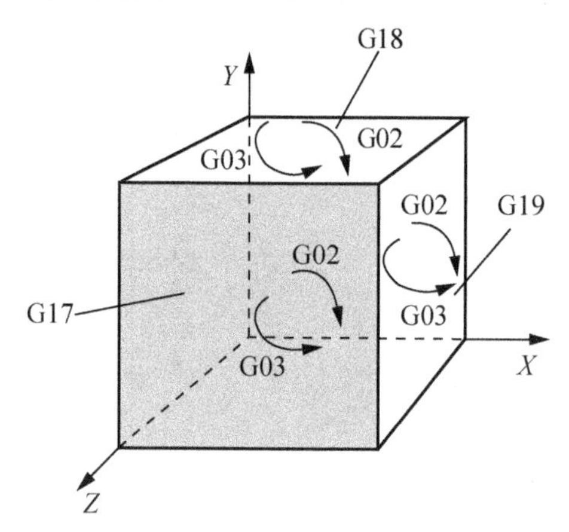

图7.5　圆弧顺逆圆的区分

(3) G40、G41、G42——刀具半径补偿指令。这是一组模态指令，默认为G40。数控装置大都具有刀具半径补偿功能，为编程提供了方便。当铣削零件轮廓时，不需计算刀具中心运动轨迹。而只需按零件轮廓编程，使用刀具半径补偿指令，并在控制面板上使用刀具拨码盘或用键盘人工输入刀具半径，数控装置便自动计算出刀具中心轨迹，并按刀具中心轨迹运动。当刀具磨损或重磨后，刀具半径变小，这时只需手工输入改变后的刀具半径，而不必修改已编好的程序。

G41和G42分别为左(右)偏刀具补偿指令，即沿刀具前进方向看(假设工件不动)，刀具位于零件的左(右)侧时刀具的半径补偿。

G40为刀具半径补偿撤销指令。使用该指令后G41、G42指令无效。

(4) G43、G44、G49——刀具长度补偿指令。其中G43为刀具长度正补偿，G44为刀具长度负补偿，G49为取消刀具长度补偿。这是一组模态指令，默认为G49。

(5) G54～G59——选择程序原点1#～6#这些代码在已存储程序原点偏置量的六个工件坐标系中选择一个，此后的各轴坐标位置都是相对于所选择的工件坐标系。这是一组模态指令，没有默认方式。若程序没有用G92设定工件坐标系，也没有用G54～G59选择程序原点，或没有用自动坐标系设定，那么CNC系统默认的默认程序原点为机床参考点。

(6) G90、G91——绝对坐标尺寸及增量坐标尺寸编程指令。G90表示程序段的坐标值按绝对坐标编程；G91表示程序段的坐标值按增量坐标编程。这是一组模态指令，默认为G90。

(7) G92或G50——设定工件坐标系。按照刀具当前位置与工件原点位置的偏差，设置当前刀具位置坐标。该指令建立工件坐标系，只改变刀具当前位置的用户坐标，不产生任何机床运动。

(8) G73～G89——固定循环加工。包括钻孔、攻螺纹、镗孔等循环加工功能。

2. 辅助功能 M

辅助功能指令又称“M”指令，由字母 M 和其后的两位数字组成，从 M00～M99 共 100 种。这些指令与数控系统的插补运算无关，主要是为了数控加工、机床操作而设定的工艺性指令及辅助功能，是数控编程必不可少的，常用的辅助功能指令如下：

(1) M00——程序停止。在执行完 M00 指令程序段后，主轴停转、进给停止、冷却液关闭、程序停止。此时可执行某一手动操作，如工件调头、手动变速等，若重新按下控制面板上的循环启动按钮，继续执行下一程序段。

(2) M01——选择程序停止。该指令与 M00 相类似。所不同的是，必须在操作面板上预先按下“任选停止”按钮，才能使程序停止，否则 M01 将不起作用。当零件加工时间较长，或在加工过程中需要停机检查、测量关键部位尺寸以及交换班等情况时，使用该指令。

(3) M02——程序结束。当全部程序结束时使用该指令，它使主轴停转、进给停止、冷却液关闭，并使机床复位。

(4) M03、M04、M05——主轴顺时针旋转(正转)、主轴逆时针旋转(反转)及主轴停指令。

(5) M06——换刀指令。

(6) M08——冷却液开。

(7) M09——冷却液关。

(8) M30——程序结束并返回。在完成程序段的所有指令后，使主轴停转、进给停止、冷却液关闭，将程序指针返回到第一个程序段并停下来。在有工作结束指示灯的机床上，该指示灯点亮。

(9) M98——子程序调用指令。

(10) M99——子程序返回到主程序指令。

3. 其他功能

(1) F 功能——进给速度/进给率功能。它是模态指令，通常有两种表示方法：一种是直接表示法，F 后面的数字就是进给速度的大小，例如 F100 表示进给速度是 100mm/min，现大多数数控机床采用这种表示方法；另一种表示方法是代码表示法，用 F 后跟两位数字表示，这些数字不直接表示进给速度的大小，而表示进给速度的序号，这一数列可以是算术级数，也可以是几何级数。

(2) S 功能——主轴转速功能。它是模态指令，用来指定主轴的转速，单位为 r/min。其指定方法同 F 指令。

(3) T 功能——刀具功能。在自动换刀的数控系统中，该指令用来选择所需的刀具序号。其表示方法是 T 符号后跟两位数字，以表示刀具的编号。有时 T 后跟四位数字，后两位数字表示刀具补偿的序号。

7.1.4 数控加工程序的结构与格式

1. 程序的结构

一个完整的程序由程序号、程序段和程序结束三部分组成。如某一个加工程序：

```
O0001
N001 G00 X0 Y0 Z1
N002 G01 X5.5 Y-6 F100 S300 T1010 M03
N003    X10 Y30
…
N013 G00 X0 Y0 Z8
N014 M02
```

由该例可看出，程序的开头写有程序号：O0001(程序名)以便于与其他程序加以区别。它由程序号地址码(O)及有四位十进制数表示的程序编号(0001)组成。不同的数控系统，程序号地址码是有差别的。FANUC 6M 为 O；SMK 8M 系统则用%等。

程序段是整个程序的核心，它组成加工程序的全部内容和机床的停/开信息，该程序由 14 条语句组成。

程序结束是以程序结束指令 M02 或 M30 作为整个程序结束的符号，用来结束零件加工。

2. 程序段格式

零件的加工程序是由程序段组成，程序段格式是指程序段中符号、字母和数字的规定排列形式。每个程序段由若干个数据字组成，每个字是控制系统的具体指令。常见的程序段格式有字地址可变程序段格式、有分隔符程序段格式和固定顺序程序段格式。

(1) 字地址可变程序段格式。目前国内外广泛采用字地址可变程序段格式。所谓可变程序段即程序段的长度是可变的，推荐使用标准 JB 3832—1985《数控机床轮廓和点位切削加工可变程序段格式），如图 7.6 所示。

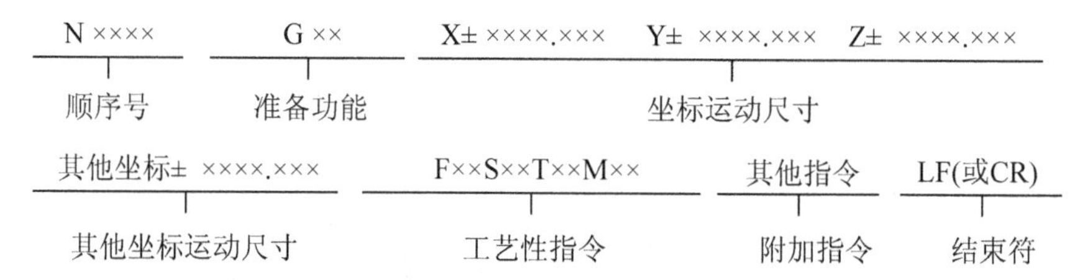

图 7.6 字地址可变程序段格式

字地址的每个程序段由若干个字组成，每个字由英文字母开头，其后紧跟数字构成，它代表数控系统中的一个具体指令。字母代表字的地址，例如 G 为指令动作方式的准备机能地址；X、Y、Z 为坐标轴地址，其后面的数字表示该坐标移动的距离；LF 程序结束符号，当用 ISO 标准代码时为“NL”或“LF”，用 EIA 标准代码时，结束符为“CR”。有的也用符号“*”、“；”表示。

(2) 含分隔符程序段格式。该程序格式是用分隔符将字分开，每个字的顺序及其代表的功能是固定不变的。例如我国线切割数控系统广泛采用 3B(或 4B)指令，一般表示为：

BXBY-BJGZ，其中 B 为分隔符，每个字代表的功能是固定的，其意义如表 7-1 所示。

表 7-1　含分隔符程序段格式各字的意义

B	X	B	Y	B	J	G	Z
分隔符号	X 坐标值	分隔符号	Y 坐标值	分隔符号	计数长度	计数方向	加工指令

加工直线时，X、Y 为直线终点的增量坐标值；加工圆弧时，X、Y 为圆弧起点的增量坐标值。

有分隔符程序段格式为数控装置电路的设计、创造带来方便。它不需地址判别电路，数控装置比较简单，价格较为便宜。这种格式的程序一般用于线切割机等功能不多且较固定的数控机床。

(3) 固定顺序程序段格式。这种程序段格式既无地址也无分隔符，字的顺序即为地址的顺序。程序段中字的数量，各字的顺序及位数是固定的。重复的字不能省略，故每个程序段的长度是一样的。这种程序不直观，目前很少用。

7.1.5　手工编程实例

手工编程是指编制零件数控加工程序的各个步骤，即从分析零件图样、制订工艺规程、计算刀具运动轨迹、编写零件加工程序单、制备控制介质直到程序校核，整个过程都是由人工完成。

【例 7.1】 在数控车床上对图 7.7 所示的零件进行精加工，图中 ϕ85mm 不加工。要求编制，精加工程序。

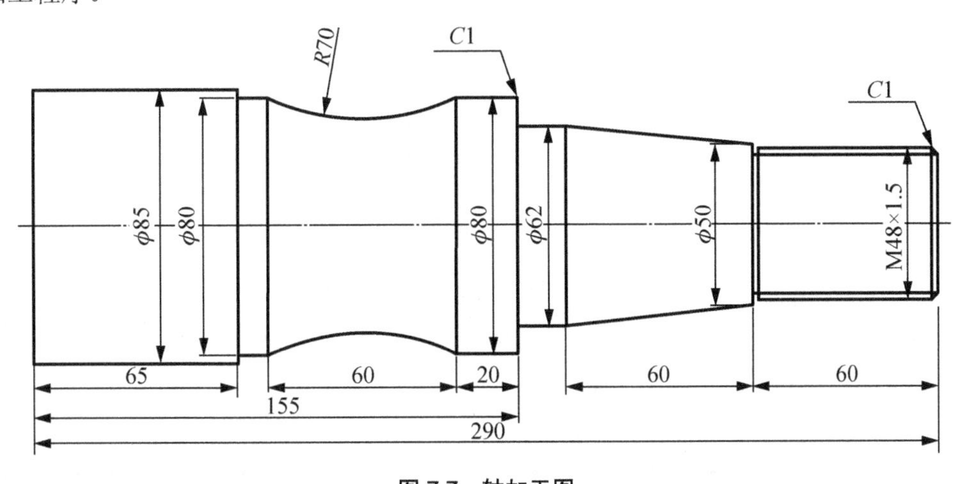

图 7.7　轴加工图

该工件的粗加工工序已完成，本例仅阐述该零件在数控车床上进行精加工时的程序编制方法。图中 ϕ85 不再加工，故选 ϕ85 为夹持基准。

1) 确定工件的装夹方式及加工工艺路线

以工件左端面及 ϕ85 外圆为安装基准进行装夹，如图 7.9 所示。该工件精加工工艺路线为：

(1) 先从左至右切削外轮廓面。其路线为：倒角→切削螺纹的实际外圆→切削锥度部分→车削 ϕ62mm 外圆→台阶→倒角→车 ϕ80mm 外圆→切削圆弧部分→车削 ϕ80mm 外圆。

(2) 切 3× ϕ45 退刀槽。

(3) 车 M48×1.5 的螺纹。

2) 刀具选择与刀具布置图的绘制

根据加工要求，选外圆、切槽和螺纹车刀各一把。Ⅰ号刀为外圆车刀，Ⅱ号刀为切槽车刀，Ⅲ号刀为螺纹车刀。其中Ⅲ号刀刀尖偏距 Z 向 15mm，需进行刀具补偿。

绘刀具布置图时，设夹盘端面与回转轴线的交点(O 点)为工件坐标系零点，选 A(200，350)点为换刀点。注意换刀点应以刀具不碰工件为原则。参见图 7.8 所示工件装夹及刀具布置示意图。

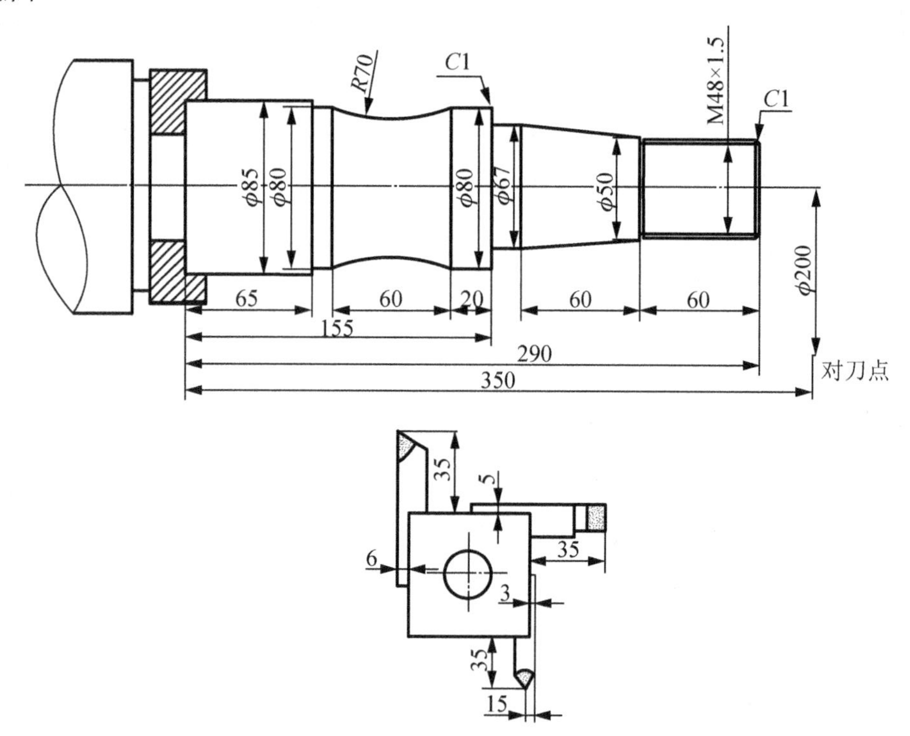

图 7.8 工件装夹及刀具布置示意图

3) 切削用量选择

表 7-2 给出了各工序的切削用量。

表 7-2 切削用量表

加工程序	主轴转速 S/(r/min)	进给速度 F/(mm/r)
车外圆	630	0.15
切 槽	315	0.16
车螺纹	200	1.5

4) 编制精加工程序

本程序采用小数点编程，并使用绝对值和增量值混合编程方式。绝对值编程用地址 X、Y；增量值编程用地址 U、W。

Ⅰ、Ⅱ、Ⅲ号刀的 T 代码分别为 T01、T02、T03，带刀补时 T 代码分别为 T0101、T0202、T0303。设程序编号为 O 0001。

```
O 0001                              N140 X90.0W0;
N010 G50X200.0Z350.0;               N150 G00X200.0Z350.0M05T0100M09;
N020 S630M03T0101M8;                N160 X51.0Z230.0S315M03T0202M08;
N030 G00X41.8Z292.0;                N170 G01X45.0W0F0.16;
N040 G01X47.8Z289.0F0.15;           N180 G04X5.0;
N050 U0W-59.0;                      N190 G00X51.0;
N060 X50.0W0;                       N200 X200.0Z350.0M05T0200M09;
N070 X62.0W-60.0;                   N210 G00X52.0Z296.0S200M03T0303M08;
N080 U0Z155.0;                      N220 G92X47.2Z231.5F1.5;
N090 X78.0W0;                       N230 X46.6;
N100 X80.0W-1.0;                    N240 X46.2;
N110 U0W-19.0;                      N250 X45.8;
N120 G01U0W-60.0I63.25K-30.0;       N260 X200.0Z350.0T0300;
N130 G01U0Z65.0;                    N270 M30;
```

对于点位加工或几何形状不复杂的轮廓加工，几何计算简单、程序段不多，容易实现手工编程。如简单阶梯轴的车削加工，一般不需要复杂的坐标计算，往往可以由技术人员根据工序图样数据，直接编写数控加工程序。

【例 7.2】 如图 7.9 所示的零件，顶面、底面及 ϕ82 孔已加工完，现要加工外轮廓。

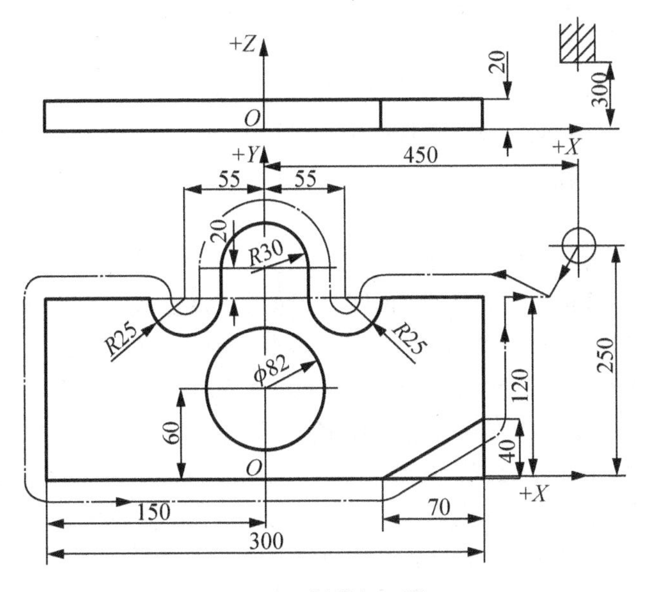

图 7.9　板类加工图

解：各边留有 3mm 的铣削余量。铣削时以其底面和 ϕ82 孔定位，找正后从 ϕ82 孔对工件进行压紧。对刀点、工件坐标系原点及走刀路线如图所示，立铣刀直径为 ϕ30mm，刀具半径补偿值 H10＝15mm，设程序编号为 O0002。精加工程序如下：

```
O0002
N010  G92 X450.0 Y250.0 Z300.0;
N020  G90 G00 X175.0 Y120.0;
N030  Z-5.0 S130 M03;
N040  G01 G42 X150.0 F80 H10;
N050  X80.0;
N060  G02 X30.0 R25.0;
N070  G01 Y140.0;
N080  G03 X-30.0 R30.0;
N090  G01 Y120.0;
N100  G02 X-80.0 R25.0;
N110  G01 X-150.0;
N120  Y0;
N130  X80.0;
N140  X150.0 Y40.0;
N150  Y125.0;
N160  G00G40X175.0Y120.0;
N170  M05;
N180  G00Z300.0;
N190  G00X450.0 Y250.0;
N200  M30;
```

7.2　计算机辅助数控加工的实现流程

数控加工程序编制是数控加工的基础，也是CAD/CAM系统中重要的模块之一。据国内外数控加工统计表明，数控加工设备闲置的原因20%～30%是编程不及时造成的，数控程序编制的费用可以与数控机床成本相提并论。因而，质量高、速度快的编程方法，一直是和数控机床本身并行发展着。自数控机床问世至今，数控加工编程方法经历了手工编程、数控语言自动编程、图形交互编程、CAD/CAM集成系统编程几个发展时期。当前，应用CAD/CAM系统进行数控编程已成为数控机床加工编程的主流，由CAD系统所生成的产品数据模型将在CAM系统中直接转换为产品的加工模型，CAM系统可帮助产品制造工程师完成被加工零件的形面定义、刀具的选择、加工参数的设定、刀具轨迹的计算、数控加工程序的自动生成、加工模拟等数控编程的整个过程。

7.2.1　数控语言自动编程

数控语言自动编程方法几乎是与数控机床同步发展起来的。1952年第一台数控机床在美国麻省理工学院(MIT)问世，1953年MIT就开始研究数控加工自动编程，1955年正式公布了研究结果——APT语言自动编程系统。经过多年不断修改和完善，已经发展了APTII、APTIII、APTIV、APT-AC(Advance Contouring)、APTSS(Sculptured Surface)等多个版本。除APT数控编程语言外，其他各国也纷纷研制了相应的自动编程系统，如德国EXAPT，法国IFAPT，日本FAPT。我国在20世纪70年代也研制了SKC、ZCX等铣削、车削数控自动编程系统。数控语言自动编程原理如图7.10所示，编程人员根据被加工零件图样要求和工艺过程，运用专用的数控语言(如APT)编制零件加工源程序。用以描述零件的几何形状、尺寸大小、工艺路线、工艺参数以及刀具相对零件的运动关系等。源程序是由类似日常语言和车间的工艺用语的各种语句组成，它不能直接用来控制数控机床，源程序编写完成后必须将之输入到计算机，经过编译系统进行编译，将之翻译成目标程序后才能被系统阅读识别；然后，系统根据目标程序进行刀具运动轨迹计算，生成中性的刀位文件(Cutter Location Data File)；最后，系统根据具体数控机床所要求的指令和格式进行后置处理，生成相应机床的零件数控加工程序，从而完成最终的自动编程工作。

在数控语言自动编程过程中，需要程序员做的工作仅仅是源程序的编写，其余的计算和各种处理工作均由计算机系统自动完成。与手工编程相比较，数控语言自动编程的效率得到大大提高。

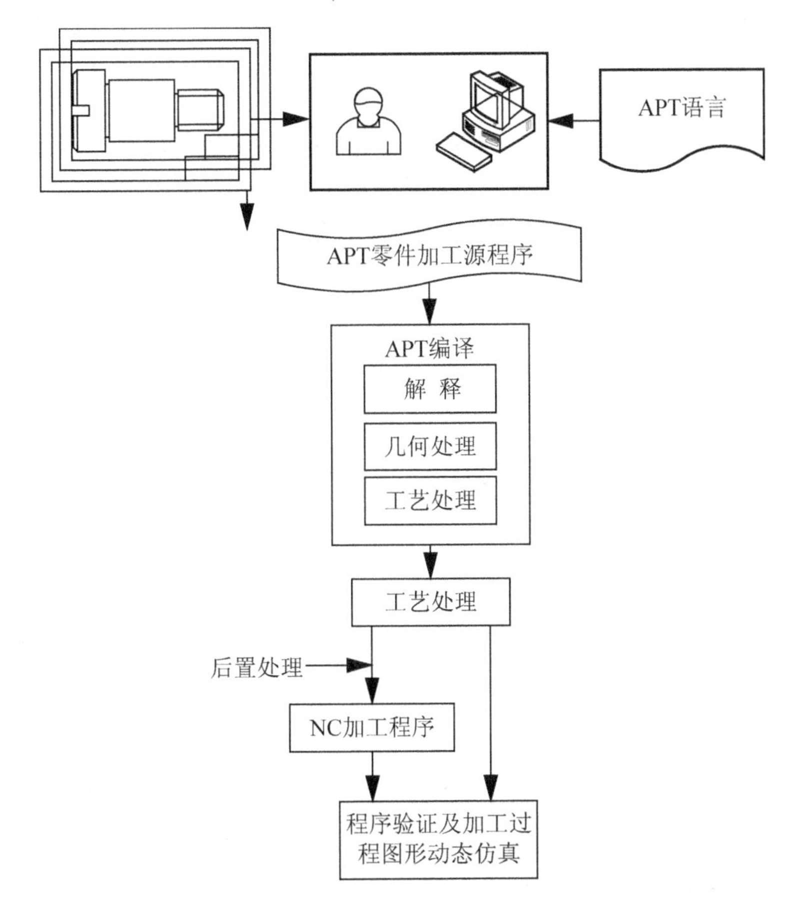

图 7.10　数控语言自动编程原理

7.2.2　CAD/CAM 系统自动编程

1. CAD/CAM 系统自动编程原理和功能

数控语言自动编程存在的主要问题是缺少图形支持。除了编程过程不直观外。被加工零件轮廓是通过几何定义语句一条条进行描述的，编程工作量大。随着 CAD/CAM 技术的成熟和计算机图形处理能力的提高，直接利用 CAD 模块生成的几何图形，采用人机交互的实时对话方式，在计算机屏幕上指定被加工部位，输入相应的加工参数，计算机便可自动进行必要的数学处理并编制出数控加工程序，同时在计算机屏幕上动态显示出刀具的加工轨迹。这种利用 CAD/CAM 软件系统进行数控加工编程方法比数控语言自动编程，具有速度快、精度高、直观性好、使用简便、便于检查等优点，已成为当前数控加工自动编程的主要手段。

目前，市场上较为著名的工作站型 CAD/CAM 软件系统，如 Ideas、Pro/ENGINEER、

UG、CATIA 等都有较强的数控加工编程功能。这些软件系统除具有通常的交互定义、编辑修改功能之外，能够处理各种不同复杂程度的三维型面的加工。近年来，原有的工作站型 CAD/CAM 软件系统纷纷推出了微机版，系统价格大幅度下降，应用普及程度有了较大的提高。一些软件公司为了满足中小企业的需要，相继开发了微机型 CAD/CAM 系统，如美国的 SURFTCAM、MASTER-CAM、TECKSURFT，英国的 DELCAM，以色列的 CIMTRON 等。这些系统功能完善，具有较强的后置处理环境，有些系统功能已接近于工作站型 CAD/CAM 软件功能。

CAD/CAM 软件系统中的 CAM 部分，有不同的功能模块可供选用，如：①二维平面加工；②二轴至五轴联动的曲面加工；③车削加工；④电火花加工(EDM)；⑤钣金加工(Fabrication)；⑥切割加工，包括电火花、等离子、激光切割加工等。用户可根据企业的实际应用需要选用相应的功能模块。对于通常的切削加工数控编程，CAM 系统一般均具有刀具工艺参数的设定、刀具轨迹自动生成、刀具轨迹编辑、刀位验证、后置处理、动态仿真等基本功能。

2. CAD/CAM 系统自动编程的基本步骤

不同的 CAD/CAM 系统，其功能指令、用户界面各不相同，编程的具体过程也不尽相同。但从总体上讲，编程的基本原理及基本步骤大体是一致的。归纳起来可分为图 7.11 所示的几个基本步骤。

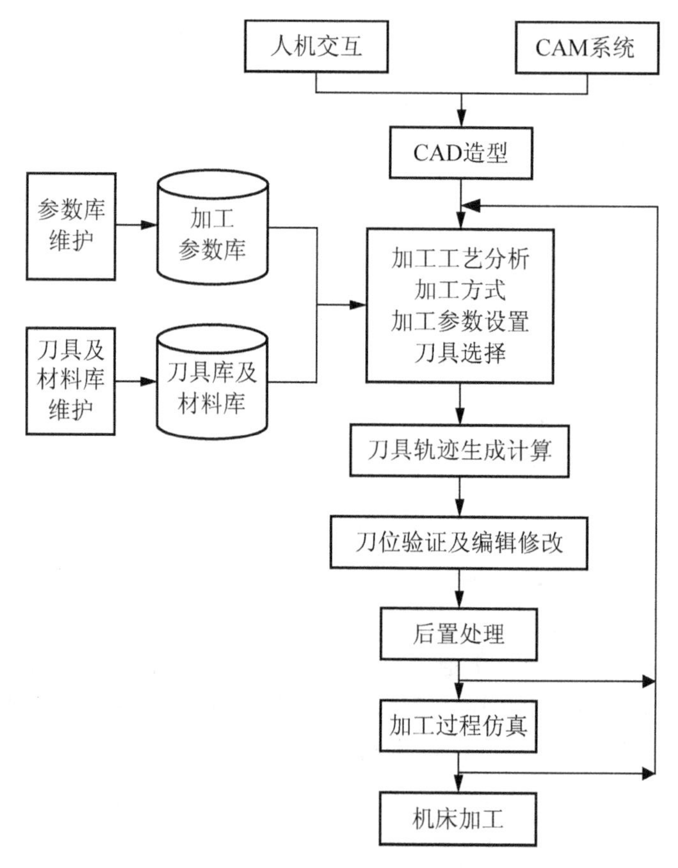

图 7.11　CAD/CAM 系统数控编程原理

(1) 几何造型。利用 CAD 模块的图形构造、编辑修改、曲面和实体特征造型功能、通过人机交互方法建立被加工零件三维几何模型，也可通过三坐标测量仪或扫描仪测量被加工零件复杂的形体表面，经计算机整理后送 CAD 造型系统进行三维曲面造型。三维几何模型建立之后，以相应的图形数据文件进行存储，供后继的 CAM 编程处理调用。

(2) 加工工艺分析。这是数控编程的基础，分析零件的加工部位，确定工件的装夹位置，指定工件坐标系、选定刀具类型及其几何参数，输入切削加工工艺参数等。目前，该项工作仍主要通过人机交互方式由编程人员通过用户界面输入计算机。

(3) 刀具轨迹生成。刀具轨迹的生成是面向屏幕上的图形交互进行的，用户可根据屏幕提示用光标选择相应的图形目标确定待加工的零件表面及限制边界；用光标或命令输入切削加工的对刀点；交互选择切入方式和走刀方式；然后软件系统将自动从图形文件中提取所需的几何信息，进行分析判断，计算结点数据，自动生成走刀路线，并将其转换为刀具位置数据，存入指定的刀位文件。

(4) 刀位验证及刀具轨迹的编辑。对所生成的刀位文件进行加工过程仿真，检查验证走刀路线是否正确合理，有否碰撞干涉或过切现象，可对已生成的刀具轨迹进行编辑修改、优化处理，以得到正确的走刀轨迹。若生成的刀具轨迹经验证产生严重干涉或不能使用户满意，用户可修改工艺方案，重新进行刀具轨迹计算。

(5) 后置处理。后置处理的目的是形成数控加工文件。由于各种机床使用的数控系统不同，所用的数控加工程序的指令代码及格式也不尽相同，为此必须通过后置处理将刀位文件转换成某具体数控机床所需的数控加工程序。

(6) 数控程序的输出。生成的数控加工程序可使用打印机打印出程序单、也可将其写在磁带或磁盘上，直接提供给有磁带或磁盘驱动器的机床控制系统使用。对于有标准通用接口的机床控制系统，可直接由计算机将加工程序送给机床控制系统进行数控加工。

3. CAD/CAM 软件系统自动编程特点

与语言编程比较，利用 CAD/CAM 软件系统进行数控加工自动编程具有以下特点：

(1) 将零件加工的几何造型、刀位计算、图形显示和后置处理等结合在一起，有效解决了编程的数据来源、图形显示、走刀模拟和交互修改问题，弥补了数控语言编程的不足；

(2) 编程过程是在计算机上直接面向零件的几何图形交互进行，不需要用户编制零件加工源程序，用户界面友好、使用简便、直观、准确、便于检查；

(3) 有利于实现系统的集成，不仅能够实现产品设计(CAD)与数控加工编程(NCP)的集成，还便于与工艺过程设计(CAPP)、刀夹量具设计等其他生产过程的集成。

7.2.3 后置处理

1. 后置处理技术

CAM 系统对被加工零件表面进行刀位计算后将生成一个可读的刀位源程序，该刀位文件由刀具设置、刀具运动、加工控制、进给率、显示、后处理等各类命令组成(见图 7.10)。这种刀位文件还不能直接送给数控机床供加工控制使用，必须进行转换。后处理器是一个用来处理由 CAD 或 APT 系统产生的刀位数据文件的应用程序。刀位数据文件包含着完成某一个零件加工所必需的加工指令，后处理器就是要把这种加工指令解释为特定加工机床所能识别的信息。

一般而言，计算机辅助制造系统由刀具路径文件的生成和机床数控代码指令集的生成两部分组成。利用 CAD/CAM 软件，根据加工对象的结构特征、加工环境的实际要求(如加工机床的性能和参数、夹具、刀具等)和工艺设计的具体特点生成描述加工过程的刀具路径文件之后，就需要用到称为“后置处理器”的模块来读取生成的刀具路径文件，从中提取相关的加工信息，并根据指定机床的数控系统的特点以及数控程序格式要求进行相应的分析、判断和处理，从而生成数控机床所能直接识别的数控程序。

总之，一个完善的后置处理器应具备以下功能：

(1) 接口功能。后置处理器自动识别并读取不同 CAD/CAM 软件生成的刀具路径文件，如图 7.12 所示。

```
$$-> MFGNO / MYFILE
PARTNO / MYFILE
$$-> FEATNO / 30
MACHIN / UNCX01, 1
$$-> CUTCOM_GEOMETRY_TYPE / OUTPUT_ON_CENTER
UNITS / MM
LOADTL / 1
$$-> CUTTER / 30.000000
$$-> CSYS / 1.0000000000, 0.0000000000, 0.0000000000, 0.0000000000,  $
            0.0000000000, 1.0000000000, 0.0000000000, 0.0000000000,  $
            0.0000000000, 0.0000000000, 1.0000000000, 0.0000000000
SPINDL / RPM, 1000.000000,  CLW
RAPID
GOTO / 265.0000000000, 0.0000000000, 10.0000000000
RAPID
GOTO / 265.0000000000, 0.0000000000, 2.0000000000
FEDRAT / 200.000000,  MMPM
GOTO / 265.0000000000, 0.0000000000, -5.0000000000
GOTO / -15.0000000000, 0.0000000000, -5.0000000000
.....
.....
GOTO / 265.0000000000, 200.0000000000, -5.0000000000
GOTO / 265.0000000000, 200.0000000000, 10.0000000000
RAPID
GOTO / 265.0000000000, 0.0000000000, 10.0000000000
RAPID
GOTO / 265.0000000000, 0.0000000000, -3.0000000000
FEDRAT / 200.000000,  MMPM
SPINDL / OFF
$$-> END /
FINI
```

图 7.12　刀位文件 CLS

(2) NC 程序生成功能。数控机床一般具有直线插补、圆弧插补、自动换刀、夹具偏置设置、固定循环及冷却的功能，这些功能的实现是通过一系列代码的组合来完成的。数控代码的结构、顺序及数据文件格式必须满足数控系统的要求。Pro/ENGINEER 的后置处理器 NC-POST 提供了一种非常简单的机床选配文件生成器，把不同加工机床代码的定义和格式要求制作成一个数据文件，这个文件可以作为后置处理器的部分输入参数的选项，配合用户定义加工对象和加工参数，从而生成符合指定机床要求的加工代码。

(3) 专家系统功能。后置处理器不只是对刀具路径文件进行处理和转换，还要加入一定的工艺要求。如对于高速加工，后置处理器会自动确定圆弧走刀的方式，以及合理的切入切出方法和参数。

(4) 模拟仿真过程。仿真过程目前主要针对刀具运动轨迹进行实际模拟。

2. 后置处理程序的编制方法

后置处理程序一般由数控软件厂家根据不同的控制系统，不同的数控机床结构编辑大量的专用后置处理软件，用户可选购，如 APT 的专用后置处理程序就达上千种，缺点是用户不易改变。用户自己编制，目前有三种方法：

(1) 利用高级语言编写，缺点是工作量大，编制困难，对设计好的后置程序修改很困难，需要有经验的专门的软件人员；

(2) 数控软件厂家提供一个后置处理软件编制工具包，它提供了一套语法规则，由用户编制针对具体数控机床的专用后置处理程序，特点是既提高了程序格式的灵活性，又使程序编制方法比较简单；

(3) 数控软件厂商提供一个通用后置处理软件，同时用户可以通过人机对话的形式，回答提出的一些问题，用来确定一些具体的参数，用户回答后，就形成了针对具体数控机床的后置处理软件。

由于数控技术的不断进步，数控厂家不断推出具有先进功能的控制器，这对后置处理提出了更高要求，要不断提高处理技术，不仅满足新技术的要求，同时具有开放功能和通用性，允许用户在后置处理模块中可以描述未来数控系统的功能。通用后置处理就是指后置处理程序功能通用化，能针对不同类型的数控系统对刀位轨迹进行处理，结合数控机床的配置文件，输出数控机床控制系统能够接受的加工指令，整个过程如图 7.13 所示。这种通用的后置处理形式已成为当前 CAD/CAM 系统中后置处理模块的主流。

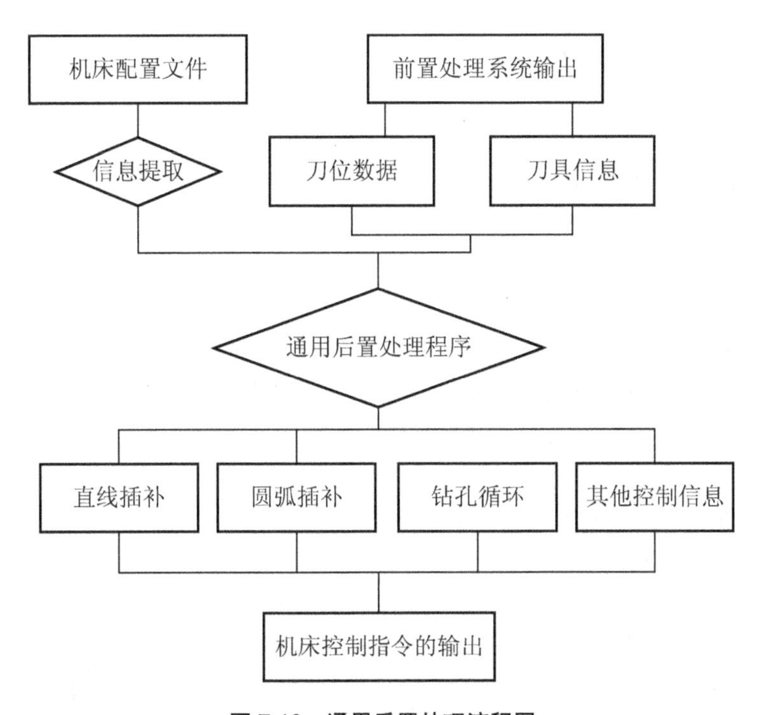

图 7.13　通用后置处理流程图

通用后置处理过程与专用后置过程的区别在于专用后置处理程序只能生成唯一指定数控机床的指令，不能对其他数控机床的特性文件进行处理。所以不同的数控系统需要配置不同的后置处理系统。如 Master CAM、TekSoft CAD/CAM 软件系统的后置处理使属于这种类型，这类系统的后置处理需要一个庞大的后置处理模块库。专用后置处理模块工作原理如图 7.14 所示，刀位文件 CLS 经过专用后置处理模块为各自的机床提供服务。

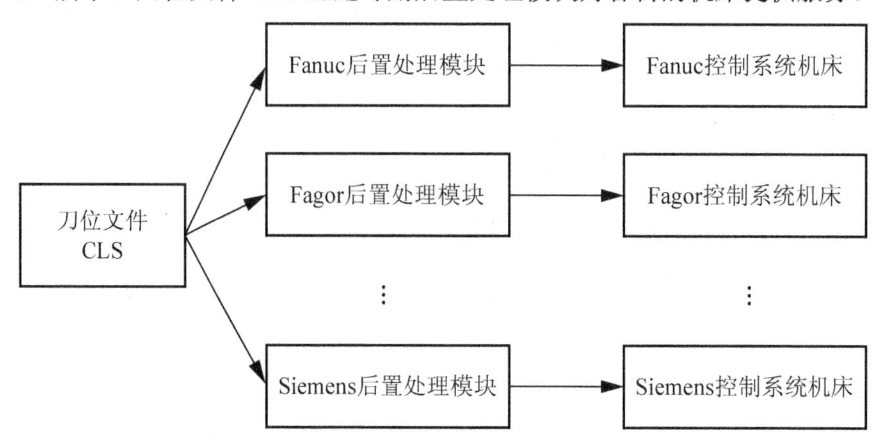

图 7.14　专用后置处理模块工作原理

而通用后置处理过程则可以动态生成各类数控机床特性文件，这些特性文件对各类数控机床格式进行规范化，以便它们由通用后置处理程序处理后生成不同格式的机床指令。如 UG、Pro/ENGINEER 已配置了当前世界上知名度较高的数控厂商的后处理文件，但是毕竟所涉及的系统有限，为了使一般的数控机床能够处理加工工艺文件，其所带的后置处理模块通过设置机床配置文件的方式，扩充后置处理功能。所以，通过交互的方式设置机床配置文件，就成为后置处理的关键。

通用的后置处理模块的处理过程需要有如下三个软件资料：

(1) 机床数据文件 MDF(Machine Data File)　该文件可以由 CAM 系统所提供的机床数据文件生成器 MDFG(Machine Data File Generator)生成。MDF 是描述所使用机床的控制器类型、指令定义、输出格式等机床特征，具体包括：

① 机床类型及特征，如铣削、车削、冲压、电火花、活加工中心机床，控制轴数和同时工作轴数等。

② 机床坐标轴名称、方向定义、及坐标前零或后零的压缩。

③ 准备指令、辅助指令以及主轴转速指令、进给率指令和刀具指令的指定，如 G01 为直线移动、G00 快速进给、M08 切削液开等。

④ 指令所要求的参数类型。

⑤ 程序辅助格式，如每页打印行数，每程序块的结束符等。

⑥ 文件头数据、控制器名称、生成日期。

⑦ 注释、出错信息。

(2) 刀位文件 CLS 描述刀具位置、刀具运动、控制、进给速度等数控加工时有关信息。

(3) 后置处理模块 PM(Postprocessor Module)。PM 是一个可执行程序，用以将刀位文件转换生成机床控制数控代码的软件程序。

7.3 计算机辅助制造过程仿真

随着数控加工自动编程技术的发展，人们利用计算机自动编程方法解决了复杂轮廓曲线、自由曲面的数控编程难题。但是，数控程序的编制过程和工艺过程的设计相似，都具有经验性和动态性，在程序编制过程中出错是难免的。特别是对于一些复杂零件的数控加工来说，用自动编程方法生成的数控加工程序在加工过程中是否发生过切，所选择的刀具、走刀路线、进退刀方式是否合理，刀位轨迹是否正确，刀具与约束面是否发生干涉与碰撞等，编程人员事先往往很难预料。因此，不论是手工编程还是自动编程，都必须认真检查和校核数控程序，如果发现错误，则需马上对程序进行修改，直至最终满足要求为止。为了确保数控加工程序能够按照预期的要求加工出合格的零件，传统的方法是在零件加工之前，在数控机床上进行试切，从而发现程序的问题并进行修改，排除错误之后再进行零件的正式加工，这样不仅费工费时，也显著增加了生产成本，而且也难以保证安全性。

为了解决上述问题，计算机辅助制造过程仿真技术应运而生。工程技术人员利用计算机图形学原理，在计算机图形显示器上把加工过程中的零件模型、刀具轨迹、刀具外形一起动态显示出来，用这种方法来模拟零件的加工过程，检查刀位计算是否准确、加工过程是否发生过切，所选择的刀具、进给路线、进退刀方式是否合理，刀具与约束面是否发生干涉与碰撞等。

计算机辅助制造过程仿真目前主要集中在三个方面：几何仿真、物理仿真和加工过程仿真。

7.3.1 几何仿真

切削加工几何仿真又称数控加工程序验证，即以理想几何图形来检验数控代码是否正确，此时刀具和零件均被视为刚体，不考虑切削参数、切削力及其他因素对切削加工的影响。几何仿真以刀具和工件几何体为主要检测对象，目的是保证刀位数据的正确性，减少或消除由于刀位数据错误而导致的零件加工失效问题。几何仿真可以减少或消除因程序错误而导致的机床损坏、夹具或刀具干涉碰撞和零件报废等问题，可减少从产品设计到制造的时间，降低生产成本。目前，几何仿真主要用于刀位轨迹仿真和对数控代码进行仿真。

1. 刀位轨迹仿真

刀位轨迹仿真的基本思想是：从零件实体造型结果中取出所有加工表面及相关型面，从刀位计算结果(刀位文件)中取出刀位轨迹信息，然后将它们组合起来进行显示；或者在所选择的刀位点上放上“真实”的刀具模型，再将整个加工零件与刀具一起进行三维组合消隐，从而判断刀位轨迹上的刀心位置、刀轴矢量、刀具与加工表面的相对位置以及进退刀方式是否合理等。如果将加工表面各加工部位的加工余量分别用不同的颜色来表示，并且与刀位轨迹一同显示，就可以判断刀具和工件之间是否发生干涉(过切)等。

刀位轨迹仿真的主要作用如下：

(1) 显示刀位轨迹是否光滑、是否交叉，凹凸点处的刀位轨迹连接是否合理。

(2) 判断组合曲面加工时刀位轨迹的拼接是否合理。

(3) 指示出进给方向是否符合曲面的造型原则。

(4) 指示出刀位轨迹余加工表面的相对位置是否合理。

(5) 显示刀轴矢量是否有突变现象，刀轴的偏置方向是否符合实际要求。

(6) 分析进刀退刀位置及方式是否合理，是否发生干涉。

加工过程的几何仿真已经有相当成熟的数控加工仿真商品化软件问世(如 Pro/ENGINEER、UG 等)，国产的 CAXA-ME(制造工程师)软件的几何仿真功能也比较完善。

图 7.15 所示为采用 Pro/ENGINEER 的加工制造模块 Pro/Mfg 生成的两个零件的刀具轨迹，其中，图 7.15(a)所示为某油箱底壳模具凸模零件型面的粗加工刀具轨迹，图 7.15(b)所示为某模具凹模零件型腔(呈葫芦型)的精加工刀具轨迹。然后将图 7.15 所示的刀具轨迹文件分别进行后置处理，转换为数控加工代码，再导入 CAXA-ME 软件，分别进行数控加工过程仿真(见图 7.16)。

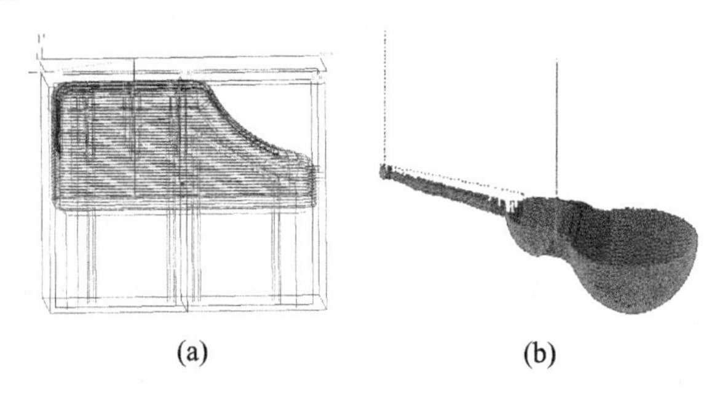

(a) (b)

图 7.15 基于 Pro/ENGINEER 的零件数控加工的刀具轨迹

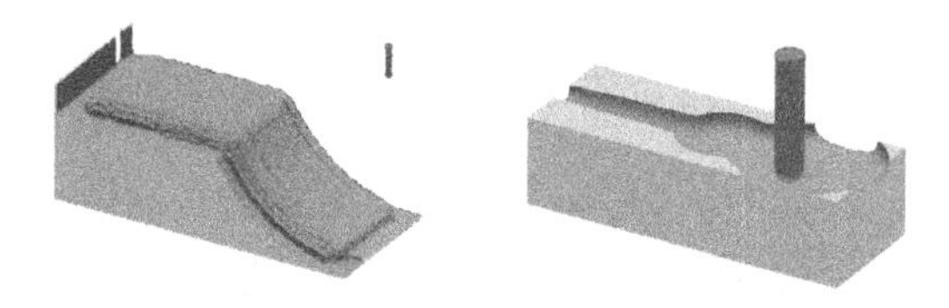

图 7.16 基于 Pro/ENGINEER 和 CAXA-ME 的零件数控加工过程仿真

2. 虚拟加工(数控代码仿真)

虚拟加工(数控代码仿真)主要用来解决加工工程中，实际加工环境内，工艺系统间的干涉、碰撞问题和运动关系。工艺系统是一个复杂的系统，由刀具、机床、工件和夹具组成，在加工中心上加工，还有转刀和转位等运动。由于加工过程是一个动态的工程，刀具与工件、夹具、机床之间的相对位置是变化的，工件从毛坯开始经过若干道工序的加工，在形状和尺寸上均在不断变化，因此虚拟加工(数控代码仿真)是在工艺系统各组成部分均已确定的情况下进行的一种动态仿真。虚拟加工(数控代码仿真)是在后置处理以后，已有工艺系统实体几何模型和数控加工程序的情况下才能进行，专用性强。

1) 虚拟加工的基本流程

虚拟加工一般采用三维实体仿真技术，其基本流程如图 7.17 所示。首先输入数控(NC)代码，然后对输入的代码进行语法检查和翻译，根据指令生成相应的刀具扫描体，并在指令的驱动下，对刀具扫描体与被加工零件的几何体进行求交运算、碰撞干涉检查、材料切除等，并生成指令执行后的中间结果。指令不断执行，每一条指令的执行结果均可保存，以便检查，直到所有指令执行完毕，虚拟加工任务结束。所有这些虚拟加工过程均可以在计算机上通过三维动画显示出来。

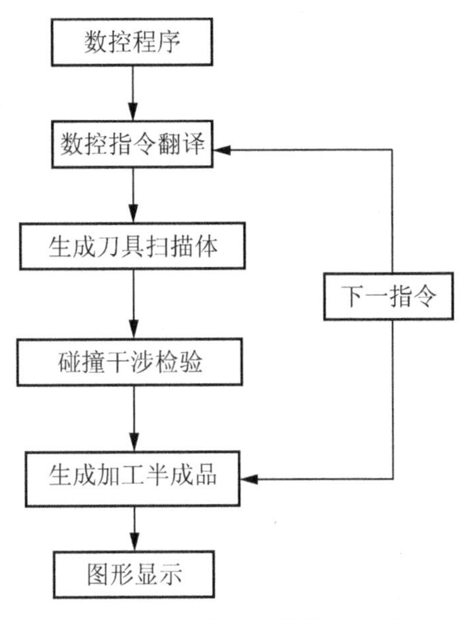

图 7.17　虚拟加工的基本流程

2) 虚拟加工环境

虚拟加工环境是实际的加工系统在不消耗能源和资源的计算机虚拟环境中的完全映射，其必须与实际加工系统具有功能和行为上的一致性。

虚拟加工环境包括硬件环境和软件环境。硬件环境一般分为三个层次，即车间层、机床层和毛坯层。车间层只是为了增加环境的真实感，起到烘托和陪衬作用；机床层包括机床(加工中心)、机床刀具和夹具，是虚拟加工环境中的关键部分；毛坯层与加工过程仿真模块密切相关。软件环境一般包括数控代码解析模块、加工过程仿真模块等。这些模型和模块在数控代码驱动下相互协同工作，完成毛坯的加工。

3) 虚拟机床

虚拟机床是指数控机床(如加工中心)在虚拟环境下的映射，主要由虚拟加工设备模型、毛坯模型、刀具模型、夹具模型等组成，它是虚拟加工过程的载体和核心。在虚拟加工硬件环境的三个层次中，除车间层外的另两个层次(机床层和毛坯层)都可归结为虚拟机床的范畴。

为了使虚拟加工过程真实地模拟实际的加工过程，虚拟机床应满足如下要求：①能全面、逼真地反映现实的加工环境和加工过程；②能对加工中出现的碰撞、干涉提供报警信息；③能对产品的可加工性和工艺规程的合理性进行评估；④能对产品的加工精度进行评估、预测；⑤必须具有处理多种产品和多种加工工艺的能力。图 7.18 所示为虚拟加工环境构造的虚拟机床模型。在虚拟加工技术中，不仅要构建虚拟机床的几何模型，还要分析机床在虚拟加工中的运动规律。因此，需要涉及机床的几何建模和运动建模技术。

(1) 虚拟机床的几何建模。虚拟机床几何建模内容主要包括床身、立柱、主轴、工作台和刀架等主要部件，刀具和夹具等刀具工装设备等。在单个零件的几何建模中，一般以 CSG、B-rep 法或二者的混合来描述。

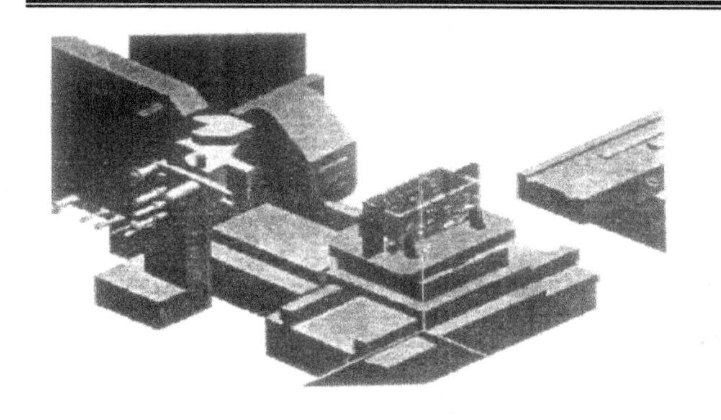

图 7.18　虚拟机床模型

(2) 虚拟机床的运动建模。零件的加工是机床通过工作台和主轴的运动来实现的，加工过程是一个动态连续的过程，因此，必须研究机床的运动建模技术。由于实际加工过程中数控机床运动的复杂性，目前的研究主要集中在刀具和零件的仿真描述方面，而对于数控机床仿真运动建模的研究还比较少。

虚拟机床的虚拟运动由各运动部件的平动、转动及相互间的联动构成。多个运动部件的联动采用插补算法可转化为单运动部件的平动或转动。因此，虚拟机床的运动可通过对部件进行平移和旋转变化来实现，虚拟运动速度由平移和旋转的步距值来控制。夹具、毛坯和工件在工作台上的初始安装可通过将产品坐标系的原点与图形坐标系的原点重叠来实现，实际安装位置可通过对产品相对图形坐标原点进行平移变换得到。

虚拟机床运动模型的建立涉及三个坐标系：世界坐标系、参考坐标系(运动坐标系)和局部坐标系(静坐标系)。世界坐标系决定了整个加工中心的空间位置，它在窗口中的位置和姿态的变化取决于视点和坐标原点的变化，分别由视点变换矩阵和窗口投影变换矩阵表示；参考坐标系定义了被研究的零部件在运动时的参考坐标系，加工中心零部件的运动可分解成参考坐标系下的直线运动和旋转运动；局部坐标系固连在加工中心运动的零部件上，它反映零部件在参考坐标系下的位置和方向。这三个坐标系是求解虚拟加工仿真过程中各部件在世界坐标系下位置的有效手段。对虚拟机床而言，世界坐标系的原点通常建立在床身基座上，采用笛卡儿坐标系，局部坐标系的原点建立在运动部件上，坐标轴的方向与世界坐标系的方向一致，参考坐标系是描述零部件运动关系时引进的坐标系。

在虚拟机床建模中，每个运动部件对应一个坐标，各运动部件及床身按一定规律构成一运动链，并规定运动链起始于工作台，终止于机床主轴，运动链中相邻部件间存在接触关系，床身为不动件。由于数控加工机床的几何模型是一个装配体，运动模型是建立在装配模型基础上的，装配模型中定义了各零部件之间的相对位置和装配层次关系，它反映了部件间的相互约束关系。约束关系主要包括几何关系和运动关系。几何关系主要描述零部件以及部件间的几何元素(点、线、面)之间的相互关系，运动关系是描述零部件之间存在的相对运动，称为运动链接关系，它是保证运动模型的建立和零部件运动过程仿真的重要前提，因此，运动链接关系必须在加工中心的模型描述和数据组织之前考虑。

4) 数控代码的翻译

实际数控加工过程中，机床的一切动作和状态都是由数控代码驱动的，在虚拟加工环境中也必须进行同样的模拟，因此，需要对数控代码进行翻译和解释执行。但虚拟加工过程中，一般并不是直接通过数控代码来驱动仿真过程，而是采用将数控代码解析成表征机床运动部件和刀具轨迹的内部数据，并用相应的数据结构来记录这些数据。

数控代码的翻译一般包括五个方面，即机床初始化和预处理、词法分析、语法分析、语义分析和翻译执行。

预处理删除数控代码中不必要的字符，如空格、注释语句等。

机床初始化首先建立机床能够运行的最基本条件，即读入数控代码并存储起来，文件和机床文件的输出，以及对机床的一些必要参数进行设置。

词法分析的任务是识别出程序段中的各个基本词法单位——字，同时进行数据的合法解释。经过词法解释，这些机床的各地址和 G、M 代码存储在某一代表机床的数据结构中。

语法分析的任务是按照存储于规则库中的数控代码语法规则进行语法检查。语法分析一般不产生中间数据，而只是进行语法检查，若有错，则输出出错信息。

语义分析的任务是按数控代码的语义规则进行语法检查，同时翻译器进行必要的数据处理，以便能使语义数据规则及其检查得以进行。语义分析也不产生中间代码。

经过上述一系列的处理后，若没有错误就进入翻译执行阶段。翻译执行的任务是将正确的数控代码经过翻译执行后，将机床动作与状态信息输出给动画仿真部分，用以驱动虚拟机床模型进行动画仿真。

目前，用于数控代码仿真的虚拟加工仿真软件已经成熟并商品化，常见的有宇龙数控仿真系统、斯沃数控仿真系统以及 Vericut 数控仿真系统。

7.3.2　物理仿真

切削加工的物理仿真是将整个工艺系统视为弹塑性实体，对被控对象的一个或多个物理特性及其变化特征进行模拟，分析与预测各切削参数的变化及干扰因素对加工过程的影响，分析具体工艺参数下的工艺规程质量及工件加工质量，辅助在线检测与在线控制，进行工艺规程的优化。由于物理仿真直接影响切削加工的经济性，因此日益受到大学、企业及科研单位研究人员的关注。1995 年由美国国家自然科学基金(NSF)重点资助，由伊利诺伊大学牵头，联合普渡大学、西北大学对金属切削加工进行工艺建模，进而开展物理仿真的研究工作。

切削过程中影响加工质量的的物理因素有很多，如切削力(矩)、切削参数、工件材料、工件(刀具)变形和震颤、刀具磨损和破损等，通过切削过程的动力学模型可实现切削变形和刀具破损的检测监控、切削振动的预报以及切削参数的调整与控制。

目前，切削力的仿真与分析是物理仿真的重要内容。另外，由于切削振动对工件的表面质量会产生重要影响，同时也会造成加工设备和刀具的损坏，因此，针对不同的刀具建立其振动模型也是当前物理验证研究的热点之一。

常用的加工过程物理仿真建模方法有三种，即分析方法、实验方法和机械建模法。

1. *分析方法*

应用剪切滑移理论确定以剪切角为主的力学模型，研究重点在于确定切削过程中的切削力及切削振动涉及的相关问题。主要应用动态切削力系数，即 DCFC(Dynamic Cutting Force Coefficience)方法，通过确定与切削用量三要素有关的动态切削力系数来确定动态切削力，同时分析切削过程中的颤振现象以便确定既定状态下的切削稳定性条件。

2. 实验方法

针对大量实际进行的切削过程，通过实验来确定 DCFC 中的各种动态切削力系数。实验方法主要分为静态切削方法、动态切削方法和时序方法。静态切削方法应用静态切削实验，通过人为地造波、去波或波波叠加实验来确定动态切削力系数。动态方法是人为制造动态切削过程，应用间歇激振器产生动态切削过程，然后由测力仪记录下动态切削力。时序方法是将切削过程视为黑箱，由实验测量出切削过程的大量输出数据并对之进行数学分析，总结出系统的传递函数而识别系统的各项动态参数。

3. 机械建模方法

机械建模方法就是综合考虑到切削过程是涉及多输入与多输出的综合系统，通过建立适用于多种切削条件的综合机械切削模型，建立出各输入/输出相关因素的影响关系，达到揭示切削过程、预测各有效输出参数以及表达系统输入与输出间关系的目的。机械建模方法将分析方法和实验方法结合在一起，一方面揭示切削过程中各参数的变化规律，另一方面不需大量实验来确定所需的实验参数，成为目前研究动态切削的有效手段。

物理仿真能够揭示加工过程的实质，因此比几何仿真有着更重要的实用价值。但是，由于数控加工过程的物理行为的高度非线性、不确定性，使加工过程的物理模型建立非常困难。目前，物理仿真还局限于三轴或三轴以下的数控加工，开展较多的是针对复杂曲面的三轴端铣加工。此外，在许多研究中，几何仿真和物理仿真是分离的，而实际物理模型的建立是和几何模型分不开的，例如，切削力模型的建立和切削的几何尺寸有密切的关系，而这些数据是可以从几何仿真中获得的。对于一些薄型精密零件的加工，由于切削力引起的变形往往成为影响加工质量的主要因素，进行物理仿真时建立常规的切削力模型已经不能满足要求，还必须借助于有限元等分析手段，目前，利用有限元技术对切削变形进行仿真还处于起步阶段。总之，物理仿真还处于研究阶段，还没有成熟的商品化软件问世。

7.3.3 加工工程仿真

加工过程仿真是将几何形体与物理性质的变化集成在一起，对加工过程进行较为真实模拟的仿真形式。为能充分反映切削加工的实质，在加工工程仿真中仿真模型的建立至关重要。现存的切削加工仿真模型主要由三种：解析模型、有限元模型和分子动力学模型。

1. 解析模型

解析模型仿真是引入一系列假设条件对切削加工工程进行简化，用简化模型的解析计算求解切削加工过程中各种变量的方法。

最早出现的解析模型是 20 世纪 30 年代末期 Piispanen 和 Ernst 提出的卡片模型，如图 7.19 所示。该模型假设第一剪切区为一个极薄平面，将被切削材料理想化为一叠卡片，当刀具切入工件时，卡片之间沿剪切面及其平行方向发生滑移。

对解析模型的研究在 20 世纪 80 年代发展到高峰，主要集中在对切削过程中出现的各种现象及其发生机理的研究，涉及切削力学、切削热学及切屑控制等诸多领域。

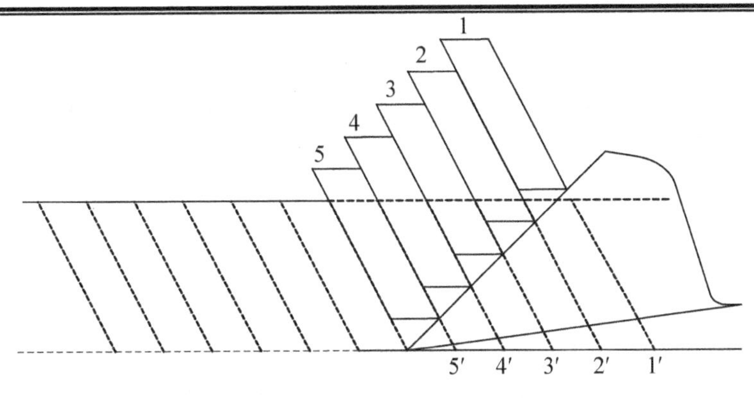

图 7.19　卡片模型

2. 有限元模型

有限元仿真是应用计算机高速准确的数据计算功能对切削过程进行模拟的一种仿真方法。在有限元模型中，刀具和工件都被离散化为有限元单元，并为每个有限元单元赋值一个描述其上受力与位移关系的特征矩阵，称为刚度矩阵，然后将单元刚度矩阵组合成一个单一的全局矩阵，并用它对位移和温度进行求解。

3. 分子动力学模型

随着机械加工中相关技术的发展，切削加工精度也不断提高，目前已逼近纳米级，称其为纳米加工。由于控制技术和观察测量技术上的限制，对纳米加工工程的实验计算和分析存在很多困难。而分子动力学(Molecular Dynamics，MD)可对一个体系中的单个分子的运动进行计算，因此，它可以对理论分析和实际观察难以实现的情况进行模拟。正是基于其独到的优势，Belak 及其同事在 20 世纪 80 年代末最先提出 MD 模型，MD 仿真的本质是用牛顿运动方程对切削加工区域涉及的全体分子的速度和位移进行数值求解。MD 切削加工建模方法在近年来得到了长足的发展。

习　题

1. 简述数控编程的内容与步骤。
2. 分析 APT 语言自动编程原理与过程。
3. 举例说明 CAD/CAM 集成系统数控编程的内容与过程。
4. 试分析比较常用的几种数控编程方法，简要说明其原理和特点。
5. 举例说明切触点、刀具轨迹和刀位文件的概念。
6. 什么是后置处理？在数控编程中，为什么要进行后置处理？
7. 试分析比较常用的几种数控程序检验方法，简要说明其原理和特点。
8. 简述刀具轨迹仿真的基本原理，说明如何利用刀具轨迹仿真检验数控程序的正确性。
9. 描述数控加工过程的阶段划分，选定切入开始点和退刀点时需注意哪些影响因素？
10. 试分析平面型腔零件加工刀位点计算处理方法。
11. 在粗精加工时，如何进行刀具、加工路线、进刀的引导方式的选择？
12. 分析并说明 Pro/NC 选配文件的制作过程。

第8章　CAD/CAM集成技术及其应用

学习目标

通过本章的学习，使学生掌握CAD/CAM集成技术的基本概念和集成方式；掌握产品数据定义模型和产品数据交换标准；了解基于PDM的CAD/CAM集成方法；熟悉各种先进制造技术中的CAD/CAM集成应用技术。

学习要求

1. 掌握CAD/CAM集成技术的基本概念；
2. 掌握产品数据定义模型和产品数据交换标准；
3. 了解PDM的体系结构和基于PDM的CAD/CAM集成方案；
4. 熟悉先进制造模式中的CAD/CAM集成应用技术。

引例

CAD/CAM集成技术是CAD/CAM技术发展的一个重要特征和重要趋势。目前，集成化已从企业内部的信息集成和功能集成，发展到实现产品整个开发过程的集成，并正在向全球化敏捷制造等为代表的企业间集成发展。下图所示为将来制造企业的一种计算机集成制造概念模型。在整个企业的生产经营活动过程，即从市场分析、经营决策、产品设计、加工制造、质量管理、经营销售，一直到售后服务的全部活动中，CAD/CAM集成技术一直贯穿其中。掌握CAD/CAM集成技术及其应用的相关知识是本章的重点。

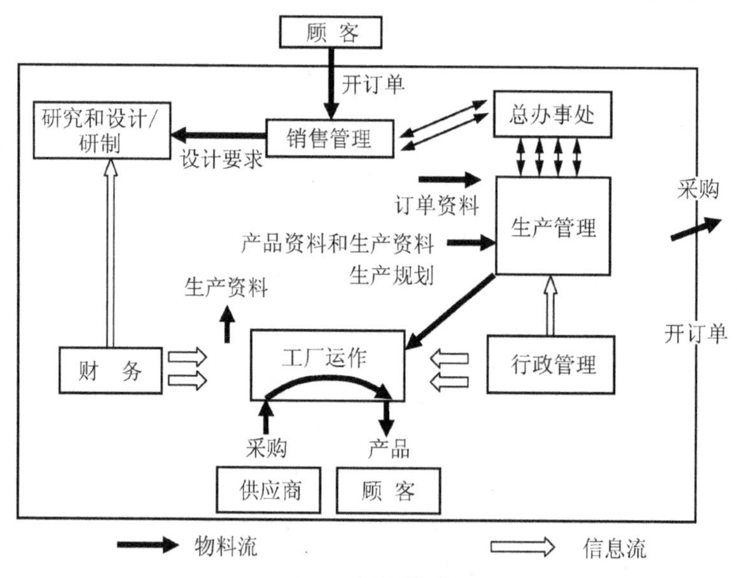

CIMS 概念模型

8.1　概　　述

8.1.1　CAD/CAM 集成的概念

CAD/CAM 技术是伴随计算机技术在产品设计制造中的应用而逐步发展起来的，这些应用首先都是从局部环节的突破开始而逐渐扩展开来，从而形成一系列较为成熟的单元设计制造技术，如 CAD(计算机辅助设计)、CAE(计算机辅助工程分析)、CAPP(计算机辅助工艺规划设计)、CAFD(计算机辅助夹具设计)、CAM(计算机辅助制造)等。由于产品生产中各个环节在功能分工上的差异以及相关支持技术的制约，这些实现系统之间在模型定义、存取方法和实现手段等各个方面存在明显的异构现象，不能实现应用系统之间产品信息的自动传递和交换，从而形成了一个个自成一家、信息封闭的单一功能单元，此即所谓的“信息化孤岛”。采用这些独立的功能单元不能实现系统之间信息的自动传递和交换，而且在人工转换过程中还可能发生错误，这严重制约了生产过程中不同单元、不同部门之间对于产品和制造资源信息的共享过程，为此提出了 CAD/CAM 集成的概念。

CAD/CAM 系统的集成有信息集成、过程集成和功能集成等多种形式。目前，CAD/CAM 集成多指信息集成，即是指把 CAD、CAE、CAPP、CAFD、CAM 等各种功能软件有机结合在一起，用统一的执行程序来控制和组织各功能软件信息的提取、转换和共享，从而达到系统内部信息的畅通和系统协调运行的目的。

为了实现 CAD/CAM 各模块之间数据资源的集成和共享，必须满足两个条件：一是要有统一的产品数据模型定义体系；二是要有统一的产品数据交换标准，这是实现 CAD/CAM 集成的关键。

8.1.2　CAD/CAM 集成的基本方式

CAD/CAM 集成的关键是信息的交换和共享。常见的信息集成方式可分为基于数据接口技术的信息集成、基于特征建模技术的信息集成和基于工程数据库管理技术的信息集成三种方式。

1) 基于数据接口技术的 CAD/CAM 集成

为实现各个单元系统之间数据信息的传递，可以利用接口技术在每个单元系统中设置相应的数据交换模块，此即数据接口。典型的数据接口又可分为专用数据接口和标准通用型数据接口。

(1) 基于专用数据接口的 CAD/CAM 信息集成。利用该种方式实现数据信息集成时，各个子系统都是在各自独立的数据模式下工作，如图 8.1 所示。其特点是原理简单、易于实现，效率高，但缺乏通用性，目前已基本不采用。

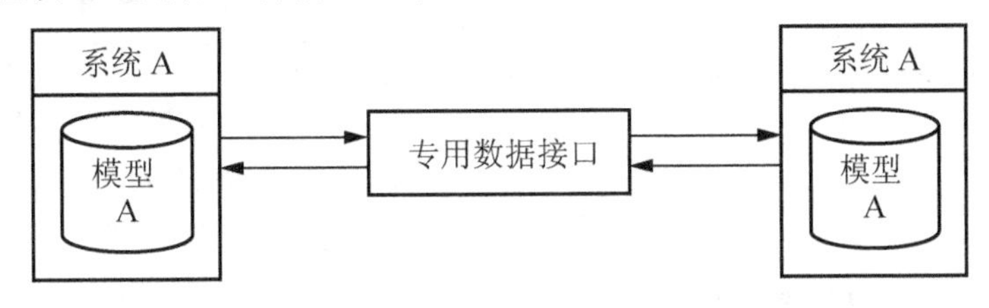

图 8.1　基于专用数据接口的 CAD/CAM 集成

(2) 基于数据交换标准的通用接口 CAD/CAM 信息集成。如图 8.2 所示，该种方式中，每个单元系统拥有一个基于标准数据格式的单一数据交换接口，它包括前置处理器和后置处理器。其中前置处理器负责将自身的数据格式转换为标准数据格式，供其他单元应用，后置处理器则负责将外来的标准数据格式转换为本系统所需要的数及格式。该种 CAD/CAM 集成方法的关键是建立公共的标准格式文件。

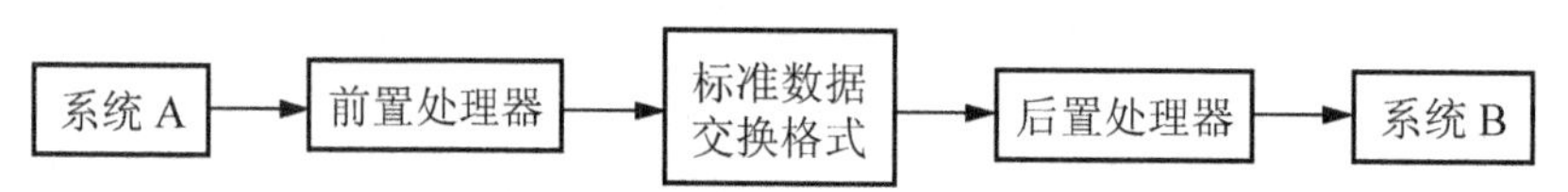

图 8.2 基于数据交换标准的通用接口 CAD/CAM 集成

2) 基于特征建模技术的 CAD/CAM 集成

基于特征的 CAD/CAM 集成是指通过建立面向产品零件的整体化特征模型来为产品设计制造的多个环节同时提供信息支持，如图 8.3 所示。这里的特征主要有形状特征、材料特征和精度特征等，目前通常是以形状特征为核心，它是进行产品特征建模的主体，材料特征和精度特征则作为特征模型的共同组成部分而存在。

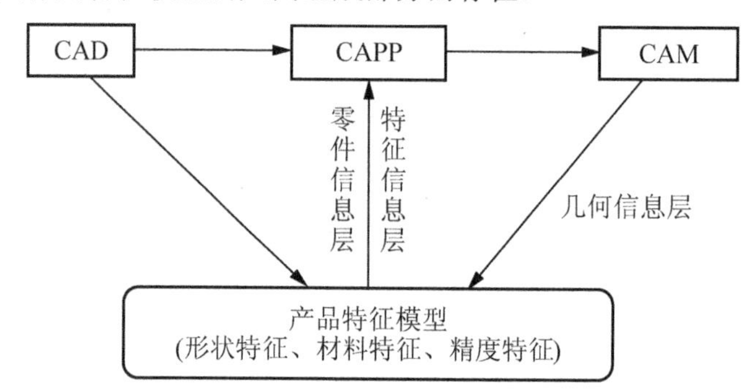

图 8.3 基于特征模型的 CAD/CAM 集成

基于特征的信息集成，为实现 CAD/CAM 各个环节的数据交换和共享，可以将产品设计中要求的高层次信息以特征的形式表示，通过特征技术实现 CAD 与下游 CAPP、CAM 等应用系统的信息集成，这就要求 CAD 系统采用基于特征的造型方法。

3) 基于工程数据库的 CAD/CAM 集成

早期的 CAD/CAM 集成是通过数据文件来实现，为提高数据传输的效率和系统的集成化程度，保证各系统之间数据的一致性、可靠性和共享性，于是将数据库管理技术引入 CAD/CAM 集成中。基于工程数据库的 CAD/CAM 集成是指通过建立面向产品设计制造过程的工程数据库，用统一的产品数据模型来描述产品信息，使各个系统之间可以直接进行信息交换，真正实现 CAD/CAM 之间的信息交换和共享，如图 8.4 所示。

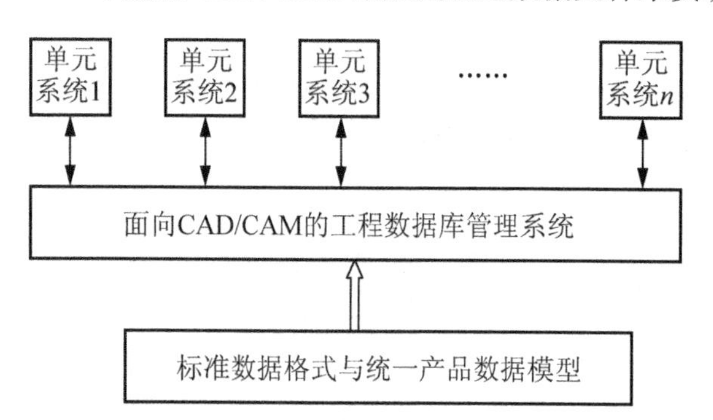

图 8.4 基于工程数据库的 CAD/CAM 集成

8.2 集成产品定义数据模型

产品定义数据模型是产品信息的载体，包含了产品功能信息、结构信息、零件几何信息、装配信息、工艺和加工信息等。集成产品定义数据模型是实现 CAD/CAM 集成的关键技术之一。集成产品数据模型可以定义为与产品有关的所有信息构成的逻辑单元，它不仅包括产品生命周期内有关的全部信息，而且在结构上还能清楚地表达这些信息的关联。因此，研究集成产品数据模型就是研究产品在其生命周期内各个阶段所需信息的内容以及不同阶段之间信息的相互约束关系。

图 8.5 所示为面向生产过程的集成产品数据模型所包含的内容。这是一个由很多局部模型组成的关联模型，主要由设计模型、技术信息模型和规划模型构成，它可以满足生产环节对信息的不同需求。

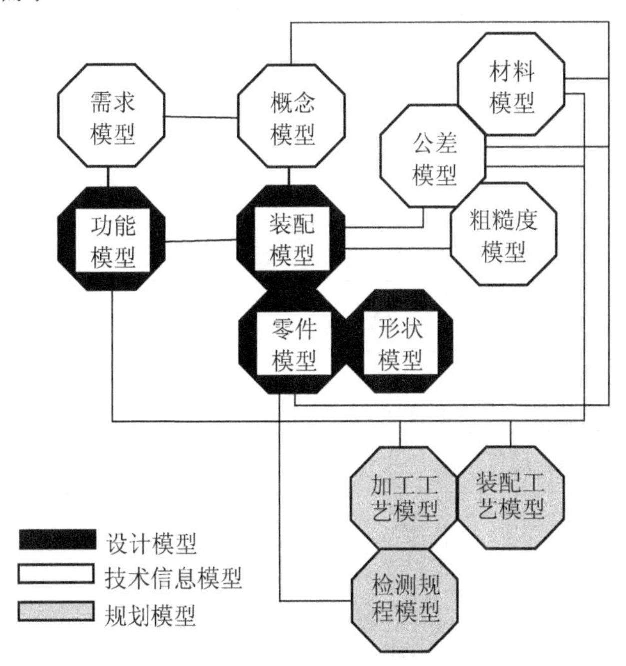

图 8.5 集成产品数据模型结构体系

随着特征建模技术的发展，基于特征的集成产品数据模型由于具有容易表达和处理，能够反映设计师意图及描述信息完备等特点而引起广泛重视。图 8.6 所示为某一基于特征的集成产品数据模型层次结构示意图。图中所描述的关系既有树状关系，也有网状关系。其中所包含的零件相关信息可分成四类：

(1) 零件总体信息。主要是文字性描述零件总体特征，如零件名称，零件号、设计者、零件材料、热处理、最大尺寸、质量和生产纲领等。这类信息彼此间没有直接联系。

(2) 基体信息。基体是造型开始的初始形体，也即零件的毛坯和半成品。它可以是预先定义的参数化实体或者根据现场需要直接由图形支撑软件生成。对基体信息的描述主要包括基体表面之间的信息及基体与特征之间关系信息。为了与实际加工中按面进行加工的方式相适应，把基体划分为若干方位面并按方位面组织特征，从而可方便工艺过程制定和夹紧方案的制订。

(3) 零件特征信息。主要记录特征的分类号、所属方位面号、控制点坐标和方向、尺寸、公差、热处理、特征所在面号、定位面及定位尺寸、切入面与切出面、特征组成面、粗糙度和形位公差等。

(4) 零件几何拓扑信息。该部分信息可直接由采用的实体建模软件的文件读出，包括面、环、边、点的数据信息。

基于特征的集成产品模型是一种为设计、分析、加工各环节都能自动理解的全局性模型。它还可以与参数化设计、尺寸驱动等设计思想相结合，为设计者提供一个全新的设计环境。

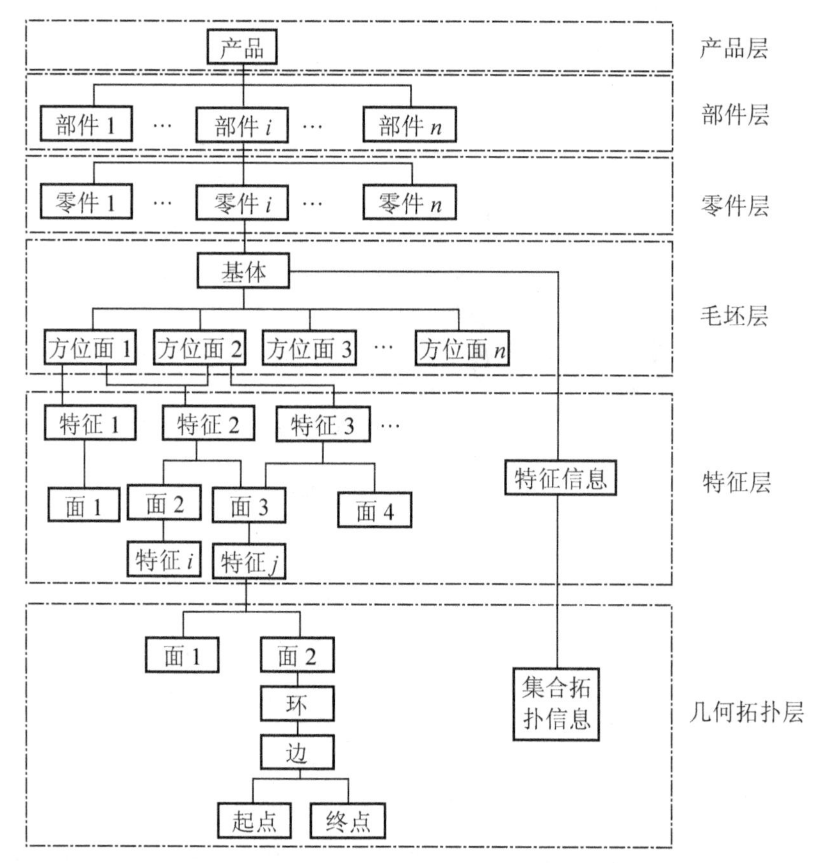

图 8.6　基于特征的集成产品数据模型层次结构示意图

8.3　产品数据交换标准

图 8.2 所示的基于数据交换标准的通用接口 CAD/CAM 信息集成是目前相对较为成熟的 CAD/CAM 信息集成模式。为了在不同的 CAD/CAM 系统之间进行数据交换，目前世界上已研制出多种公共标准数据交换格式，其中最典型的是 IGES 和 STEP 等格式。

1. 初始图形交换规范(IGES)

为解决数据在不同的 CAD/CAM 系统中传送的问题，1981 年美国发布了初始图形交换规范(Initial Graphics Exchange Specification，IGES)，它定义了一套表示 CAD/CAM 系统中常用的几何和非几何数据格式以及相应的文件结构，其所经历的几个重要阶段如下：1981 年，IGES1.0 推出，仅限于描述工程图样的二维模型和三维线框模型；1983 年，IGES2.0 推出，增加解决电气及有限元信息模型，扩充图形描述；1986 年，IGES3.0 推出，增加曲面模型功能，包含工程设计及建筑设计内容；1988 年，IGES4.0 推出，增加 CSG 三维实体描述、三维管道模型，改进有限元模型；1990 年，IGES5.0 推出，增加实体模型中常见的 B-rep 描述法。IGES 初始图形交换规范是近 30 年来影响最大的数据交换标准，它虽然不是 ISO 标准，但已是事实上的工业标准。

1) IGES 的实体

IGES 的基本单元是实体，它可分为三类：

(1) 几何实体，如点、直线段、圆弧、B 样条曲线和曲面等。

(2) 描述实体，如尺寸标注、绘图说明等。

(3) 结构实体，如组合项、图组、特性等。

IGES 不包含所有 CAD/CAM 系统中包含的图形和非图形实体，但从目前国内外常用的 IGES 来看，其中的实体基本是 IGES 定义实体的子集。

2) IGES 的文件结构

IGES 的文件结构如图 8.7 所示。IGES 文件格式的定义遵循两条规则：

(1) IGES 的定义可改变复杂结构及其关系；

(2) IGES 文件格式便于各种 CAD/CAM 系统的处理。

IGES 文件格式是采用 ASCII 码、记录长度为 80 个字符的顺序文件。文件中分为 5 个节，实体信息存放在目录入口(DE)的参数(PD)中；数据的原始信息和文件本身的信息存放在整体节和结束节中；还有一个开始节存放用户可阅读的定义信息。在 DE 和 PD 节中还存放实体的有关指针及相互关系。

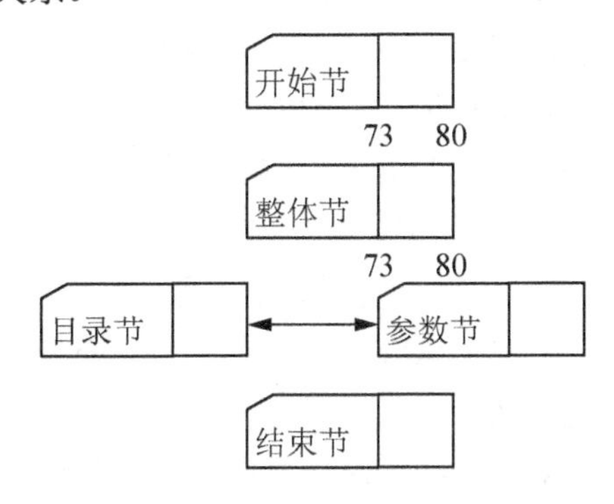

图 8.7　IGES 的文件结构

IGES 在国际上得到了广泛应用。但是 IGES 也存在一些固有的缺陷，存在的问题主要有：元素范围有限，主要是几何信息；采用固定的数据格式和存储长度，而 IGES 数据往往是稀疏的，因此占用存储空间大；时常发生数据丢失和传递错误。

2. 产品模型数据交换标准 STEP

为了克服 IGES 等数据交换标准的存在的问题，扩大转换 CAD/CAM 系统中几何、拓扑数据的范围，1984 年国际标准化委员会下设的组织 ISO/TC184/SC4 开发了产品模型数据交换标准 STEP(Standard for the Exchange of Product Model Data)。

1) STEP 的产品数据模型

STEP 技术为 CAD/CAM 系统提供了一种中性机制，STEP 的产品模型数据是覆盖产品整个生命周期的应用而全面定义的产品所有数据元。产品模型数据包括进行设计、分析、制造、测试、检验零部件或机构所需的几何、拓扑、公差、关系、属性和性能等数据以及一些和处理有关(但不包括热处理)的数据。图 8.8 为 STEP 产品模型数据在产品生命周期中的作用示意图。

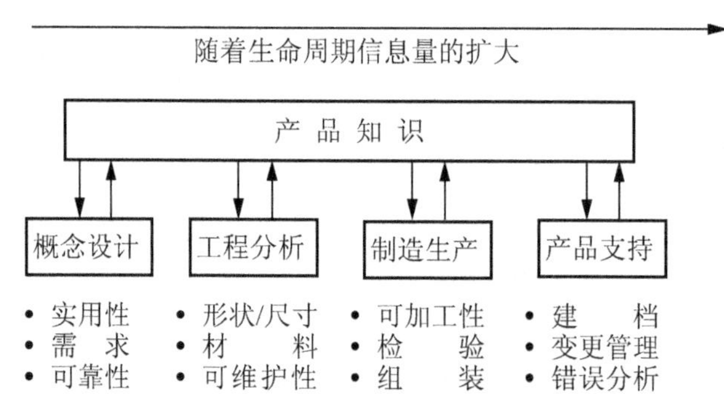

图 8.8 STEP 产品数据模型在产品生命周期中的作用示意图

2) STEP 的概念模型

在 STEP 中采用形状特征信息模型进行各种产品模型定义数据的转换，强调建立能存入数据库中的一个产品模型的完整表示，而不只是它的图形或可视的表示。STEP 的产品模型信息分为三层结构，即应用层、逻辑层和物理层，它们之间的关系如图 8.9 所示。

应用层采用形式定义语言描述各应用领域的需求模型，支持 IDEF(ICAM DEFinition Method)功能建模方法 IDEF0 为基础的功能分析，并在此基础上利用 IDEF 的信息建模方法 IDEF1X 语言建立面向具体应用的信息模型，包括应用协议及对象抽象测试集。

逻辑层对建立的需求模型进行分析，找出共同点，协调冲突，形成由通用形式语言 EXPRESS 描述的统一的产品信息模型，包括通用资源和应用资源。

物理层是通过一定规则，将 EXPRESS 描述的产品信息模型转变成易懂的正文编码形式，包括具体的数据交换实现方法。

STEP 的这种三层结构模型将产品的信息描述与进行数据交换而采用的实现方法分开处理，使得 STEP 独立于应用，独立于计算机系统及采用的语言，具有很明显的优点。

3) STEP 的基本组成

STEP 的标准体系如图 8.10 所示，具体组成如下所述：

(1) 描述方法标准。包含产品模型框架；EXPRESS 描述语言。

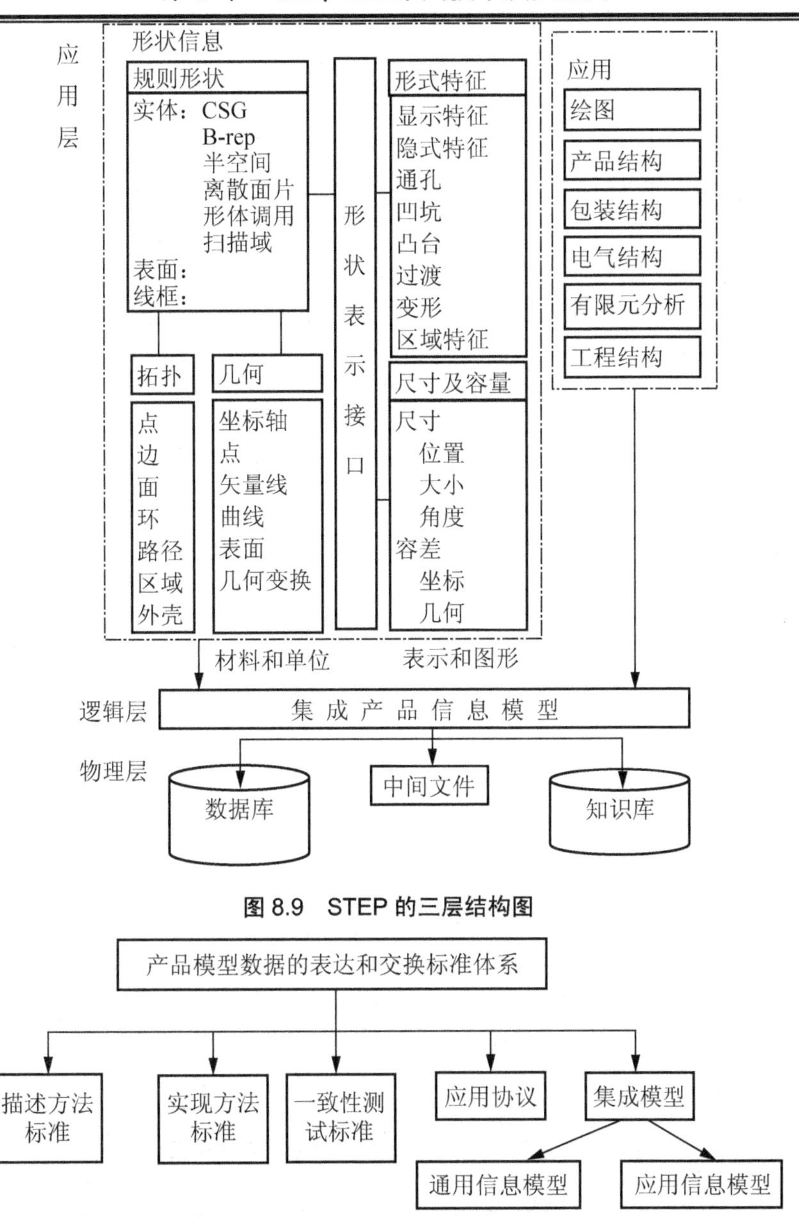

图 8.9　STEP 的三层结构图

图 8.10　STEP 的标准体系

(2) 实现方法标准。包含物理文件；存取接口；工作方式；数据库；知识库。

(3) 一致性测试方法与工具标准。包含一致性工作框架；测试库及评估需求分析。

(4) 应用协议。包含工程图；三维几何信息；产品结构；边界表示；雕塑表面等。

(5) 信息模型标准。包含通用信息模型和应用信息模型，其中通用信息模型含有表示方法、产品结构技术状态、形状表示界面、公差、材料形状特征、形状表示等；应用信息模型包括工程图、船舶、电气、有限元、运动机构等内容。

STEP 内容丰富，是定义应用产品全局模型的工具。虽然目前还不够完善，但已表现出强大的生命力。

8.4 PDM 技术集成方案

产品数据管理(Product Data Management，PDM)技术是指以产品数据的管理为核心，通过计算机网络和数据库技术把企业生产过程中所有与产品相关的信息和过程集成管理的一种技术。基于 PDM 的 CAD/CAM 的系统集成是指集数据库管理、网络通信能力和过程控制能力为一体的，将多种功能软件集成在一个统一的平台上，从而保证实现分布式环境中产品数据的一致性管理，同时保证为人与系统的集成及并行工程的实施提供支持环境。

1. 基于 PDM 的 CAD/CAM 集成系统体系结构

图 8.11 为基于 PDM 的 CAD/CAM 集成系统体系结构示意图。其中系统集成层即 PDM 核心层，向上提供 CAD/CAM 各个系统的集成平台，把与产品有关的信息集成管理起来；向下提供对异构网络和异构数据库的接口，实现数据跨平台的传输与分布处理。

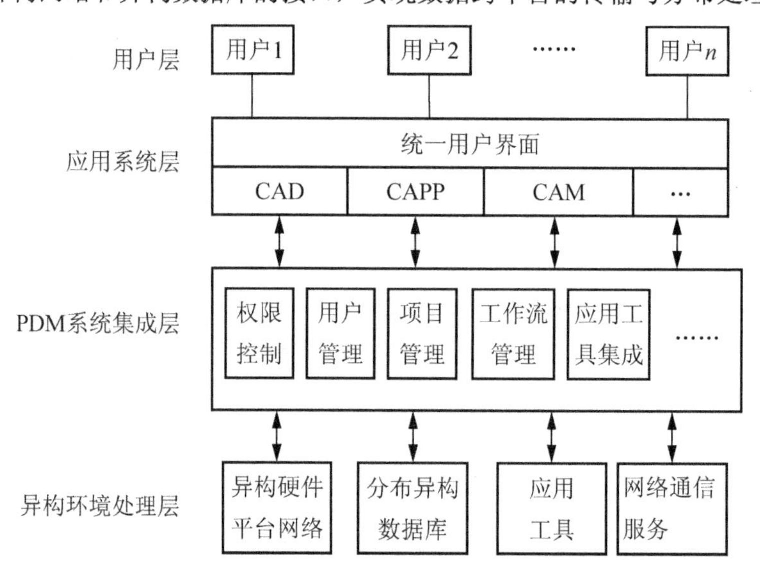

图 8.11 基于 PDM 的 CAD/CAM 集成系统体系结构

基于 PDM 系统的 CAD/CAM 集成可分为三个层次，即封装、接口和集成。其实现方式如下：

(1) 封装。所谓封装是指把对象的属性和操作方法同时封装在定义对象中，用操作集来描述可见模块的外部接口，从而保证了对象的界面独立于对象的内部表达。为了使不同的应用系统间能够共享信息以及对应用系统所产生的数据进行统一管理，只要把外部应用系统进行封装，PDM 就可以对其数据进行有效的管理。封装意味着用户看不到对象的内部结构，但可以通过调用操作(即程序部分)来使用对象。

封装可使在 PDM 系统的统一用户界面下启动 CAD/CAM 各系统的应用程序，它可通过 PDM 或 CAD/CAM 系统提供的封装工具来实现，例如开发人员可通过定义文件类型(或文件后缀)和应用程序的环境变量等条件，使 PDM 系统能够在需要时自动启动外部工具以处理某种类型的文件。由于封装性，程序设计当改变一个对象类型的数据结构内部表达时，可以不改变该对象类型上工作的任何程序，封装使数据和操作有了统一的模型界面。

(2) 接口。接口提供了较为紧密的系统集成。通过接口，PDM 系统与 CAD/CAM 系统之间可以有效地进行数据交换。这种集成方式要求对系统的数据结构有所了解，通过 PDM 与 CAD/CAM 系统的 API 接口，提取部分重要信息，从而实现各个系统之间的数据信息交换。

(3) 集成。完整的集成具有自动双向交换所有相关信息的能力，这种集成方式要求了解 PDM 与 CAD/CAM 系统的底层数据结构。在此基础上，通过编程实现二者间的数据访问，通过对 CAD/CAM 的图形数据和 PDM 产品数据结构的详细分析，制订统一的产品数据之间的结构关系，只要其中之一的结构关系发生了变化，则另一个自动随之改变，始终保持 CAD/CAM 的装配关系与 PDM 产品结构树的同步一致。PDM 环境提供了一整套结构化的面向产品对象的公共服务集合，构成了集成化的基础，以实现以产品对象为核心的信息集成。

2. 基于 PDM 的 CAD/CAM 集成系统的主要功能

PDM 系统的功能是用于管理在整个产品生命周期内所有与产品有关的信息。PDM 为不同地点、不同部门的人员营造了一个虚拟协同的工作环境，它是所有信息的主要载体，在产品开发过程中对它们进行创建、管理和分发。

PDM 集成技术的实现利用了许多先进的管理理念和技术，如电子文档管理中的数据文档管理和网络通信技术，并行工程的工作流管理、协同工作和信息集成技术，成组技术中的分类编码和零件族技术，数据仓库技术中的数据库管理、版本管理和历史数据技术，STEP 标准中的产品数据描述和零件族管理技术，跨平台的网络技术与应用软件集成的面向对象的嵌入式与连接技术。

基于 PDM 的 CAD/CAM 集成系统所包含的主要功能有：产品结构与配置管理、图文档管理、工作流程管理、动态权限设置、工程变更管理、项目管理以及外部集成工具等。

(1) 产品结构与配置管理。此为 PDM 的核心功能之一，利用此功能可以实现对产品结构与配置信息和物料清单(BOM)的管理，用户可以利用 PDM 提供的图形化界面来查看和编辑产品结构。

(2) 图文档管理。图文档管理是以产品为中心，它把产品结构映射为管理对象，每个对象都包含与之相关的所有信息和过程，即每个对象的所有相关数据，如设计图样、说明书、数控代码、工艺文件等在产品结构树上会挂在相应的零件和装配体上。PDM 图文档管理提供了对分布式异构数据的存储、检索和管理功能。PDM 图文档管理还具有安全审核机制，即 PDM 中数据的发布和变更必须经过事先定义的审批流程后才能生效，这样可以保证用户得到的信息总是经过审批的正确的信息。

(3) 工作流程管理。PDM 的生命周期管理模块管理产品数据的动态定义过程，其中包括宏观过程(产品生命周期)和各种微观过程(如图样的审批流程)，对产品生命周期的管理包括保留和跟踪产品从一个状态转换到另一个状态时必须经过所有步骤。流程的构造是建立在对企业中各种业务流程的分析基础上的。

(4) 动态权限设置。PDM 的动态权限设置模块可保证对合法用户的信息加以维护，包括用户自身信息的定义、修改以及用户身份、状态信息的管理，从而使用户动态获得权限。

(5) 工程变更管理。工程变更是在制造业的生产经营过程中经常出现的重要活动。工程变更包括工程变更请求和工程变更指令两部分内容。变更请求只要通过提交流程管理部门进行审核与审批后才能实施，原信息修改后，要求通知到相关人员，并要求修改相关受影响的信息。

(6) 项目管理。PDM 应提供用于项目计划的工具，辅助企业制订项目的周详计划，帮助企业在计划中明确项目的目标、任务间的制约关系，发现其中的缺陷，进行资源的合理调度。计划工具可以通过甘特图、图形化的网络图等手段直观显示整个项目的进度安排、资源调度以及任务间的约束关系。

(7) 外部集成工具。PDM 是一组集成的应用，一个较为完善的 PDM 系统必须能将各种功能领域的应用集成起来，并符合各种严格的要求。没有一种 PDM 能适应所有企业的情况，因此 PDM 必须具备强大的客户化和二次开发能力。目前，许多 PDM 产品提供二次开发工具包，PDM 实施人员或用户可利用这类工具包来进行针对企业具体情况的定制工具，它通过系统提供的接口，实现和第三方软件的集成。

8.5 先进制造技术中的 CAD/CAM 应用

计算机、微电子、信息和自动化技术的迅速发展给产品设计、制造工艺与装备生产管理和企业经营带来了重大变革，先后诞生了数控(Numerical Control，NC)，计算机辅助制造(Computer Aided Manufacturing，CAM)，计算机辅助设计(Computer Aided Design，CAD)，计算机辅助工艺过程设计(Computer Aided Process Planning，CAPP)，柔性制造系统(Flexible Manufacturing System，FMS)，并行工程(Concurrent Engineering，CE)，智能制造技术(Intelligent Manufacturing Technology，IMT)，敏捷制造(Agile Manufacturing，AM)，虚拟制造(Virtual Manufacturing，VM)，计算机集成制造(Computer Integrated Manufacturing，CIM)等一系列新制造技术和新制造模式。

先进制造技术是以提高综合效益为目的，以人为主体，以计算机技术为支柱，综合应用系统技术、自动化技术，信息、材料与工艺技术，能源与环保等高新技术以及现代系统管理技术，研究并改造制造过程作用于产品整个寿命周期的所有适用技术的总称。而把这些适用技术所构成的制造系统，称为先进制造系统。

8.5.1 柔性制造系统

市场的激烈竞争促使制造业提高产品质量和生产率，降低生产成本和保障及时交货作为竞争策略。以刚性自动化为基础的制造系统不能适应多品种、中小批量产品的市场竞争要求，只有以计算机技术和柔性制造技术结合的柔性制造系统才能适应这一要求。

随着制造技术的快速发展，特别是 CNC 技术、计算机技术、自动控制技术、通信技术的高速发展，以先进的制造技术和组织方式为基础的适应多品种、中小批量、高效率、低成本和具有快速响应市场能力的生产系统应运而生。柔性制造系统和柔性制造单元(Flexible Manufacturing System and Flexible Manufacturing Cell，FMS＆FMC)被认为是解决制造过程中涉及上述问题的最好方法。它的目标是最大限度地利用制造和控制技术、信息和资源以达到最好的经济效益。它通过系统自身的柔性、可预测性和优化控制来最大限度地达到减少生产准备时间、降低库存、提高市场的响应能力、减少劳动力成本、提高劳动生产率。

世界上第一条 FMS 是英国 Molins 公司于 1967 年建成的 System24。1968 年美国 Cincinnati 公司紧跟在英国之后建成第二条柔性制造系统——可变任务系统。FMS 的出现和应用使制造科学进入柔性制造的新阶段，它的概念与技术包括：①柔性自动化制造技术；②成组技术；③CNC 机床；④自动化物料传输装卸；⑤机床设备与物料装卸的计算机控制。

FMS 在 20 世纪 80 年代已进入实用化阶段，1985 年全世界已拥有 370 条 FMS。1983 年我国筹建第一条 FMS-JCS-FMS-1 柔性制造系统，1988 年完成验收。80 年代以后，在 FMS 的基础上，计算机集成制造(CIM)及其系统(CIMS)开始提出和研究开发，使 FMS 进入一个新的阶段。

从总体上讲，FMS 是一种先进的生产方式，它具有很高的柔性、效益和生产率。但是对一个企业具体的生产需求来说，FMS 并不是都能发挥其最佳效益的，也就是说它有一定的最佳适用范围。一般来讲，FMS 比较适合于产品变化较频繁、批量属中小批类型的生产。

1. FMS 的产生

柔性制造系统的出现、应用和发展的动力是社会的生产需求——市场需求和市场竞争。柔性制造系统出现的基础是：计算机硬软件的空前成就；成组技术的应用；数控技术与系统的实用化，特别是 CNC 机床的广泛应用；物料传输与装卸自动化技术的发展及它们的集成组合。从生产应用观点看，迄今为止，FMS 仍然是主要的生产自动化制造系统。

西欧和美国的工业统计表明：

(1) 机械产品生产中单件中小批量生产零件占 90%，大批大量生产仅占 10%左右；

(2) 机床在多品种、中小批量生产中，用于加工工件的时间仅占机床全年可利用时间的 6%，因为第二班开工不足与第三班不生产损失 44%，节假日休息损失 34%(我国则损失 31.2%)，更换工件与调整时间等引起停机损失 16%；

(3) 在工件整个制造期中，在机床上加工的时间仅占 5%左右。这些分析表明，在机械产品的制造中存在提高生产率的巨大潜力。柔性制造及柔性制造系统就是人们企图挖掘这种潜力的一种努力。因为只有柔性制造和 FMS 才有可能充分发挥工序集中的加工中心功能，减少工件在生产过程中的流动和等待时间；同时才有可能“延长”机床的工作时间，提高机床的利用率，综合这两方面提高制造生产率。

FMS 的概念诞生于伦敦，由 David Williamson 在 20 世纪 60 年代提出。他构思并研制开发了世界上第一个柔性加工系统(Flexible Machining System)。它的基本思想是利用数控机床自动地加工一系列产品零件，零件加工的程序预先储存在机床上，事先被安装在托盘(Pallet)上的工件可以自动地装卸，每台机床装有刀库可以实现刀具的自动更换，同时系统中配备有排屑和清洗设备，系统大部分由计算机实现控制。随着计算机控制设备和应用的扩展，柔性自动化系统的应用也从金属成型发展到装配等其他的领域。柔性加工系统的概念也发展到柔性制造系统。

柔性制造系统是指可变的，自动化程度较高的制造系统，它由多台数控机床或加工中心组成，没有固定的加工顺序和节拍，能在不停机调整的情况下更换工件及工夹具，在时间和空间(多维性)上都有高度的可变性。

2. FMS 的组成

柔性制造系统的柔性是相对于传统的流水线和自动线而言，传统的流水线和自动线一般是串联布置，它们只能按一定的顺序、一定的节拍加工一种零件，如果某台机床出现故障，将导致全线停机。

柔性制造系统一般是由多台数控机床和加工中心组成，并有自动上、下料装置，仓库和输送系统，在计算机及其软件的集中控制下，实现加工自动化，它具有高度柔性，是一种计算机直接控制的自动化可变加工系统。与传统的刚性自动线相比，有下列突出的特点：

(1) 具有高度的柔性，能实现多种工艺要求不同的同“族”零件加工，实现自动更换工件，夹具、刀具及装夹，有很强的系统软件功能。

(2) 具有高度的自动化程度、稳定性和可靠性，能实现长时间的无人自动连续工作(如连续24h工作)。

(3) 提高设备利用率，减少调整、准备终结等辅助时间。

(4) 具有高生产率。

(5) 降低直接劳动费用，增加经济收益。

柔性制造系统的适应范围很广，其中柔性制造单元、柔性制造生产线都属于柔性制造系统的范畴。柔性制造系统主要解决单件小批生产的自动化，把高柔性、高质量、高效率结合和统一起来，具有很强的生命力，是当前最有实效的生产手段，并逐渐向中大批多品种生产的自动化发展。

柔性制造系统的技术密度高、柔性大，没有固定的加工顺序和加工节拍，能在不停机调整下实现多品种零件的混合加工，它能在保持生产过程的离散性和随机性特征的同时，借助于计算机控制和管理来提高生产过程的连续性，利用工序集中和实时调度来提高设备的利用率，在不降低柔性的前提下，把中小批生产的生产率提高到大批量生产的水平。因此，世界各国越来越多的制造行业都已经或开始转向FMS的开发和应用。我国也将FMS作为重大的研究项目。

柔性制造系统是借助于自动化物料传输装卸与存储系统和一组加工、处理、检测、计算机控制设备或装配站组成的制造系统。各工作站上，在管理程序的控制下，FMS具有加工不同品种与规格零件组中不同零件的能力。现在的机械加工过程已开始较广泛地采用FMS技术与系统。

FMS由下述三个基本单元组成。

1) 加工处理工作站

这类工作站中最典型的加工设备是计算机控制的加工中心和数控机床(计算机控制机床)，目前镗铣加工中心和车削加工中心占多数。对于以加工箱体类零件为主的柔性制造系统而言，通常配备有数控立式和卧式加工中心、计算机控制铣床等；对于以加工轴类零件为主的FMS而言，则多数配有计算机控制车削加工中心、计算机控制车床和计算机控制磨床等。对于加工专门零件的系统除了一些通用的计算机控制设备以外，还配备一些专用的计算机控制设备。它们可以完成一个(或几个)零件组(族)的加工。也有其他类型的工作站，如检验工作站、装配工作站、薄板处理工作站等。

2) 物流系统

柔性制造系统的物流系统与传统的自动线或流水线有很大的差别，它的工件输送系统是不按固定节拍强迫运送工件的，它没有固定的顺序，甚至是几种零件混杂在一起输送的。也就是说，整个工件输送系统的工作状态是可以随机调度的，而且都设有缓冲站以调节各工位上加工时间的差异。因此，物流系统应包括工件的输送搬运和存储两个方面。

物料传送系统(Material Handling System，MHS)是在机床、装卸站、缓冲站、清洗站和检验站之间运送零件和刀具的传送系统。也有的系统，把刀具和工件的运输分开，由各自的传送系统处理，那么系统中就存在两套传送系统：物料传送和刀具传送。在大多数 FMS 中，进入系统的毛坯在装卸站装卡到夹具托盘上，然后由物料传送系统把毛坯连同夹具和托盘一起，送往将要对工件进行加工的机床旁排队等候。在 FMS 中，传送系统可以由小车、环形输送带、机器人等组成。

传输与存储系统主要由输送、搬运和存储设备及其控制系统组成。系统完成的工作有工件或坯件、半成品件、成品件的存储、工件在各加工工位间及各辅助工位间的运输和配送，完成工件与加工设备间的传送与位置变换(装卸上下料)。在 FMS 中，物料的传输与存储系统主要完成以下功能：①使工件在工作站间随机而独立地运动；②能装卸不同形状的工件；③暂存储功能；④便于工件装卸；⑤与计算机控制兼容。

在 FMS 的物料系统中，除了必须设置适当的中央料库和托盘库外，还可以设置各种形式的缓冲区来保证系统的柔性和一定程度缓解物料运输能力的紧张。在生产线中会出现偶然的故障，为了不阻塞工件向其他工位的输送，输送路程中可以设置若干个侧回路或多个交叉点的并行料库以暂时存储故障工位上的工件。

自动化立体仓库是指用巷道式起重堆垛机的立体仓库，整个仓库物料的管理、存储、取出都由计算机控制，它是一个自动存取系统(Automated Storage and Retrieval System，AS/RS)。自动化立体仓库的主要功能是根据主计算机系统的指令及时准确地发送和存储物料，随时提供各种物料的库存情况，与物料需求计划系统(MRP)相互交换信息。

3) 计算机控制系统

在整个生产系统中，计算机主要完成生产计划管理和加工过程控制。生产计划管理通常由上一级计算机完成，主要的功能包括生产的计划控制(Production Planning and Control，PPC)、生产技术准备信息(Technical Information System，TIS)及其他的一些准备和辅助信息，如刀具计划、工装设计等，它一般不属于 FMS 控制系统的范畴。而 FMS 计算机控制系统主要进行加工过程控制，根据生产计划来控制和执行制造系统的任务，监控系统的运行，也就是在总控级、单元级和设备级上的控制。

为提高控制系统对控制对象和应用场合的适应性，控制系统尽可能把整个控制任务分成独立的功能单元。FMS 控制系统的一些基本的功能单元，其中最重要的有：任务(作业)管理、作业计划、运行控制、工装资源管理、数控数据管理、物流控制、人机交互控制、工况数据采集等。它们被用于配置和协调 FMS 各种加工处理工作站的活动和物料传输、装卸与存储系统工作。

FMS 用的计算机系统相当复杂，可以用一种机型的计算机，也可用几种不同型号的计算机，结构也可以是各种不同的网络。但为了 FMS 的推广应用与改造，应该考虑计算机系统的兼容性和维护与扩展的可能性。

除了上述三种基本组成单元外，常常还包括 FMS 的管理、操作与调整维护及编程等人员。操作人员完成的典型工作包括：运行计算机控制系统和控制程序；监管 FMS 的各种工作，在遇到故障或废品或误动作时紧急处置；更换或安装调整刀夹量具；一些无自动装卸装置的工作站的上下料等。

4) FMS 的软件系统

FMS 的软件系统由各种应用模块所组成，它们包括：任务管理模块、作业计划模块、运行控制模块、工装资源管理模块、数控数据管理模块、物流控制模块、人机交互控制模块、工况数据采集模块、系统的诊断和维护模块、质量控制管理模块等。所有这些模块集成起来，稳定协调的工作才能真正地发挥 FMS 本身所提供的高效益。

在更高层次的 CIM 工厂中它的许多输入信息可以从与之相连的其他软件系统自动获得。FMS 系统通常要与 MRP、数控编程系统(通过远程任务介入，RJE)、CAD/CAM 系统、管理信息系统(MIS)等相连且相互交换信息，以提供更高的集成启动化和效率的能力，朝着企业工厂的全面集成(CIM)迈出坚实的一步。

5) FMS 中的计算机网络技术

网络技术是柔性制造系统的一项重要的支持技术，它是系统协调工作、相互交换信息的必备条件，直接影响系统正常高效的运转。在一个柔性制造系统中往往需要建立一个局部网络系统，即局域网(Local Area Network，LAN)。

目前用于工业环境的分级网络包括工厂级、车间级、现场级和设备级等四个层次。在 FMS 中，涉及车间级和现场级。适用于车间级的有 MAP(Manufacturing Automation Protocol)通信协议，适用于现场的总线(Field Bus)多采用 Bitbus、Profibus 等标准。

6) FMS 的刀具管理系统

FMS 能在不停机的条件下对任何一种工件进行加工，除了机床本身可以自动换刀和系统的其他配合因素外，FMS 本身设有中央刀具库，并有配套完善的刀具管理系统，可以实现刀具预调，可以将机床的刀库与中央刀库实现交换，可以监视系统中每一把刀具的参数、磨损情况、寿命和空间位置，可以预报下一阶段的刀具信息等。实现 FMS 内刀具循环的优化管理将提高 FMS 的柔性。

7) FMS 的检测监控系统

在 FMS 中，为了实现质量对工艺过程的反馈控制，所以在 FMS 范围内收集、识别、提取表征质量的参数，以此或根据统计分析技术确定工艺过程或装置的全面质量管理，修改工艺过程以改进产品质量或使生产在预先确定的极限范围内正常进行防止废品的出现，以及在设备自检的基础上检测和响应任何异常或紧急情况，必要时给予视听信息或启动备用设备，保证人身与设备安全的系统，统称为 FMS 的检测监控系统。

FMS 检测监控系统可划分为五个子系统：FMS 运行状态检测监控系统、机床工作状态检测监控系统、刀具状态检测监控系统、工件状态检测监控系统、系统安全检测监控系统。

3. FMS 的分类

柔性制造系统一般可分为柔性制造单元、柔性制造系统和柔性制造生产线，但统称为柔性制造系统。

(1) 柔性制造单元(FMC)。它是由单台计算机控制的数控机床或加工中心、环形(圆形或椭圆形)托盘输送装置或工业机器人所组成，采用切削监视系统实现自动加工，不停机转换工件进行连续生产。它是一个可变加工单元，是组成柔性制造系统的基本单元。

(2) 柔性制造系统(FMS)。它是指有两台或两台以上的数控机床或加工中心或柔性制造单元所组成，配有自动输送装置(有轨、无轨输送车或机器人)，工件自动上下料装置(托盘交换或机器人)，自动化仓库，并有计算机综合控制功能、数据管理功能、生产计划和调度管理功能和监控功能等。

(3) 柔性制造生产线(Flexible Manufacturing Line，FML)。它是针对某种类型(族)零件的，带有专业化生产或成组化生产的特点。它由多台加工中心或数控机床组成，其中有些机床带有一定的专用性，全线机床按工件的工艺过程布局，可以有生产节拍，但它本质上是柔性的，是可变加工生产线，具有柔性制造系统的功能。

4. FMS 的工作过程

FMS 工作过程可以这样描述：柔性制造系统接到上一级控制系统的有关生产计划信息和技术信息后，由其控制系统进行数据信息的处理、分配。按照一定的方式对加工系统和物流系统进行控制。材料库和夹具库根据生产的品种和调度计划信息，供应相应品种的毛坯，选出加工所需要的夹具。物料运送系统根据指令把工件和夹具运送到相应的机床上。机床选用正确的加工程序、刀具、切削用量对工件进行加工，加工完毕，按照信息系统输给的控制信息转换工序，并进行检验。全部加工完成后，由装卸和运输系统送入成品库，同时把质量和数量信息送到监视和记录装置，夹具送回夹具库。当需变更产品零件时，只要改变输入给系统的生产计划信息、技术信息，整个系统就能迅速、自动地按照新要求来完成新的零件的加工。

8.5.2　计算机集成制造系统

计算机集成制造(Computer Integrated Manufacturing，CIM)是 1974 年美国的约瑟夫·哈灵顿博士在《Computer Integrated Manufacturing》一书中首次提出的，他的 CIM 概念基于两个观点：一是企业中的各个部门，诸如市场分析、经营管理、工程设计、加工制造、装配维修、质量管理、仓库管理、售后服务等是一个不可分割的整体，为达到企业的经营目标应统一考虑；二是整个生产过程实质上是一个信息的采集、传递、加工处理和利用的过程。从这两个观点可以看出，CIM 是一种新的制造思想和技术形态，是信息技术与制造过程相结合的自动化技术与科学，是未来工厂的一种模式。

哈灵顿强调的一是整体观点，即系统观点，二是信息观点。两者都是在信息时代进行组织和管理生产。因此，采用信息技术实现集成制造的具体实现便是计算机集成制造系统(Computer Integrated Manufacturing Systems，CIMS)。也就是说：CIM 是信息时代的一种组织、管理企业生产的理念，CIM 技术是实现 CIM 理念的各种技术的总称，而 CIMS 则是以 CIM 为理念的一种企业的新型生产系统。

CIM 和 CIMS 的定义及其内涵从 20 世纪 70 年代至今是一个不断的发展过程，综合起来 CIMS 的定义可以是：CIMS 是在柔性制造系统(FMS)、计算机技术、信息技术、自动化技术和现代管理科学的基础上，将制造工厂的全部生产、经营活动所需的各种分布的自动化子系统，通过新的生产管理模式、工艺理论和计算机网络有机地集成起来，以获得适用于多品种、中小批量生产的高效益、高柔性和高质量的智能制造系统。

1992 年，国际标准化组织 ISO TC184/SCS/WGI 认为：“CIM 是把人和经营知识及能力与信息技术、制造技术综合应用，以提高制造企业的生产率和灵活性，由此将企业所有的人员、功能、信息和组织诸方面集成为一个整体。”

美国 SME 于 1993 年提出了 CIMS 的轮图(见图 8.12)，该轮图有六层，从图中可以看出，将顾客作为制造业一切活动的核心，强调了人、组织和协同工作，以及基于制造基础设施、资源和企业责任之下的组织、管理生产等的全面考虑。

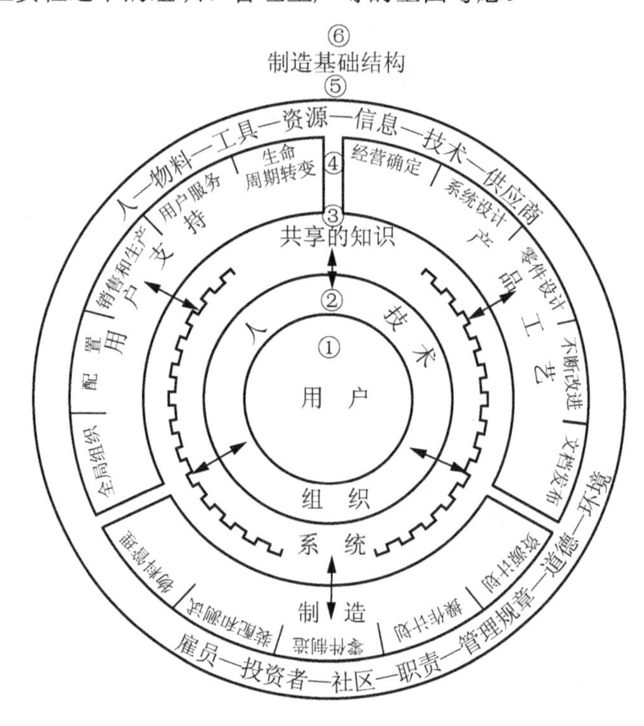

图 8.12 20 世纪 90 年代的 CIMS 轮图

我国“863 计划”在 1998 年提出的新定义为：“将信息技术、现代管理技术和制造技术相结合，并应用于企业产品全生命周期(从市场需求分析到最终报废处理)的各个阶段。通过信息集成、过程优化及资源优化，实现物流、信息流、价值流的集成和优化运行，达到人(组织、管理)、经营和技术三要素的集成。以加强企业新产品开发的时间(T)、质量(Q)、成本(C)、服务(S)、环境(E)，从而提高企业的市场应变能力和竞争能力。”这实质上已将计算机集成制造发展到现代集成制造。

1. CIMS 的相关技术

CIMS 的现代化特征是数字化、网络化、虚拟化、集成化和绿色化。它是信息集成、过程集成和企业间集成优化，企业活动中三要素(人、经营、技术)和三流(物流、信息流、资金流)的集成优化，以及 CIMS 相关技术和各类人员的集成优化；突出了管理与技术的结合，以及人在系统中的重要作用。因此，CIMS 技术是基于制造技术、信息技术、管理技术、自动化技术、系统工程技术的一门发展中的综合性技术。它应用于企业产品全生命周期(从市场需求分析到最终报废处理)的各个阶段。通过信息集成、过程优化及资源优化，实现物流、信息流、资金流的集成和优化运行，达到人(组织、管理)、经营和技术三要素的集成，以缩短企业新产品(P)开发的时间(T)、提高产品质量(Q)、降低成本(C)、改善服务(S)、有益于环保(E)，从而提高企业的市场应变能力和竞争能力。

20 世纪 90 年代以来，基于企业动态联盟和网络化的敏捷制造(Agile Manufacturing，AM)；网络的协同产品商务(CPC)；虚拟制造(Virtual Manufacturing，VM)；用来加速新产品开发过程的并行工程(Concurrent Engineering，CE)；大批量定制(Mass Customization Production，MCP)的生产模式；可持续发展的绿色制造等 CIMS 相关技术迅速发展。因此，现代集成制造系统将是数字化、集成化、绿色化、智能化、敏捷化与网络化的融合，各种新的管理模式和管理理念拓展，并将导致全球化敏捷生产体系的形成。

2. CIMS 的功能构成

计算机集成制造系统包含了一个制造工厂的设计、制造和经营管理三种主要功能，在分布式数据库、计算机网络和指导集成运行的系统技术等所形成的支撑环境下将三者集成起来。

(1) 设计功能。包括计算机辅助设计、计算机辅助工艺过程设计、计算机辅助制造的工程设计(如夹具、刀具、检具等)和分析工作。

(2) 加工制造功能。由加工工作站、物料输送及存储工作站、检测工作站、夹具工作站、刀具工作站、装配工作站、清洗工作站等完成产品的加工制造。同时应有工况监测和质量保证系统以便稳定可靠地完成加工制造任务。这里物流与信息流交汇，要将加工制造的信息实时反馈到相应部门。

(3) 生产经营管理功能。经营方面包括市场预测和制定发展战略计划。管理方面包括制定年、月、周、日生产计划。物料需求计划(Manufacturing Resource Planning，MRP)，制造资源计划(Manufacturing Resource PlanningⅡ，MRPⅡ)。将物料需求计划、生产能力(资源)平衡以及进行财务、仓库等各种管理结合起来就成为制造资源计划。

3. CIMS 结构构成

计算机集成制造系统可以由公司、工厂、车间、单元、工作站和设备六层组成。也可由公司以下的五层、工厂以下的四层组成。设备是最下层，如一台机床、一台输送装置；工作站是由几台设备组成；几个工作站组成一个单元。单元相当于柔性制造系统、生产线；几个单元组成一个车间，几个车间组成一个工厂，几个工厂组成一个公司。工厂、车间、单元、工作站和设备层的职能分别为计划、管理、协调、控制和执行。

4. CIMS 学科技术构成

从学科看，计算机集成制造系统是系统科学、计算机科学和技术、制造技术交互渗透结合产生的集成方法和技术，并将此技术用于制造环境中。对于离散型制造，包括六类技术：

1) 总体技术

(1) 生产系统总体模式。包括集成制造、智能制造及绿色制造等模式；

(2) 系统集成方法论。包括建立功能模型、信息模型、组织模型、动态模型等方法论；

(3) 系统集成技术。包括设计、生产、管理及后勤等子系统间的集成技术，企业三要素(经营、组织及技术)及三流(物流、信息流、价值流)的集成技术等；

(4) 标准化技术。包括产品信息标准、过程信息标准、数据交换标准、图形标准等；

(5) 企业建模和仿真技术及 CIMS 系统开发与实施技术等。

2) 支撑环境技术

支撑环境技术包括网络、数据库、集成平台，计算机辅助软件工程，产品数据管理(PDM)，计算机支持协同工作及人/机接口等技术。

3) 设计自动化技术

设计自动化技术包括 CAD，CAPP，CAM，CAE，SBX(基于仿真的设计制造)等。

4) 加工生产自动化技术

加工生产自动化技术包括 DNC，CNC，FMC，FMS 及 RPM(快速成形制造)等技术。

5) 经营管理与决策系统技术

经营管理与决策系统技术包括 MIS，OA，MRPⅡ，CAQ，ERP，DEM 等技术。

6) 生产过程控制技术

生产过程控制技术包括过程检测、现代控制、故障诊断和面向生产目标的建模、优化集成控制技术等。

5. CIMS 的集成模式

1) CIMS 信息集成

信息的集成是保证信息的正确、高效地共享和交换，解决在设计、管理和加工制造中存在的自动化孤岛问题。信息集成是改善企业时间(T)、质量(Q)、成本(C)、服务(S)所必需的，其主要内容有：

(1) 企业建模、系统设计方法、软件工具和规范。企业建模及设计方法可以解决一个制造企业的物流、信息流，以至资金流、决策流的关系，这是企业信息集成的基础。

(2) 异构环境下的信息集成。所谓异构是指系统中包含了不同的操作系统、控制系统、数据库及应用软件。异构信息集成主要解决下面三个问题：①不同通信协议的共存及向 ISO/OSI 的过渡，在一个局域网上同时存在着 TCP/IP、MAP/TOP 以及各种控制系统的工业标准协议；②同数据库的相互访问；③不同商用应用软件之间的接口。如 CAD/CAM 系统，通过 IGES、STEP 建立中性文件，实现应用软件之间的信息传送和交换。

2) CIMS 的过程集成

对产品开发过程进行重构(Process Reengineering)，使串行过程转变为并行过程，在设计时就考虑可制造性、可装配性，考虑质量(质量功能分配)，则可以减少反复，缩短开发时间。

3) CIMS 的企业集成

面对全球经济、全球制造的新形势，充分利用全球的制造资源(包括智力资源)，更快、更好、更省地响应市场，这便是敏捷制造。敏捷制造的组织形式是企业之间针对某一特定产品，建立企业动态联盟(即所谓虚拟企业)。企业这种不断结盟的能力正是企业敏捷性的标志之一。

敏捷制造提倡“扁平式”企业，提倡企业动态联盟。产品型企业应该是“两头大、中间小”，即强大的新产品设计、开发能力和强大的市场开拓能力，“中间小”指加工制造的设备能力可以小。多数零部件可以靠协作解决，这样企业可以在全球采购价格最便宜、质量最好的零部件。因此企业间的集成是企业优化的新台阶。我国企业的结构应该在“改组”和“企业经营过程重构(BPR)”中调整成适应全球经济、全球制造(既竞争又联合)的新模式。

6. 我国 CIMS 的特点

1) 系统论方法

系统论是贯穿我国 CIMS 研究和发展的一条主导思想。

(1) 强调系统分析和建模。在 863/CIMS 的实施中，总是从系统角度加以考虑。系统联系、系统目标、系统约束、系统实现以及系统优化等概念，如 CAD 可以作为一个系统来处理，它往往又是 CAD/CAPP/CAM 的一部分，而后者又仅是企业 CIMS 的组成部分。

(2) 强调集成和优化。要集成需要企业的系统建模，就需要解决信息集成在异构环境下的关键技术。因此，系统技术、网络、数据库技术在 CIMS 中总是很重视的。另一方面，信息集成仅仅是构成系统的必要前提，因此系统的优化是其自然发展的结果。

(3) 强调协同。系统既重视其组成，更强调互相之间的协同。系统观点为多学科的协同创造了一个好的环境，我国 CIMS 的实践，促进了系统学科、计算机学科、机械学科、管理学科以及经济学科的发展。

2) 管理在 CIMS 中的关键性作用

单纯从技术到技术，很难解决企业面临的种种问题。生产模式、管理是现代先进生产系统中首要的决定性因素。因此，管理是计算机集成制造系统和现代集成制造系统的研究和开发中的重要内容。

3) 充分利用信息技术

我国 CIMS 充分利用信息技术，其主要特征反映在：信息集成化、网络化、数字化、虚拟化、智能化。

8.5.3 并行工程

在 CIMS 技术发展到一定程度后，以信息技术为基础的并行工程(Concurrent Engineering，CE)技术应运而生。并行工程作为一个系统化的思想，是由美国国防分析研究所(IDA)最先提出的。经过十多年的发展，并行工程已在一大批国际上著名的企业获得了成功的应用，如波音、洛克希德、雷诺、通用电气等大公司均采用并行工程技术来开发自己的产品，并取得了显著的经济效益。并行工程及其相关技术也成了 20 世纪 90 年代的热门课题。

1. 定义

并行工程，又称“并行设计”(Concurrent Design)或“同步工程”(Simultaneous Engineering)，或“集成工程”(Integration Engineering)，等等。关于并行工程的定义，目前国际上有多种提法，普遍采用的有以下两种：一是美国国防分析研究所的 R.I.Winnr 在 1988 年 12 月给出的定义：“并行工程是一种系统的集成方法，它采用并行方法处理产品设计及相关的过程，包括制造过程和支持过程。这种方法可以使产品开发人员从一开始就能考虑到产品从概念设计到消亡整个生命周期里的所有因素，包括质量、成本、作业调度及用户需求”。另一定义是国际生产工程学会(CIRP)执行成员、瑞典皇家工学院 G.Sohlenius 教授 1992 年在

CIRP 年会上所作的大会主题报告“并行工程”中的定义：“并行工程指的是一种工作模式，即在产品开发和生产的全过程中涉及的各种各样的工程行为被集成在一起，并且尽可能并行起来(而不是串行)统筹考虑和实施。”

2. 主要特点

并行工程是一种系统工程的方法或哲理，是一种工作模式。其主要特点和运行机理的要点如下：

1) 并行特性(时序特性)

长期以来，在制造企业内，绝大部分产品的设计与开发过程是按时间顺序的方式进行的，或称分阶段按程序计划系统。每一个下游工作阶段必须等待上游阶段完成后才开始，即使有反馈，也是事后反馈，这样往往造成时间和效益的损失。并行工程的特点是把时间上有先有后的知识处理和作业实施，转变为同时考虑和尽可能地同时处理或并行处理。多小组并行工作，将开发产品的工作人员划分成许多小组，通过过程规划，这些小组将设计工作最大限度地并行进行。

2) 整体特性

并行工程整体性的第一个特点是，制造系统(包括制造过程)是一个有机整体，在空间中似乎相互独立的各个制造作业和知识处理单元之间，实质上都存在着不可分割的内在联系，特别是有丰富的双向信息联系。

并行工程整体性的第二个特点就是强调全局性的考虑问题，即产品研制者从一开始就考虑到产品整个生命周期中的所有因素。

并行工程整体性的第三个特点是追求整体最优。有时为了保证整体最优，甚至可能不得不牺牲局部利益。

3) 协同特性

并行工程特别强调人们的群体协同工作(Team Work)，体现了小组合作、信任及信息共享。这是因为现代产品的特性已越来越复杂，产品开发过程涉及的学科门类和专业人员已越来越多，如何取得产品开发过程的整体最优，是并行工程追求的目标，其中的关键是如何发挥人们的群体作用。为此，并行工程强调以下几点：

(1) 有效的组织模式。首先要有称职的项目负责人，这种项目负责人应该熟悉(不一定精通)产品开发过程所涉及的多学科知识，掌握系统工作的理论和方法，有较强的管理才能、组织才能、开拓精神和进取心；第二是合理的人才结构，强调与产品全生命周期的有关部门，包括设计、工艺、制造、支持(质量、销售、采购、服务等)的代表组成小组或小组群协同工作。

(2) 强调一体化，并行地进行产品及相关过程的设计。其中，尤其注意早期概念设计阶段的并行协调。

(3) 强调协调效率，特别强调“1+1>2”，“1+1+1≥3”，…的观点。并行工程消除了传统串行模式中各个部分间的壁垒，使各部分能协调一致地工作，大大提高整体效益。

4) 集成特性

并行工程是一种系统的集成方法，其集成特性主要包括：

(1) 人员集成。管理者、设计者、制造者、保障者(负责质量、销售、采购、服务等的人员)以及用户应集成为一个协调整体。

(2) 信息集成。产品全生命周期中各类信息的获取、表示、表现和操作工具都集成在一起并组成统一的管理系统，特别是产品信息模型(PIM)和产品数据管理(PDM)。

(3) 功能集成。产品全生命周期中企业内各部门功能集成以及产品开发企业与外部协作企业间功能的集成。

(4) 技术集成。产品开发全过程中涉及的多学科知识以及各种技术、方法的集成，形成集成的知识库和方法库，以利并行工程的实施。

5) 设计阶段冲突数量增加，在设计初期就考虑到影响产品质量的各种因素，必然造成冲突的增加。

6) 并行工程重视对用户需求的分析。

3. 并行工程的关键技术

并行工程除需要 CIMS 中的基础技术，如信息集成、STEP、CAD/CAPP/CAM、数据库、网络通信等，并行工程还需要在 CIMS 信息技术的基础上实施组织管理、过程改进、并行化设计方法学等新的关键技术支持。

1) 并行工程过程重构技术

并行工程与传统产品开发方式的本质区别在于它把产品开发的各个活动视为一个集成的过程，从全局优化的角度出发对该集成过程进行管理和控制，并且对已有的产品开发过程进行不断的改进与提高，这种方法称为产品开发过程重构(Product Development Process -reEngineering)。并行工程产品开发的本质是过程重构。企业要实施并行工程，就要对企业现有的产品开发流程进行深入的分析，找到影响产品开发进展的根本原因，重新构造一个能为有关各方所接受的新模式。

2) 并行工程的组织结构

并行工程要求打破部门间的界限，组成跨部门多专业的集成产品开发团队(IPT)。IPT 由企业的管理决策者、团队领导和团队成员组成一定的组织形式。并且形成不同工作范围的多学科小组(Multidiscipline Team)的协作关系。

3) 协同工作环境和协调管理

(1) 协同工作环境。在产品开发过程中，多功能小组要进行协同工作，由于小组的成员来自多个学科，其信息交换频繁、种类繁多，它涉及的信息种类有文本数据、图形、图像、语音、表格、文字等，并且信息量大，对网络传输实时性要求高。因此，并行工程要有良好的协同工作环境。支持协同工作的计算机工具称为计算机支持的协同工作环境(Computer-Supported Cooperative Work，CSCW)，又称群件(Group Ware)。CSCW 系统融计算机的交互性、网络的分布性和多媒体的综合性为一体，为并行工程环境下的多学科小组提供一个协同的群组工作环境。

(2) 协调管理。并行工程的大规模协同工作的特点，使得冲突成为并行工程实施过程中的一个重要的现象。为使产品开发过程顺利进行，使并行工程的效益得以充分体现，必须具有一种协调管理的支持技术、工具及系统，来建立各功能小组及产品元部件之间的依赖关系，协调各跨学科功能小组之间的活动。目前，在并行工程领域，协调理论研究的重点主要集中在协调规律研究、协调方法研究和协调系统研究等方面，内容涉及协调的定义、协调问题的表示、冲突化解(Conflict Resolution)及协调模型等。

4) 并行工程的使能技术

为了实现并行产品开发，必须采用各种计算机辅助工具，即广义的 CAX/DFX 数字化工具集。其中 X 可以代表生命周期中的各种因素，如设计、分析、工艺、制造、装配、拆卸、检测、维护、支持等。CAX 是指各种计算机辅助工具，DFX 指面向某一应用领域的计算机辅助设计工具，它们能够使设计人员在早期就考虑设计决策对后续的影响。面向装配的设计(DFA)工具用来制定装配工艺规划，考虑装拆的可行性，优化装配路径。面向制造的设计(DFM)可以在产品详细设计阶段即考虑零件的结构工艺性、资源约束、可制造性及加工制造的成本、时间等。面向成本的设计(DFC)在设计阶段就综合考虑产品生命周期中的材料、加工、装配、维护等各种成本因素，进行产品设计成本的综合评价。

CAX/DFX 工具被广泛用于并行产品开发的各个环节，在基于 STEP 的信息集成系统支持下，实现集成的、并行的产品开发。

8.5.4 虚拟制造

随着全球知识经济的兴起和快速变化，竞争日益激烈的现代市场对制造业提出了更为苛刻的要求，即要求交货期短、质量高、成本低、服务优。面对日益激烈的全球性市场竞争，企业要在最短的时间内为客户生产出高质量、低价格的产品来满足日益增长的需要。一个企业能否做到这一点，则取决于它自身快速响应客户需求的能力。同时可持续发展战略也要求制造业对环境的负面影响最小。面对这种挑战，将信息技术全面应用于传统的制造领域并对其改造，是制造业发展的必由之路。虚拟制造正是在这种背景下产生的，并且已成为 20 世纪 90 年代后期的研究热点。

制造技术发展到今天，尽管比较成熟但仍面临着许多新的需求，主要体现在：

(1) 人的需求、社会环境、生产竞争及生产技术的快速多变令人无法预测，因此可以说制造业本身就处在一个湍流、混沌多变的环境中，要求以高的柔性与之相适应；

(2) 发展以人为中心的组织模式，通过人机高度集成来提高产品质量。制造活动对人类生存环境不可避免地会产生负面影响，从可持续发展战略出发，发展绿色清洁制造以控制这些负面影响是制造业发展的必然。

为了适应这些要求，自 20 世纪 90 年代以来，在制造领域产生了许多新概念、新思路、新理论，虚拟制造(Virtual Manufacturing)技术就是其中之一。虚拟制造是以计算机支持的仿真、建模为基础，集计算机图形学、智能技术、并行工程、人工现实技术和多媒体信息技术为一体，由多学科知识形成的综合系统技术。虚拟制造系统(VM System)是现实制造系统(Real Manufacturing System)在虚拟环境下的映射，它通过建模和仿真来模拟现实的制造系统。构成虚拟制造系统的各抽象模型与真实实体或过程一一对应，并且有与真实实体或过程相同的性质、行为和功能。

20 世纪 90 年代的“虚拟制造”引起了人们的广泛关注，不仅在科技界，而且在企业界，也成为研究的热点之一。原因在于，尽管虚拟制造的出现只有短短的几年时间，但它对制造业的革命性的影响却很快地显示了出来。典型的例子有波音 777，其整机设计、部件测试、整机装配以及各种环境下的试飞均是在计算机上完成的，使其开发周期从过去 8 年时间缩短到 5 年。又如 Perot System Team 利用 Dench Robotics 开发的 QUEST 及 IGRIP 设计与实施一条生产线，在所有设备订货之前，对生产线的运动学、动力学、加工能力等各方面进行了分析与比较，使生产线的实施周期从传统的 24 个月缩短到 9.5 个月。Chrycler 公司与 IBM 公司合作开发的虚拟制造环境用于其新型车的研制，在样车生产之前，发现其定位系统的控制及其他许多设计缺陷，缩短了研制周期。

1. 虚拟制造的定义

"虚拟制造"是近几年由美国首先提出的一种全新概念。什么是虚拟制造？它包括哪些内容？这些至今仍然是人们讨论的问题。许多学者从不同侧面对"虚拟制造"进行了探索性研究，并提出了一系列相关定义。例如，Kimura 提出的虚拟制造的定义是：①在相关理论和已积累的知识的基础上对制造知识进行系统化组织；②在此基础上，对工程对象和制造活动进行全面建模；③在建立真实系统前，采用计算机仿真来评估整个设计与制造活动；④由评估来消除不合理结果；⑤对模型进行日常维护来实现高质量的仿真。

美国佛罗里达大学 G.J.Wiens 将虚拟制造定义为：虚拟制造是这样一个概念，即与实际制造一样在计算机上执行制造全过程。其中虚拟模型是在实际制造之前用于对产品的功能及可制造性的潜在问题的预测(VM is a concept of executing manufacturing processes in computers as well as in the real world, where virtual models allow for prediction of potential problems for product functionality and manufacturability before real manufacturing occurs.)该定义强调 VM"与实际一样"、"虚拟模型"和"预测"。

美国空军 Wright 实验室的定义是：虚拟制造是仿真、建模和分析技术及工具的综合应用，以增强各层制造设计和生产决策与控制(VM is the integrated application of simulation, modeling and analysis technologies and tools to enhance manufacturing design and production decisions and control at all process levels.)。

马里兰大学 Edward Lin&etc 给出的，"虚拟制造是一个用于增强各级决策与控制的一体化的、综合性的制造环境。"(VM is an integrated, synthetic manufacturing environment exercised to enhance all levels of decision and control.)。

不难看出，虚拟制造技术可以理解为，借助计算机及相关环境模拟产品的制造和装配过程。换句话说，虚拟制造就是把实际制造过程，通过建模、仿真及虚拟现实技术映射到以计算机为手段的虚拟制造空间，实现产品设计、工艺规划、生产计划与调度，加工制造、性能分析与评价、质量检验以及企业各级的管理与控制等涉及产品制造本质的全部过程，以确定产品设计及生产的合理性，增强实际制造时各级的决策和控制能力。

由此可见，虚拟制造通过计算机提供的虚拟制造环境来模拟和预测评估产品功能和性能，可制造性等方面可能存在的问题，从而提高了人们的预测和决策水平，它为设计师及制造工程师提供了从产品概念形成、结构设计到制造全过程的三维可视和交互的环境，使制造技术走出了主要凭经验的狭小天地，发展到全方位预报的新阶段。

综上所述给出如下定义：虚拟制造是实际制造过程在计算机上的本质实现，即采用计算机仿真与虚拟现实技术，在计算机上群组协同工作，实现产品的设计、工艺规划、加工制造、性能分析、质量检验，以及企业各级过程的管理与控制等产品制造的本质过程，以增强制造过程各级的决策与控制能力。

与实际制造相比较，虚拟制造的主要特点是：

(1) 产品与制造环境是虚拟模型，在计算机上对虚拟模型进行产品设计、制造、测试，甚至设计人员或用户可“进入”虚拟的制造环境检验其设计、加工、装配和操作，而不依赖于传统的原型样机的反复修改；还可将已开发的产品(部件)存放在计算机里，不但大大节省仓储费用，更能根据用户需求或市场变化快速改变设计，快速投入批量生产，从而能大幅度压缩新产品的开发时间，提高质量、降低成本；

(2) 可使分布在不同地点、不同部门的不同专业人员在同一个产品模型上同时工作，相互交流，信息共享，减少大量的文档生成及其传递的时间和误差，从而使产品开发以快捷、优质、低耗响应市场变化。

2. 虚拟制造的特征

虚拟制造系统基本上不消耗实际物质资源和能量，也不产生实际产品，而是产品的设计开发及生产过程在计算机上的一种本质实现，因此与实际制造系统相比，有如下特征：

(1) 信息高度集成。基于计算机虚拟制造环境，进行产品设计、制造、测试，甚至设计人员和用户可“进入”虚拟制造环境检验其设计、加工、装配和操作的正确合理性，而不依赖传统的原型样机的反复修改而获得，因而具有更高的信息和知识集成度。

(2) 敏捷灵活性更高。所有的工作都在计算机里进行，设计和加工的产品也在计算机里，因此可以根据市场的变化和用户的要求，进行快速改型设计，从而节省开发时间，使系统的灵活性更高。

(3) 分布合作。可使分布在不同地点，不同部门的人员在同一模型上同时工作、相互交流方便，信息共享程度高。减少了文档传递时间和误差。因此开发周期短，响应速度快。

(4) 可视性强，修改方便。由于计算机提供的可视化环境是计算机制造过程直观明了，并对仿真过程中所反映出来的问题，可以方便地修改或变更，使之形成更好的结果，这些在虚拟制造环境中都非常容易实现，且不会造成过多的时间和费用上的浪费。

3. 虚拟制造系统的分类

与真实产品的生产过程一样，虚拟制造既涉及与产品设计及制造有关的工程活动，又包含与企业经营有关的管理活动，因此虚拟设计、生产和生产控制机制是虚拟制造的有机组成部分。按照这种思想虚拟制造可以分为三类，即以设计为中心的虚拟制造，以生产为中心的虚拟制造和以控制为中心的虚拟制造。各过程既相互联系，又各有特点，各有侧重。

(1) 以设计为中心的虚拟制造。就是把制造信息引入到设计过程，利用仿真技术来优化产品设计，从而在设计阶段，就可以对所设计的零件甚至整机进行可制造性分析，包括加工过程工艺分析，铸造过程的热力学分析，运动部件的运动分析，数控加工的轨迹分析，以及加工时间、费用和加工精度分析等。它主要解决的是该产品的性能、质量、加工性以及经济性的问题。

(2) 以生产为中心的虚拟制造。它是在制造过程中融入仿真技术，以评估和优化生产过程，快速地对不同工艺方案、资源计划、生产计划及调度结果作出评价，其目标是产品的可生产性，主要要解决“这样组织和实施生产是否合理”的问题。

(3) 以控制为中心的虚拟制造。它是将仿真加到控制模型和实际处理中，实现基于仿真的最优控制。其中虚拟仪器是当前的热点问题之一，它就是利用计算机软硬件的强大功能，将传统的各种控制仪表、检测仪表的功能数字化，并可以灵活地进行各种功能地组合，形成不同的控制方案和模块，它主要解决“如何实现控制”的问题。

4. 虚拟制造的内涵

虚拟制造从根本上讲就是要利用计算机生产出“虚拟产品”，不难看出，虚拟制造技术是一个跨学科的综合性技术，它涉及仿真、可视化、虚拟现实、数据继承、优化等领域。然而，目前还缺乏从产品生产全过程的高度开展对虚拟制造的系统研究。这表现在以下几个方面：

(1) 虚拟制造的基础是产品、工艺规划及生产系统的信息模型。尽管国际标准化组织花了很大精力去开发产品信息模型，但 CAD 开发者尚未采用它们；尽管工艺规划模型的研究已获得了一些进展和应用，但仍然没有一种综合的，可以集成于虚拟制造平台的工艺规划模型；生产系统能力和性能模型，以及其动态模型的研究和开发需要进一步加强；

(2) 现有的可制造性评价方法主要是针对零部件制造过程，因而面向产品生产过程的可制造性评价方法需要研究开发，包括各工艺步骤的处理时间，生产成本和质量的估计等；

(3) 制造系统的布局，生产计划和调度是一个非常复杂的任务，它需要丰富的经验和知识，支持生产系统的计划和调度规划的虚拟生产平台需要拓展和加强；

(4) 分布式环境，特别是适应敏捷制造的公司合作，信息共享，信息安全性等方法和技术需要研究和开发，同时经营管理过程重构方法的研究也需加强。

5. 虚拟制造环境

虚拟制造环境支持产品的并行设计、工艺规划、加工、装配及维修等过程，进行可制造性(Manufacturability)分析(包括性能分析、费用估计、工时估计等)。它是以全信息模型为基础的众多仿真分析软件的集成，包括力学、热力学、运动学、动力学等可制造性分析，具有以下研究环境：

(1) 基于产品技术复合化的产品设计与分析，除了几何造型与特征造型等环境外，还包括运动学、动力学、热力学模型分析环境等；

(2) 基于仿真的零部件制造设计与分析，包括工艺生成优化、工具设计优化、刀位轨迹优化、控制代码优化等；

(3) 基于仿真的制造过程碰撞干涉检验及运动轨迹检验——虚拟加工、虚拟机器人等；

(4) 材料加工成形仿真，包括产品设计，加工成形过程温度场、应力场、流动场的分析，加工工艺优化等；

(5) 产品虚拟装配，根据产品设计的形状特征，精度特征，三维真实地模拟产品装配过程，并允许用户以交互方式控制产品的三维真实模拟装配过程，以检验产品的可装配性。

虚拟生产环境支持生产环境的布局设计及设备集成、产品远程虚拟测试、企业生产计划及调度的优化，进行可生产性(Producibility)分析。具体如下：

(1) 虚拟生产环境布局。根据产品的工艺特征，生产场地，加工设备等信息，三维真实地模拟生产环境，并允许用户交互地修改有关布局，对生产动态过程进行模拟，统计相应评价参数，对生产环境的布局进行优化；

(2) 虚拟设备集成。为不同厂家制造的生产设备实现集成提供支撑环境，对不同集成方案进行比较；

(3) 虚拟计划与调度。根据产品的工艺特征，生产环境布局，模拟产品的生产过程，并允许用户以交互方式修改生产过程和进行动态调度，统计有关评价参数，以找出最满意的生产作业计划与调度方案。

虚拟企业协同工作环境支持异地设计、异地装配、异地测试的环境，特别是基于广域网的三维图形的异地快速传送、过程控制、人机交互等环境。

虚拟企业动态组合及运行支持环境，特别是 Internet 与 Intranet 下的系统集成与任务协调环境。

6. 虚拟技术在生产制造上的应用

一个产品从概念设计到投放市场，即产品的生产周期按时间顺序可分为概念设计、详细设计、加工制造、测试和培训/维护，虚拟技术可以在产品的全部生产周期中各个阶段发挥重要的作用。

1) 虚拟技术在产品开发中的作用

虚拟能完成在设计过程中，设计师要考虑到产品的各个方面，以满足一定的安全性、人机工程学、易维护性和装配标准等要求。而 CAD 通常只考虑产品各个子部件的几何特征和相互间的几何约束。这大大降低了设计费用和原型构造时间，更进一步的达到产品用户化的目标。

例如，在飞机制造业中，为评测某飞机设计方案的优劣，要建立一系列与真实产品同尺寸的物理模型，并在模型上进行反复修改，这要花去大量时间和费用，而在过去是不可避免的。如今美国波音公司在飞机设计中运用虚拟技术完全改变了这种设计方法。波音公司为设计波音 777 飞机，研制了一个名为“先进计算机图形交互应用系统”的虚拟环境，用虚拟技术在此环境中建立一架飞机的三维模型。这样设计师戴上头盔显示器就可以在这架虚拟飞机中遨游，检查“飞机”的各项性能，同时，还可以检查设备的安装位置是否符合安装要求，等等。最终的实际飞机与设计方案相比，偏差小于千分之一英寸，机翼和机身的接合一次成功，缩短了数千小时的设计工作量。

2) 利用虚拟技术设计布置车间

如何合理地布置设计制造车间，对保证制造系统的高效运行是一个非常重要的问题。采用虚拟技术能提高设计的可行性、有效性。车间设计的主要任务是把生产设备、刀具、夹具、工件、生产计划、调度单等生产要素有机地组织起来。

在车间设计的初步阶段，设计者根据用户需求，确定车间的功能需求、车间的模式、主要加工设备、刀具和夹具的类型和数量，提出一组候选设计方案。虚拟技术的作用就是帮助设计者评测、修改设计方案，得到最佳结果。

在详细设计阶段，设计者完成对各个组成单元的完整描述，运用虚拟技术、造型技术生成各个组成单元的虚拟表示，并进而用这些虚拟单元布置整个车间，其中还可加上自动导引小车、机器人、仓库等车间常用设备。

总之，虚拟制造是实现柔性制造和敏捷制造的有力手段，是优化资源和充分利用资源，实现产品设计制造又一高端方式。

8.5.5 敏捷制造

1991 年，美国政府为了在世界经济中重振雄风，并在未来全球市场竞争中取得优势地位，由国防部、工业界和学术界联合研究未来制造技术，并完成了《21 世纪制造企业发展战略报告》。该报告明确提出了敏捷制造(Agile Manufacturing，AM)的概念。敏捷制造的基本思想是通过把动态灵活的虚拟组织机构(Virtual Organization)或动态联盟、先进的柔性生产技术和高素质的人员进行全面集成，从而使企业能够从容应付快速变化和不可预测的市场需求，获得企业的长远经济效益。它是一种提高企业(群体)竞争能力的全新制造组织模式。敏捷制造概念一经提出，就在世界范围内引起了强烈反响。可以说，敏捷制造代表着 21 世纪制造业的发展方向。

1991 年以来，以美国为首的各发达国家对敏捷制造进行了大量广泛的研究。1992 年，由美国国会和工业界在里海(Lehigh)大学建立了美国敏捷制造协会(AMEF)，该协会每年召开一次有关敏捷制造的国际会议。1993 年，美国国家自然基金会和国防部联合在 New York、Llinol、Texas 等州建立了三个敏捷制造国家研究中心，分别研究电子工业、机床工业和航天国防工业中的敏捷制造问题。从 1994 年开始，由 AMEF 牵头，有近百家公司和大学研究机构分别就敏捷制造的六个领域(集成产品与过程开发/并行工程、人因问题、虚拟企业、信息与控制、过程与设备、法律障碍)进行了理论与实践相结合的深入研究工作。目前，美国已有上百个公司、企业在进行敏捷制造的实践活动。欧洲也有不少公司正在进行企业改造和重组。

敏捷制造是美国于 1991 年提出的一种生产方法。它利用人工智能和信息技术，通过多方面的协作，改变企业沿用复杂的多层递阶结构以及传统的大批量生产。其实质是在现今的柔性制造技术的基础上，通过企业内部的多功能项目和企业外部的多功能项目组，组织虚拟公司。这是一种多变的动态组织结构，可把全球范围内各种资源，包括人的资源集成在一起，实现技术、管理和人的集成，从而能在整个产品生命周期内最大限度满足用户要求，提高企业的竞争能力。

1. 敏捷制造的概念

敏捷企业目前还没有统一共认的定义。有人定义敏捷在制造业中的含义是：在不断变化与不可预测的环境中，企业赢得成功的一种技能与方法(或者说在一种不断改变与不可预测的环境中获得成功的本领)。该定义有两个关键词：变化与成功。其中，变化是制造企业面临的环境，成功是目的。

这种变化最主要的表现是企业环境的变化。这种变化导致敏捷制造系统与传统的制造系统在功能上有本质的不同：

(1) 传统制造业的目标是：制造为了销售。敏捷企业的目标是：按订单安排生产。

(2) 传统制造业的管理目标是：减少与优化库存。敏捷企业管理的目标是：创新。

(3) 传统企业提高生产效率的主要方法是：增加批量。敏捷企业提高效率的主要方法是：提高企业的灵活性。

敏捷制造系统的扰动是来自市场诸如顾客化产品等突发事件。它是不可预测的随机变量，而且作用于系统的最前端，因而十分复杂与困难。它要靠制造系统的自组织能力通过重构新的制造系统的非线性手段来解决。对于这种非线性的制造系统，当企业符合市场环境时，要用负反馈的方法使企业稳定在这一平衡点；当企业不符合市场环境时，要应用正反馈的方法来离开原有的平衡点，并运行到满足市场需求的新的平衡点。

尽管对敏捷制造的解释还存在一些分歧，但这一概念得到了工业界越来越多的关注。敏捷从字面上来讲几乎可以找出各种适合自己需要的解释：①和产品生命周期联系在一起，表示快速；②和大批量定制生产联系在一起，表示适应性；③和动态联盟联系在一起，表示畅通的供应链和各种方式的联系；④和重构工程(Reengineering)联系在一起，表示生产过程不断变化；⑤和一个具有自学习、自调节能力的组织(如 Agent、Holon)联系在一起，表示有效的培训和教育；⑥和精良生产联系在一起，表示更多的资源利用率。

敏捷似乎可以和任何表示企业竞争的特点联系在一起。因此可以说敏捷意味着善于把握各种变化的挑战。敏捷赋予企业适时抓住各种机遇以及不断通过技术创新领导潮流的能力。所以说，一个企业的敏捷性取决于它对机遇和创新的管理能力。

其实，敏捷性并不是一个新概念，所有企业从来就是生存在一个变化的世界中，它们始终不断地进行自我调整以适应市场变化的挑战，只是在市场环境变化比较缓慢时，这些企业较少感到这种压力。这种自我调节的能力对企业来讲是和利润同等重要的因素。一个企业的生存必须满足两个基本条件：一是它必须满足某种市场需求，以获得利润；二是它必须能及时地进行自我调整，以适应市场需求的新变化。当这两个条件不能满足时，企业的生存就有了危机。

2. 敏捷制造的组织结构

敏捷制造是全球范围内市场的集成，目标是将企业、商业、用户、学校、行政部门、金融等行业都用网络连通，形成一个与生产、制造、服务等密切相关的网络，实现面向网络的设计、面向网络的制造、面向网络的销售和面向网络的服务。

敏捷制造主要由两个部分组成：敏捷制造的基础结构和敏捷制造虚拟企业。基础结构为虚拟企业提供环境和条件，敏捷的虚拟企业用来实现对市场不可预测变化的响应。

虚拟企业生成和运行所必需的条件决定了敏捷制造基础结构的构成。一个公司存在的必要环境包括三个方面：生产环境、社会环境和信息技术支持。它们构成了敏捷制造的三个基础结构。

(1) 生产基础结构。它是指虚拟企业运行所必需的厂房、设备、设施、运输、资源等必要的条件。

(2) 社会基础结构。虚拟企业要能生存和发展，还需要社会环境，即由社会提供为虚拟企业服务的公共设施。例如虚拟企业经常会解散和重组，人员的流动是非常自然的事。人员需要不断的接收职业培训，不断的更换工作，这些都需要社会来提供职业培训、职业介绍的服务环境。

(3) 信息基础结构。这是指敏捷制造的信息支持环境，包括能提供各种服务的网点、中介机构等一切为虚拟企业服务的信息手段。

在企业的产品生产过程中，从规划、设计、制造、入库到发货，要产生大量的数据信息。企业的运行效益在很大程度上受到其信息处理能力的制约。敏捷制造环境中产品制造过程更加复杂，不仅企业内部要进行信息交换，还要在企业之间进行信息交换。为了高效管理、维护和交换网络上的各类信息，必须开发协作式开放信息集成基础框架，在此基础上实现企业之间的集成。信息集成基础结构可以维护信息的一致性，连接各种应用系统，支持系统之间的合作，实现系统的集成。

3. 虚拟企业

敏捷制造的关键是在计算机网络和信息集成基础结构之上构成虚拟制造环境，根据用户需求和社会经济效益组成虚拟制造公司。敏捷制造主要采用合作竞争的策略，分布在网络上的每个公司都缺乏足够的资源和能力来单独满足用户需求，各公司之间必须进行合作，各自求解一定的子问题，每个公司所得出的相应子问题解的集合构成原问题的解。敏捷制造可以连接各种规模的生产资源，根据用户需求和虚拟制造环境中各公司现有能力，在竞争合作的基础上组成面向任务的虚拟公司。

虚拟公司是实现敏捷制造的重要方法，它是信息时代的一种新的制造与管理模式。这种公司不存在庞大的、固定不变的制造系统与组织实体。一旦市场与顾客有某种需求，虚拟公司通过信息网络寻找合适的工程、制造与管理实体，形成新的、临时的制造系统与该项目组的组织。并按并行工程的模式高速度、高质量、低成本地设计与制造出符合这一特殊需求的新的产品(顾客化产品)。一旦任务完成，虚拟公司立即解散。虚拟公司绝不是一种松散的联邦，而是一种在信守承诺与通力合作的精神环境中和信息技术支持下的钢铁般的动态组织。

8.5.6　绿色制造

1. 绿色制造(GM)的提出及可持续发展制造战略

制造也是创造财富的主要产业，同时又是环境污染的源头。制造过程是一个复杂的输入输出系统。输入生产系统的资源和能源，一部分转化为产品，而另一部分则转化为废弃物，排入环境造成了污染和危害。

20 世纪 70 年代以来，工业污染所导致的全球性环境恶化达到了前所未有的程度。整个地球面临资源匮缺、环境恶化、生态系统失衡的全球性危机。20 世纪的 100 年消耗了几千年甚至上亿年才能形成的自然资源。工业界已逐渐认识到，工业生产对环境质量的损害不仅严重地影响了企业形象，而且不利于市场竞争，直接制约着企业的发展。

可持续发展的制造应是以不损害当前的生态环境和不危害子孙后代的生存环境为前提，应是最有效地利用资源(能源和材料)和最低限度地产生废弃物和最少排放污染，以更清洁的工艺制造绿色产品的工业。一种干净而有效的工业经济，应是能够模仿自然界具有材料再循环利用的能力，同时又产生最少废弃物的经济。

事实上，环境问题融入商业对企业来说不仅是一种威胁，更是一种机会。这是由如下因素造成的：①法律约束。各种环境法规和技术标准、环境税和排污费等对企业约束，不仅增加了企业成本，而且增加了企业的环境风险。②贸易限制。指国际贸易对环境有害产品加以限制。据统计，我国每年因不符合环境标准而造成的出口损失高达 40 亿美元，且有增长之势。③消费选择。指消费者对绿色产品的需求增加和认可。据统计，1989 年北美绿色产品贸易额高达 1060 亿美元，欧洲 1000 亿美元，亚太地区 500 亿美元，这就造成一种新的商业机会。

有鉴于此，如何使企业进行环境友善生产是当前环境问题研究的一个重要方面。绿色制造由此产生。新世纪将伴随着新一轮的产品更新换代和生产方式的革命。低耗节能、无损健康的绿色产品将滚滚而来。绿色汽车、绿色电脑、绿色冰箱、绿色彩电等一系列绿色产品将在未来的 5～10 年逐步进入千家万户。用不了几年，绿色产品将是人们首选的产品。与 ISO 9000 系列国际质量标准一样重要的 ISO 14000 国际环保标准已经发布，制造过程的绿色化将是摆在每个企业家面前的任务。

2. 绿色产品

绿色产品就是在其生命过程(设计、制造、使用和销毁过程)中，符合特定的环境保护和人类健康的要求，对生态环境无害或危害极小，资源利用率最高，能源消耗最低的产品。未来市场竞争的深化，焦点不仅是产品的质量、寿命、功能和价格，人们同时更加关心产品对环境带来的不良影响。

绿色产品的特征是：小型化(少用材料)；多功能(一物多用)；使用安全和方便(对健康无害)；可回收利用(减少废弃物和污染)。

产品的“绿色度”是衡量产品满足上述特征的程度，目前还不能定量地加以描述。但是，绿色度将是未来产品设计主要考虑的因素，它包括：

(1) 制造过程的绿色度。原材料选用与管理，以及制造过程和工艺都要有利于环境保护和工人健康，废弃物和污染排放少，节约资源，减少能耗。

(2) 使用过程的绿色度。产品在使用过程中能耗低，维护方便，不对使用者造成不便和危害，不产生新的环境污染。

(3) 回收处理的绿色度。产品在使用寿命完结或废弃淘汰时，要易于拆卸和回收重用，或安全废弃，易于降解或销毁。

3. 绿色制造的定义

绿色制造是综合考虑环境影响和资源利用效率的现代化制造模式，其目标实施产品从设计、制造、包装、运输、使用到报废处理的整个生命周期中，废弃资源和有害排放物最小，即对环境的负面影响最小，对健康无害，资源利用效率最高。

4. 绿色制造的内涵及其体系结构

绿色制造的内涵包括绿色能源、绿色生产过程和绿色产品三项主要内容和两个层次的全方位控制。绿色制造的体系结构如图 8.13 所示。

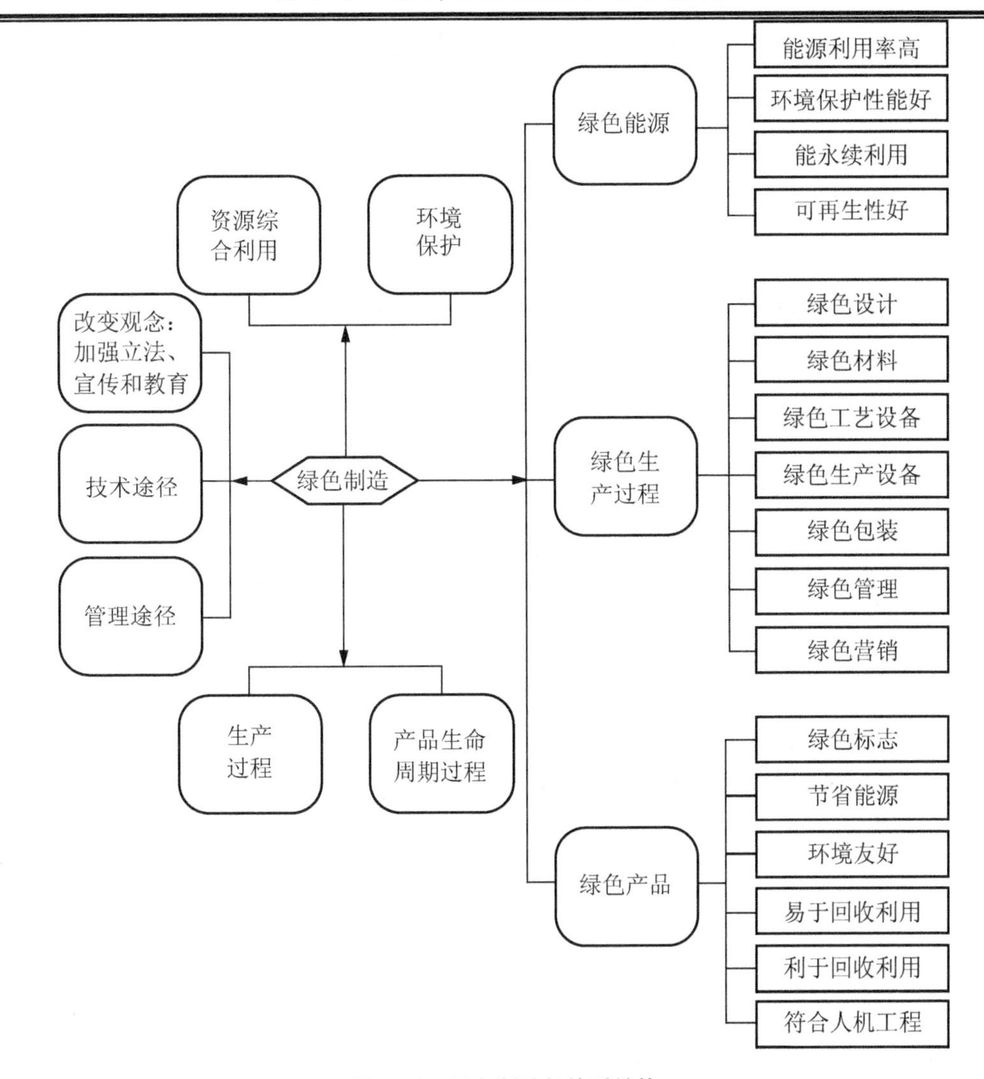

图 8.13　绿色制造的体系结构

绿色制造的两个过程：产品制造过程和产品的生产周期过程。也就是说，在从产品的规划、设计、生产、销售、使用到报废淘汰的回收利用、处理处置的整个生命周期，产品的生产均要做到节能降耗、无或少环境污染。

绿色制造内容包括三部分：用绿色材料、绿色能源，经过绿色的生产过程(绿色设计、绿色工艺技术、绿色生产设备、绿色包装、绿色管理等)生产出绿色产品。

绿色制造追求两个目标：通过资源综合利用、短缺资源的代用、可再生资源的利用、二次能源的利用及节能降耗措施延缓资源能源的枯竭，实现持续利用；减少废料和污染物的生成和排放，提高工业产品在生产过程和消费过程中与环境的相容程度，降低整个生产活动给人类和环境带来的风险，最终实现经济效益和环境效益的最优化。

实现绿色制造的途径有三条：一是改变观念，树立良好的环境保护意识，并体现在具体行动上，可通过加强立法、宣传教育来实现；二是针对具体产品的环境问题，采取技术措施，即采用绿色设计、绿色制造工艺、产品绿色程度的评价机制等，解决所出现的问题；

三是加强管理，利用市场机制和法律手段，促进绿色技术、绿色产品的发展和延伸。

绿色制造是一个动态概念，绝对的绿色是不存在的，它是一个不断发展永不间断的持续过程。

习　题

1．什么是 CAD/CAM 集成？CAD/CAM 集成的基本方式有哪些？

2．如何理解集成产品定义数据模型，研究集成产品数据定义模型的意义何在？

3．试简述 IGES 的文件结构及 STEP 体系的基本组成。IGES 和 STEP 之间有什么共同点和不同点？

4．试简述 PDM 系统的体系结构，及其包含的主要功能。

5．简述柔性制造系统的基本概念、结构组成和分类。

6．简述计算机集成制造系统的基本概念、构成、信息集成模式以及我国 CIMS 的特点。

7．简述并行工程的基本概念、特点及其关键技术。

8．简述虚拟制造的基本概念、特征及其分类。

9．简述敏捷制造的基本概念和组织结构。

10．简述绿色制造的基本概念和绿色制造系统模型。

参 考 文 献

[1] 宁汝新，赵汝佳，欧宗瑛．CAD/CAM 技术[M]．2 版．北京：机械工业出版社，2006.

[2] 王先逵．计算机辅助制造[M]．2 版．北京：清华大学出版社，2008.

[3] 刘极峰．计算机辅助设计与制造[M]．北京：高等教育出版社，2004.

[4] 蔡颖，薛庆，徐弘山．CAD/CAM 原理与应用[M]．北京：机械工业出版社，2001.

[5] 王隆太，朱灯林，戴国洪．机械 CAD/CAM 技术[M]．北京：机械工业出版社，2002.

[6] 伊启中．模具 CAD/CAM[M]．北京：机械工业出版社，2009.

[7] 杨海成．数字化设计制造技术基础[M]．西安：西北工业大学出版社，2007.

[8] 余世浩，朱春东．材料成形 CAD/CAE/CAM 基础[M]．北京：北京大学出版社，2008.

[9] [美]Kunwoo Lee．CAD/CAE/CAM 系统原理[M]．袁清珂，张湘伟，译．北京：电子工业出版社，2006.

[10] [美]Farid Amirouche．计算机辅助设计与制造[M]．崔洪斌，译．北京：清华大学出版社，2006.

[11] 刘军，李永奎，陶栋材．CAD/CAM 技术及应用[M]．北京：中国农业大学出版社，2005.

[12] 姚英学，蔡颖．计算机辅助设计与制造[M]．北京：高等教育出版社，2002.

[13] 袁清珂．CAD/CAE/CAM 技术[M]．北京：电子工业出版社，2010.

[14] 戴同．CAD/CAPP/CAM 基本教程[M]．北京：机械工业出版社，1997.

[15] 孙家广．计算机辅助设计技术基础[M]．北京：清华大学出版社，2000.

[16] 文福安．最新计算机辅助设计[M]．北京：北京邮电大学出版社，2000.

[17] 赵均海，汪梦甫．弹性力学及有限元[M]．武汉：武汉理工大学出版社，2008.

[18] 傅永华．有限元分析基础[M]．武汉：武汉大学出版社，2003.

[19] 雷晓燕．有限元法[M]．北京：中国铁道出版社，2000.

[20] 孙靖民．现代机械设计方法[M]．哈尔滨：哈尔滨工业大学出版社，2003.

[21] 王安麟，刘广军，姜涛．广义机械优化设计[M]．武汉：华中科技大学出版社，2008.

[22] 陈立周．机械优化设计方法[M]．北京：冶金工业出版社，2005.

[23] 严升明．机械优化设计[M]．徐州：中国矿业大学出版社，2003.

[24] 郑健荣．ADAMS：虚拟样机技术入门与提高[M]．北京：机械工业出版社，2008.

[25] 王国强，张进平，马若丁．虚拟样机技术及其在 ADAMS 上的实践[M]．西安：西北工业大学出版社，2002.

[26] 刘军，李永奎，陶栋材．CAD/CAM 技术及应用[M]．北京：中国农业大学出版社，2005.

[27] 杜裴，黄乃康．计算机辅助工艺过程设计原理[M]．北京：北京航空航天大学出版社，1990.

[28] 杜裴，唐晓青，聂秋根．计算机辅助制造[M]．北京：北京航空航天大学出版社，1995.

[29] 许香穗，蔡建国．成组技术[M]．北京：机械工业出版社，1987.

[30] 董家骧．计算机辅助工艺过程设计系统智能开发工具[M]．北京：国防工业出版社，1996.

[31] 仲梁维，张国全．计算机辅助设计与制造[M]．北京：中国林业大学出版社，2006.

[32] 唐承统．计算机辅助设计与制造[M]．北京：北京理工大学出版社，2008.

[33] 葛研军．数控加工关键技术及应用[M]．北京：科学出版社，2005.

[34] 何雪明，吴晓光，王宗才．机械 CAD/CAM 基础[M]．武汉：华中科技大学出版社，2008.